住房和城乡建设领域"十四五"热点培训教材

工程建设 QC 小组
活动成果编写指南

浙江省工程建设质量管理协会
浙江省三建建设集团有限公司　主编
浙江交工集团股份有限公司

中国建筑工业出版社

图书在版编目（CIP）数据

工程建设 QC 小组活动成果编写指南 / 浙江省工程建设质量管理协会，浙江省三建建设集团有限公司，浙江交工集团股份有限公司主编. — 北京：中国建筑工业出版社，2022.10（2023.10 重印）

住房和城乡建设领域"十四五"热点培训教材

ISBN 978-7-112-27935-7

Ⅰ．①工… Ⅱ．①浙… ②浙… ③浙… Ⅲ．①建筑工程—工程质量—质量管理—教材 Ⅳ．①TU712.3

中国版本图书馆 CIP 数据核字（2022）第 174334 号

责任编辑：李　慧
责任校对：姜小莲

住房和城乡建设领域"十四五"热点培训教材

工程建设 QC 小组活动成果编写指南

浙江省工程建设质量管理协会
浙江省三建建设集团有限公司　主编
浙江交工集团股份有限公司

*

中国建筑工业出版社出版、发行（北京海淀三里河路 9 号）
各地新华书店、建筑书店经销
北京红光制版公司制版
建工社（河北）印刷有限公司印刷

*

开本：787 毫米×1092 毫米　1/16　印张：15　字数：374 千字
2022 年 11 月第一版　2023 年 10 月第四次印刷
定价：**65.00** 元
ISBN 978-7-112-27935-7
（40026）

《工程建设 QC 小组活动成果编写指南》

编　委　会

主　任： 胡庆红

副主任： 徐建国　张纯为

委　员： 陈叶刚　郭一雪　倪天鹏　赵军华　徐　冲

闻　婧　莫晓佳　鲁　寅　李建滨　陈英杰

谭　林　赵　峰　毛建康　张亦江　杨　阳

吕樱樱　谢　康　叶家丽

前　言

　　为指导工程建设领域的全面质量管理小组，能遵循科学的活动程序，运用质量管理理论和方法，有效开展质量管理小组（QC 小组）活动，本书主要以中国质量协会团体标准《质量管理小组活动准则》T/CAQ10201—2020 为依据，浙江省工程建设质量管理协会组织省内有关专家及经验丰富的 QC 小组工作者，编写了《工程建设 QC 小组活动成果编写指南》。结合当前工程建设 QC 小组在编写活动成果中存在的普遍性问题，作者结合案例对 QC 小组活动成果编写中的要求进行详细阐述，理清 QC 小组活动成果编写中遇到的问题，掌握质量管理小组编写成果能按照《准则》的要求，提升工程建设 QC 小组活动的实效，提高小组活动成果编写的质量。

　　本书在编写过程中得到广大工程建设企业 QC 小组推进者和工作者所在单位的大力支持，在此谨向宁波市建筑业协会、浙江耀厦控股集团股份有限公司、杭州通达集团有限公司、浙江城建建设集团有限公司、杭州天和建设集团有限公司、浙江大华建设集团有限公司深表感谢！

　　由于时间仓促，水平有限，书中难免存在不妥之处，敬请广大读者批评指正。

本书编委会

2022 年 9 月

目　　录

第一章　QC 小组的概述

第二章　问题解决型课题

第三章　创新型课题

第四章　常用统计方法

第五章　成果整理、交流、评审和推广

第六章　QC 小组活动成果案例及点评

第一章　QC 小组的概述

第一节　QC 小组的产生和发展

质量管理小组（Quality Control Circle）简称 QC 小组，1962 年，QC 小组活动的前身"质量圈"运动在石川馨博士的倡导下在日本开展，之后便成为全面质量管理的重要组成部分，是员工参与全面质量管理，特别是质量改进活动的一种有效形式。

1966 年，在欧洲质量组织年会上，由约瑟夫·M·朱兰博士介绍的质量管理小组活动，逐渐开始被国际认知。自 1976 年以来，每年都会举办国际质量管理小组会议。经过半个多世纪的推广普及，全球已有 70 余个国家和地区开展质量管理小组活动。

1978 年，北京内燃机总厂在学习日本全面质量管理的过程中，诞生了我国第一个 QC 小组。直到如今，中国质量协会联合全国总工会、共青团中央、中国科学技术协会每年召开"全国 QC 小组代表会议"。据不完全统计，目前我国每年有 1000 万名以上职工通过 QC 小组活动的形式参与质量管理和改进活动。

从我国 QC 小组活动发展情况来看，可分为试点、推广、发展、深化四个阶段。

一、试点阶段

该阶段时间为 1978～1979 年。第一批试点企业邀请日本质量管理专家讲学，同时第一批国内专家、学者也致力于研究、传播科学的全面质量管理知识。"质量第一"的思想得到了广泛宣传，为 QC 小组在各地区、各行业的建立和发展创造了有利条件。

二、推广阶段

该阶段时间为 1980～1986 年。在试点阶段取得成效的基础上，国家经济贸易委员会颁布《工业企业全面质量管理暂行办法》，明确了全面质量管理在企业中的地位，倡导基层质量活动，对 QC 小组活动提出了基本要求。从此，QC 小组活动正式走向制度化，此阶段普及教育面广，学习参与人数增多，QC 小组活动已经从制造业逐渐发展到工程建设、电力、燃气、通信、铁路、港口、餐饮、公共管理、军需保障、医疗教育等各个行业。

三、发展阶段

该阶段时间为 1987～1991 年。党的第十三次全国代表大会把质量发展提升到经济发展的战略和反映民族素质的高度，同时大力促进传统计划经济向市场经济转变，国内外学者又进一步提出质量就是顾客满意的理念，从而提升了广大职工对质量发展的关注，激发了广大职工参加企业管理、改进质量的积极性和创造性。为确保这一群众性质量管理活动健康持久地开展，全国第十三次质量管理小组代表会议上，提出了 QC 小组活动应遵循"小、实、活、新"原则，倡导 QC 小组活动讲求实效、从实际出发，围绕身边力所能及的问题开展多种形式的活动。

四、深化阶段

该阶段时间为 1992 年至今。在此期间，我国市场经济蓬勃发展，QC 小组活动的内涵与外延更加广泛，更加丰富。由国有大中型企业向三资企业和民营企业、内地企业向沿海企业、制造业向服务业不断延伸。同时更注重员工个人价值的提升，鼓励选题与本职工作紧密结合，鼓励多种多样的创新活动形式。1997 年 8 月，国家经贸委、财政部、中国科协、全国总工会、共青团中央和中国质量协会联合颁发了《关于推进企业质量管理小组活动的意见》，为 QC 小组活动的开展指明了方向。2016 年 8 月，中国质量协会发布了我国第一个 QC 小组活动标准——《质量管理小组活动准则》T/CAQ 10201—2016，标志着 QC 小组活动向更加标准化的阶段迈进。2020 年 4 月，更新发布了《质量管理小组活动准则》T/CAQ 10201—2020，在原有准则的基础上做了进一步完善，使活动过程更符合客观规律，成果评价也更注重应用推广价值。

浙江省工程建设行业紧跟国家改革开放和推行全面质量管理的步伐，从 1978 年开始推广普及先进的质量管理方法，倡导、鼓励企业员工积极参与质量管理、改进和创新活动。作为全面质量管理的重要一环，浙江省开展 QC 小组活动至今已有 40 余年。在组织开展这项活动过程中，紧密联系了浙江省工程建设的实际情况，积极引导工程建设企业的一线员工参与，培养了一大批 QC 小组活动骨干队伍，并从中产生了一批 QC 小组活动的倡导者和推进者，有效地促进了全省工程建设质量管理水平的提高。

第二节　QC 小组的概念

一、QC 小组的定义

QC 小组是指由生产、服务及管理等工作岗位的员工自愿结合，围绕组织的经营战略、方针目标和现场存在的问题，以改进质量、降低消耗、改善环境、提升组织的绩效为目的，运用质量管理理论和方法开展活动的团队。

QC 小组的概念可以从四个方面来理解：

（1）参加 QC 小组的人员是企业的全体员工，不管是领导，还是各类管理者、设计人员、技术人员、操作人员、服务人员等，都可以是 QC 小组成员。

（2）QC 小组活动选择课题内容广泛，可以围绕企业的经营战略、方针目标和现场存在的问题，也可以从内、外部顾客及相关方的意见、期望、需求来选择。

（3）QC 小组活动的目的是提高人的素质、发挥人的积极性和创造性，改进质量，降低消耗，节能环保，提高组织绩效。

（4）QC 小组活动强调运用质量管理的理论和方法开展活动，具有严密的科学性。

QC 小组活动是全面质量管理中重要的组成部分，小组成员通过自主学习、团结协作并付诸行动，从而激发主观能动性，发现并解决关键问题，为个人的成长创造机遇，为企业的发展提供动力。

二、QC 小组的特点

1. 明显的自主性

QC 小组以职工自愿参加为基础，实行自主管理，自我教育，相互启发，职责明确，共同提高，充分发挥 QC 小组成员的潜能。自主性是 QC 小组最主要的特点。

2. 广泛的群众性

工程建设 QC 小组成员是工程建设项目相关人员，来自不同的岗位和层级，在 QC 小组活动中，学习专业，学习管理，群策群力分析并解决问题，广泛借鉴，以满足要求。充分发挥不同岗位成员的潜能，集思广益、优势互补。

3. 高度的民主性

QC 小组组长可以民主推选，也可以由小组成员轮流担任，人人都有发挥聪明才智和学习锻炼的机会。QC 小组内部讨论问题、解决问题时，各成员间人人平等，都有自由发表意见和建议的机会，各抒己见，相互启发，共同来保证既定目标的实现。

4. 严密的科学性

QC 小组在活动中遵循 PDCA 的工作程序。活动过程逻辑紧密、环环相扣，目标指向明确，坚持用数据说明事实，用科学的方法来发现问题，分析并最终解决问题。小组活动不能仅凭借个人经验或"拍脑袋"来分析、决策，应借助各类统计方法，收集、整理、分析和解释统计的数据，并对其所反映的问题作出相应结论，通过活动的开展最终实现课题目标。

第三节　QC 小组的组建

一、QC 小组的组建原则

1. 自愿参加、自愿结合

在组建 QC 小组时，小组成员不是靠行政命令组建，而是自愿结合在一起，自主开展活动。将"要我做"转变成"我要做"，创造条件不断地进行自我学习和强化，小组成员相互启发，通力合作，这才是 QC 小组真正的力量源泉。

2. 灵活多样、不拘一格

由于各企业、各工程项目自身特点、业务范围不同，客观存在的问题及其解决方法不同，因此可以根据自身实际出发，针对性地组建 QC 小组。

3. 实事求是、结合实际

QC 小组组建时一定要从工程建设的实际情况出发，以解决工程建设过程中遇到实际问题为出发点，从小处着手、实事求是地策划 QC 小组的组建工作，争取组建一个，成功一个，取得更好的示范效应。不宜盲目组建，避免过于形式和教条，打击员工的积极性。

二、QC 小组的组建程序

在工程建设领域中，QC 小组自下而上以自愿形式组建的最为普遍，也有企业管理部门自上而下发起组建和上下结合一同组建。

1. 自下而上的组建程序

在工程建设领域中，施工现场一线工作人员众多，从而给予了自下而上组建 QC 小组一个良好的平台。在项目中一线管理人员和班组长、工人们为解决其所从事生产工作中存在的问题，自发地组建 QC 小组，自主地开展活动。一般由工程项目的管理人员与班组长、工人们共同商定，给小组取名、推选组长，选择活动课题。基本取得共识后，由牵头人向所在单位的质量技术部门申请注册登记，在质量技术部门审查认为其具备组建条件后，即可给小组注册登记。小组注册登记后，再进行该小组的课题注册登记，该 QC 小组组建工作即完成。

这种组建程序通常存在于在同一个工程施工现场的一线人员，大家同在一个生产环境，对该生产环境的现状了解较为充分，所选的课题常常是基于本职、本岗，自己身边力所能及的事物，此类小组选择的课题类型大多为自选性课题。这样组建的 QC 小组，往往积极性较强，自主性较高，企业主管部门给予一定培训后，取得的成果往往具有较强的实用性。但由于一线施工人员流动性强，往往项目团队解散后或重组建设新项目时，该 QC小组得不到很好的延续。

2. 自上而下的组建程序

由企业管理部门根据企业经营或生产现场普遍的实际情况，提出全企业开展 QC 小组活动的设想方案，与分公司、工程项目部、其他各部门相关负责人沟通组建 QC 小组，并确定组长，选择小组成员。小组注册登记后，该 QC 小组组建工作即完成。

这种程序组建的 QC 小组一般由质量、技术部门的核心人员牵头，课题往往为指令性课题，是企业、部门或工程项目急需解决，有较大技术难度、专业性较强、涉及面较广的问题。此类 QC 小组紧密结合企业的方针目标，抓住并解决企业面临的关键问题，领导通常较为重视，可以得到人力、财力、物力和时间上的支持。这类课题实施难度相对较大，但因能建立在企业这个大平台上组建开展，一旦课题目标实现，取得的成果通常具有较大的经济效益和社会效益。由于此类 QC 小组加入了各部门的核心管理人员，人员综合素质较高，工作时间、空间均较为稳定，也高度融入了企业方针目标和企业文化，往往可以得到较好的延续。

3. 上下结合的组建程序

这种组建方式介于以上两者之间，通常有企业质量、技术部门根据当年生产、工作任务要求，推荐课题范围，员工根据自身从事的生产工作、实际岗位选择感兴趣的课题，自愿结合开展活动。经过上下协商，讨论认可，最终组建小组。与前两种组建方式相比较，这类组建形式可以取其所长、避其所短。

三、QC 小组成员组成及职责

QC 小组成员由组长和组员组成。小组人数通常以 3～10 人为宜。每个 QC 小组成员的组成要根据所选课题涉及的专业、空间、业务范围等因素决定，便于每个成员都能在小组活动中充分发挥作用。

1. QC 小组组长职责

QC 小组组长可以自荐或由小组成员选举产生。组长的职责是：

（1）组织领导。组长是 QC 小组的组织者和领导者，负责组织小组成员制定活动计划、带领成员开展活动。

（2）联络协调。QC 小组活动经常涉及班组工作现场，有时又需要和其他部门有交叉配合工作需要协调，为取得有关方面的支持和帮助，组长还要及时主动地和相关方取得联系，为小组争取更好解决问题的资源。

（3）日常管理。QC 小组组长要经常组织全体成员开展质量活动，并做好活动记录，组织交流、整理成果及发表等工作。

2. QC 小组成员职责

QC 小组成员可以与所选课题有关人员组成，也可以由一些工作岗位相临近、对该课题感兴趣的人员组成。

小组成员应做到以下几点：

（1）按时参加活动。QC 小组为自愿参加，一旦成为小组成员就应坚持参加小组活动，并按时完成自己承担的组内工作。

（2）支持组长工作。QC 小组的课题任务由全体成员分担，每个小组成员应尊重组长的领导和指挥，积极配合组长的工作。

（3）配合其他组员的工作。在活动中，组员之间需要相互沟通，相互尊重，相互帮助，相互学习，通力合作，创造融洽的工作环境。

四、QC 小组的名称

QC 小组组建后，小组成员要为自己的小组取名。尽管小组名称对 QC 小组活动的开展没有直接影响，但是往往优秀的 QC 小组都有着自己特有的、耳熟能详的名字，让同行一听就能想起。小组名称一般以简洁明了、突出团队特色和企业文化并具有一定象征意义为原则，且要具有一定的延续性。例如："浙建飞翔""步步争先""薪火""蓝海"等小组名称就比较简洁明了，耳熟能详、便于记忆。应避免直接引用过长的工程名称、地块名称等，例如"××单元×××—×××—××地块××班学校 QC 小组"名称就过于烦琐，不利于记忆及小组延续。

五、QC 小组的注册登记

QC 小组组建后，须到企业 QC 小组主管部门注册登记。注册登记应在小组组建时同步进行，主要内容包含小组名称、所属单位、组长、组员、成立日期、小组注册号等。QC 小组注册登记后，就被纳入企业 QC 小组年度管理计划中，在随后开展的小组活动中，便于得到各级领导和有关部门的支持和服务，活动成果可参加优秀 QC 小组的评选。对于已注册登记的小组，企业主管部门应针对性地进行指导和帮助，进行内外部培训，发放学习资料，推荐企业内优秀的 QC 小组参加社会各级组织的发表会议，激励大家踊跃参与。

企业 QC 小组主管部门应及时确认以往的 QC 小组是否还存在，对于已解散的、长期不开展活动的小组予以注销。

企业 QC 小组主管部门在管理好小组注册登记的同时，应对活动课题进行注册登记管理，登记内容包括课题名称、课题类型、活动时间、课题注册号等，见表1.3-1。同一小组应先有小组注册登记号，再有课题注册登记号，每一个课题开始时都要进行一次课题注册登记。同时也要确认先前小组活动的课题是否按期完成，对于未按期完成的课题应重新确认其有效性。

QC 小组注册（课题注册）登记表　　　　　　　　　　　　　　表 1.3-1

小组名称		课题名称	
小组成立时间		课题类型	
小组成员		课题注册号	
小组注册号		活动时间	
小组注册时间		活动频次	

小组成员								
序号	姓名	性别	年龄	学历	职称	小组职务	组内分工	培训情况
1								
2								
3								
4								
5								

第四节　QC 小组活动的基本原则

QC 小组活动基本原则对活动的开展进行了明确的定位，建立了系统的 QC 小组活动构架，QC 小组活动基本原则示意图系统地、清晰地表达了它的输入端和输出端，如图 1.4-1 所示。针对已发生问题进行质量改进的课题，应选择问题解决型课题活动程序。针对现有技术、工艺、方法不能满足实际需求的课题，应运用新思维选择创新型课题活动程序。两种课题活动程序均应以全员参与、持续改进为核心，在活动过程遵循 PDCA 循环基础上，强调基于客观事实、应用统计方法，最后对成果推广应用。

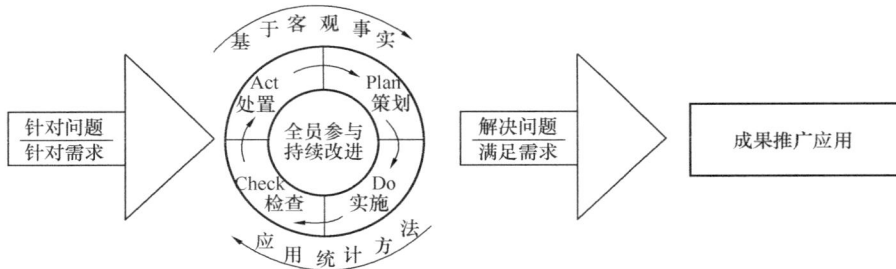

图 1.4-1　QC 小组活动基本原则示意图

一、全员参与

QC 小组活动是全员参与的活动。QC 小组活动不针对特定部门或人员，是吸引广大基层员工参与到 QC 活动中来的一种有效形式，活动过程应充分调动每一位成员的积极性，发挥每一位成员的创造力，营造愉快的工作氛围，激发个人潜力，使小组成员在为企业创造价值的同时实现自我价值。任何基层员工只要有意愿，都可以参与其中，以体现群策群力、优势互补。

二、持续改进

质量要求不是固定不变的，随着科学技术的发展，工程建设水平的提高，人们对产品质量、生产过程、使用体验等会提出新的要求，因此，需要定期评定新的质量标准，修订新的规范，改进原有产品，同时不断开发新产品、新工艺以满足不断变化的需求。所以 QC 小组为满足这类需求，需长期坚持不懈地开展活动，持续不断地改进、创新。通过每一次 PDCA 循环使目标质量阶梯上升，使内、外部顾客及相关方持续满意。同时也为提高员工队伍素质，提升组织管理水平打下坚实的基础。

三、遵循 PDCA 循环

PDCA 循环是美国质量管理专家沃特·阿曼德·休哈特首先提出的，由戴明博士深度挖掘、宣传，使其获得普及，所以又称戴明环。PDCA 循环是使活动有效进行的一种合乎逻辑的工作程序，是人们对活动规律的认识和总结，是科学的思维模式和行为模式。

全面质量管理的思想基础和方法依据就是 PDCA 循环。PDCA 循环的含义是将质量管理分为四个阶段，即 Plan（计划）、Do（实施）、Check（检查）和 Act（处理）。在质量管理活动中，要求把各项工作按照计划制定，计划实施，检查实施效果为一个流程，然后将成功的纳入标准，不成功的留待下一个循环去解决。这一工作方法是质量管理的基本方法，也是企业管理各项工作的一般规律。

1. PDCA 循环的内容

PDCA 是英语单词 Plan（计划）、Do（实施）、Check（检查）和 Act（处理）的第一个字母，PDCA 循环就是按照这样的顺序进行质量管理，并且循环不止地进行下去的科学程序。

P（Plan）——计划，包括方针和目标的确定，活动计划的制定。

D（Do）——实施，根据活动计划和活动程序进行具体运作，实现计划中的内容。

C（Check）——检查，总结执行计划的结果，分清哪些对了，哪些错了，明确效果，找出问题。

A（Act）——处理，对总结检查的结果进行处理，对成功的经验加以肯定，并予以标准化；对于失败的教训也要总结，引起重视。对于没有解决的问题，提交给下一个 PDCA 循环中去解决。

以上四个过程不是运行一次就结束，而是周而复始地进行，一个循环结束了，解决一些问题，未解决的问题进入下一个循环，这样阶梯式上升。活动过程的步骤上下承接、环环相扣、层层递进，前一个步骤的输出即为后一个步骤的输入，具有严密的逻辑性。

2. PDCA 循环的特点

（1）程序化：四个阶段一个也不能少。

（2）层次化：大环套小环。例如在 D 阶段也会为了落实总体的计划，制定更低层次、更具体的计划便于实施、检查、处置的小 PDCA 循环。

（3）渐进化：每循环一次，产品质量、过程质量和体系质量就提高一步，PDCA 是螺旋式不断上升的循环。而促进 PDCA 循环不断上升是处置阶段，因此应特别注意对处置阶段的管理。

PDCA 循环的图形表达，如图 1.4-2 所示。

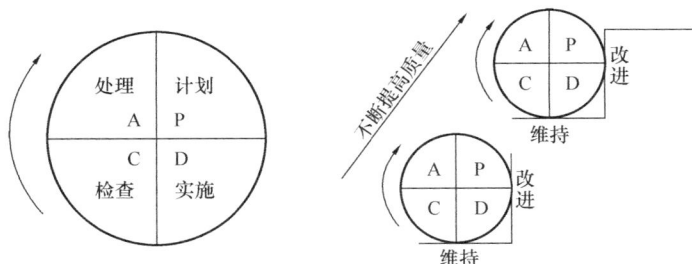

图 1.4-2　PDCA 循环示意图

四、基于客观事实

客观事实是指在时间和空间中存在的事物、现象和过程，不以人的意志为转移。QC小组活动全过程应基于客观事实的数据、传递的信息来进行调查、分析、评价、决策，不可盲目主观判断，使QC小组活动更具有科学性。活动程序中的每一个步骤，前后应是环环相扣，逻辑清晰，每一个活动步骤最终结论的得出都要依据发生的客观事实，采集数据后推导判断。基于客观事实的原则应贯穿于整个小组活动过程中。

五、应用统计方法

统计方法是对收集的数据和信息进行整理、分析、验证，并对其所反映的问题作出客观结论的方法。应用统计方法进行分析判断是开展QC小组活动的重要特征，运用应适宜、正确。

统计方法包括以下三种性质：

（1）描述性。利用统计方法对统计数据进行整理和描述，以便展示统计数据的规律。统计方法可以用数量值加以度量，如平均值、中位数、极差和标准偏差等。

（2）推断性。统计方法都要通过详细研究样本来达到了解、推测总体状况的目的，因此它具有由局部推断整体的性质。

（3）风险性。统计方法既然要用部分去推断全体，那么这种有推断而得出的结论，就不会百分之百正确，可能有出现结论错误的风险。正确地使用统计方法，可以最大限度地减少风险，并对犯错的可能性和风险大小作出有效评估。

随着工程建设行业QC小组活动的推广和深入，统计方法应用已非常普遍，比如：要判断总体质量，在不能全数检查时，需要随机抽取一定数量作为样本，从样本的质量状况来判断总体质量的水平。在日常工程施工过程中，项目部为了掌握现场质量状况，对分部分项工程质量抽样检查、原材料进场抽检、构件加工过程中质量抽检等，都是根据质量关注点不同而选用适宜的统计方法来分析和判断工程质量的好坏。

第五节 QC小组活动的课题类型

按QC小组活动课题的特点、内容不同，可将QC小组活动课题分为"问题解决型课题"和"创新型课题"两类。

一、问题解决型课题

问题解决型课题是小组针对工程建设过程中已经发生不合格或不满意的生产、服务或管理现场存在的问题进行质量改进所选择的活动课题，通常在现有状态不能满足标准、要求的情况下，针对已发生的问题提出解决方案，从而达到应有或更好状态。

例如《提高PC楼梯一次安装合格率》课题，QC小组因某施工现场PC楼梯一次安装合格率为88.33%，低于建设单位要求的93%，所以选择该课题开展活动。活动过程中根据上级下达的指令性目标，目标可行性论证后确定了重点需要解决的症结，通过问题解决型（指令性目标）课题的十个步骤，成功将一次安装合格率提升至96.3%，实现课题目标。课题研究过程中形成了《PC楼梯连接点安装作业指导书》，取得了较好的社会和经济效益。

例如《提高木地板基层施工一次验收合格率》课题，QC小组因某人才房建设项目木地板基层的合格率仅为84.17%，未达到公司创优项目所要求的92%，所以选择该课题开展活动。小组经过现状调查找到"B户型过道表面平整度差"和"B户型客厅裂缝"为问题的症结所在，通过PDCA四个阶段，成功将一次验收合格率提升至95.12%，实现课题目标。课题研究过程中形成了《木地板基层施工作业指导书》，提高了人才房建设的装修工程质量，取得了良好的社会效益。

例如《提高钢柱预埋锚栓一次施工合格率》课题，QC小组因某项目钢柱预埋锚栓施工合格率仅81%，所以选择该课题开展活动。经过现状调查二次分层后，找到"锚栓水平偏移"是需要重点解决的症结。经过原因分析、确定主要原因后采用"四肢拉钩固定"等措施，使"锚栓水平偏移"的症结得到有效解决，将后期钢柱预埋锚栓一次施工合格率提升至97%，实现了课题目标，减少了二次返修的费用和工期。课题研究过程中形成了《钢柱预埋锚栓施工作业指导书》，累积了宝贵的施工经验。

二、创新型课题

创新型课题是小组针对现有的技术、工艺、技能和方法等不能满足实际需求，运用新的思维研制新产品、新服务、新项目、新方法所选择的活动课题。

例如《PC窗下墙板吊装工具研制》课题，小组成员所在工程项目首次应用了PC窗下墙板这类构件，在采用传统塔式起重机吊装的情况下关键工期出现严重延误。因现有工艺不能满足需求，QC小组借鉴了市政高架可移动挂篮结构形式和作业数据，创新研制了一种可在楼层内安装施工PC窗下墙板的吊装工具，从而减少对主体结构施工的关键工期的影响。应用该创新工具施工PC窗下墙板的方法获评省级工法，工艺的核心技术获评杭州市级新型建筑工业化技术创新示范项目，相关课题研究已完成浙江省建设科研项目的结题。通过在企业内、外部的推广应用此类吊装工具，取得了良好的社会和经济效益。

例如《研制风管安装提升操作架》课题，为满足地下室风管安装作业从现有常规工艺的4人减少到2人的需求，某QC小组选定了本课题。小组成员通过广泛借鉴，从"物料传输机""自卸卡车"的工作原理得到灵感，设定了目标，并依据借鉴物数据，进行推演论证。提出了总体方案和分级子方案，基于现场测量、试验、调查分析确定最佳方案后，再经制定对策、对策实施，成功研制了一种风管安装提升操作架。经过多项目投入使用后，可以在不降低作业效率的前提下，实现了用机械取代人工，将风管施工作业人数降低至2人，完成了课题目标。课题研究过程中形成了《基于一种提升操作架的风管安装作业指导书》《风管提升组装施工工法》和标准的设备图纸。该课题响应了绿色施工中人力资源节约与保护的要求，成果经推广应用后取得了良好的社会和经济效益。

第二章　问题解决型课题

QC 小组针对已经发生不合格或不满意的生产、服务或管理现场存在的问题进行质量改进所选择的活动课题。

第一节　活动程序概述

问题解决型课题根据目标来源不同分为自定目标课题和指令性目标课题。自定目标课题和指令性目标课题在活动程序上有差异，如图 2.1-1 所示。

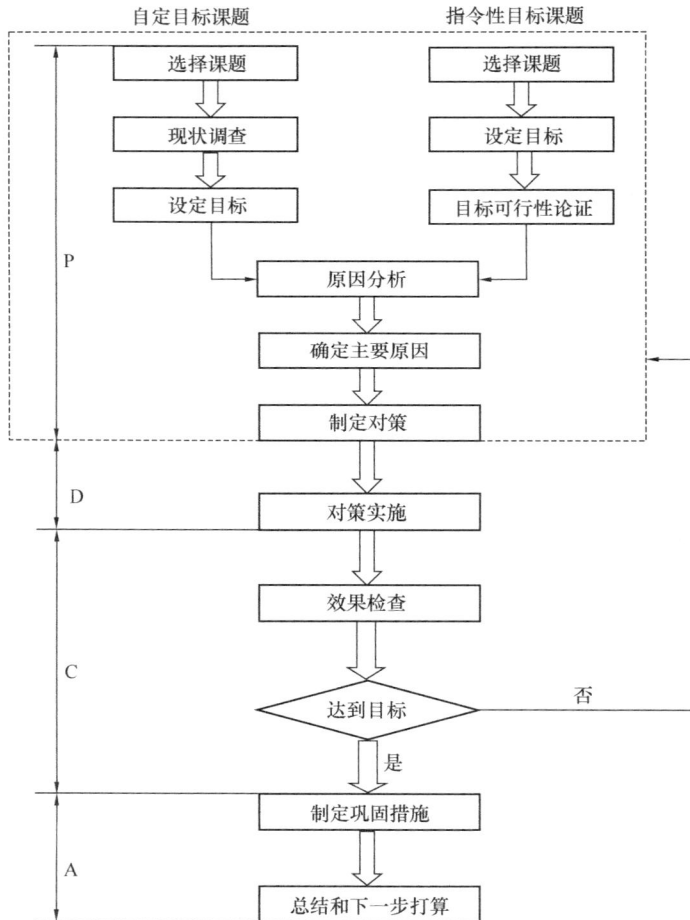

图 2.1-1　问题解决型课题活动程序

自定目标课题来源于小组成员的主动意愿，是自主开展的课题活动，小组根据调查和分析，找到症结之后，通过测算小组现场改善的能力，明确课题改进的程度，由小组成员共同制定课题目标的活动课题。

指令性目标课题是指小组将不能改变的相关要求定为课题目标的活动课题。相关要求包括：上级以指令形式下达给小组的目标，小组直接选定的上级考核指标，行业强制性标准要求，顾客要求（合同、补充协议、文件、函件的要求）等。

选择自定目标课题，应按照图 2.1-1 中左侧"自定目标课题"活动程序开展活动；选择指令性目标课题，应按照图 2.1-1 中右侧"指令性目标课题"活动程序开展活动。

在图 2.1-1 中，"效果检查"未达到课题目标时，应返回到策划（P）阶段，分析未达到课题目标的原因。针对出现问题或未做到位的步骤，重新进行新一轮的 PDCA 循环。

第二节　选　择　课　题

选择课题是 QC 小组活动顺利开展的关键一步，科学地选择课题是小组活动成功的前提。

一、课题来源

针对存在的问题，小组应结合实际，选择适宜的课题。课题一般来源于三个方面，即指令性课题、指导性课题和自选性课题。

1. 指令性课题

由企业主管部门根据企业的实际需要，以行政指令的形式向小组下达的课题。这种课题通常是企业在生产经营活动中急需解决的课题，如技术攻关、质量薄弱点、管理难点、节能环保、节支降耗等方面的课题。

2. 指导性课题

由企业的主管部门根据企业实现经营战略、方针、目标的需要，提出涉及多方面、跨部门的综合性问题，并将其分解为具体的课题，如企业需要解决的工程质量、技术、管理、增效、节能、降耗、低碳等方面的以及业主反馈需要解决的问题等，可供企业相关部门选择的活动课题，小组可根据自身条件选择力所能及的课题开展活动。

3. 自选性课题

小组围绕企业在管理、施工活动过程中存在的问题，结合实际，选择适合小组开展活动的课题。在工程建设行业，小组自行选择的课题所占的比例较大。

小组自选课题时，需要发动群众，集思广益，在工程、管理和服务现场，自己去寻找、选择需要改善的课题，可以考虑以下三个方面：一是落实组织方针、目标的关键点；二是在质量、安全、成本、效率、环保、管理等方面存在的问题；三是内、外部顾客的意见和期望。

二、选题要求

（1）小组能力范围内，课题宜小不宜大。小组选择课题应该是小组管理上能协调、技术上能做到的，小组成员有能力完成全过程的课题活动，以体现 QC 小组活动"小、实、活、新"的特色。课题宜针对影响工程建设的质量、安全、成本、效率或造成消耗、浪费等方面的具体问题。

　　选择此类课题的理由：一是此类课题往往是小组成员身边存在的问题，也是项目现场急需解决的问题，通过小组成员的共同努力，解决了问题，会增强小组的自信心，满足小组成员自我实现的需要；二是此类课题针对性强，短小精干，在小组能力范围内，更能激发小组成员的创造性，有利于调动小组成员参与活动的积极性；三是此类课题涉及面较窄，活动周期短，容易取得成果，能更好地鼓舞士气；四是此类课题由于内容较简单，成果容易总结。

　　（2）课题名称直接，尽可能表达课题特性值。课题名称要简洁、明确、具体，直接针对所要解决的问题，避免抽象，应抓住三个要素：结果、对象和特性，一般形式为"××○○△△"。其中："××"代表结果，即活动要达到的结果，如提高还是降低，增大还是减小，改善还是消除；"○○"代表对象，即活动要解决的对象，如产品、工序、过程、作业的名称；"△△"代表特性，即活动要解决的特性，如质量、效率、成本、消耗等，能以特性值明确表达，特性值应具有可比性。如下例所示：

　　（3）选题理由明确，用数据说明。小组要说明选择此课题的理由，即说明选此课题的目的和必要性。在陈述选题理由时，应有数据为依据，简明扼要地阐述本小组当前实际情况（即存在的问题）与上级要求或建设单位、顾客、合同、标准等相关要求之间的差距，简单明了，直截了当，用数据、图表表达。

三、常见问题

1. 课题名称不符合要求

（1）课题综合性过强，不是小组成员力所能及的课题。

（2）课题名称不简练，以"手段＋目的"方式命名。

（3）课题名称包含了两个以上的对象或特性。

（4）课题名称没有表达特性值。

2. 选题理由不够明确、简洁，无数据说明

（1）选题理由文字描述多，数据和图表少。

（2）只列出了相关方、标准规范的要求，公司的方针、目标，创××优质工程的需要，工程难度等，未说明选此课题的目的和必要性。

（3）没有描述当前实际情况与上级要求或建设单位、顾客、合同、标准等相关要求之间的差距，问题不明确。

四、选择课题举例

[案例 2-1] 课题《提高木结构斗拱一次验收合格率》

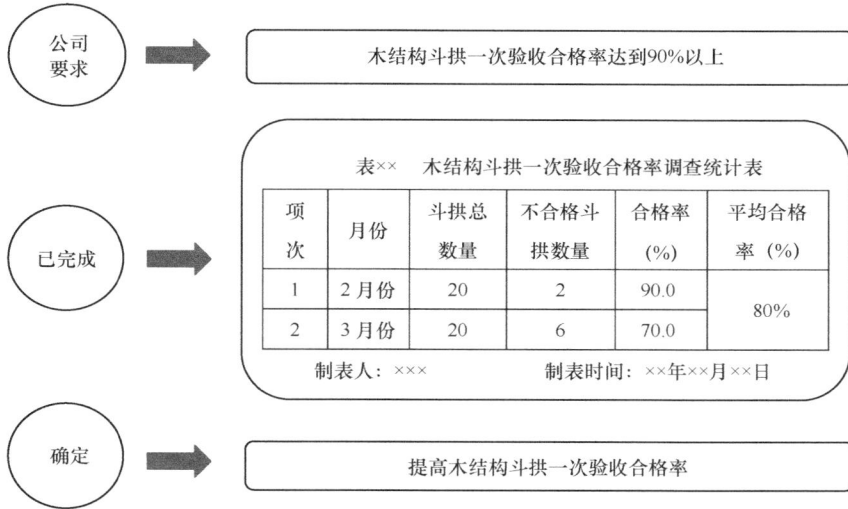

| 公司要求 | → | 木结构斗拱一次验收合格率达到90%以上 |

表×× 木结构斗拱一次验收合格率调查统计表

项次	月份	斗拱总数量	不合格斗拱数量	合格率（%）	平均合格率（%）
1	2月份	20	2	90.0	80%
2	3月份	20	6	70.0	

制表人：×××　　　　制表时间：××年××月××日

| 确定 | → | 提高木结构斗拱一次验收合格率 |

第三节　现　状　调　查

现状调查是自定目标课题的第二步（图2.1-1），指令性目标课题没有这个步骤。

现状调查是在选定课题后，小组成员针对选择课题中存在的问题，通过充分收集有关课题的数据和事实，并恰当地进行分层整理，说明课题的具体状态，直至找到课题的具体症结。

现状调查的基本任务有两个：一是把握问题的现状，掌握问题严重到什么程度；二是找出问题的症结所在，以确认小组从何处改进及能够达到的改进程度，从而为课题目标的设定和原因分析提供依据。同时为问题解决后检查改进的有效性提供可对比的原始依据。

现状调查步骤是一个很重要的环节，在整个QC小组活动程序中起到承上启下的作用。

一、收集有关数据和信息

现状调查应收集有关的数据和信息。数据和信息可以从小组成员到施工现场进行实测、实量中取得，也可以通过收集本企业历年来完成的工程验收报表、工程质量记录、其他企业或项目施工的工程质量记录等渠道获得。

现场调查阶段收集的有关数据和信息应反映课题的现状，具有客观性、全面性、时效性、可比性。

客观性指收集的数据应为实际测量或记录的真实数据。一切数据均要来源于现场、来源于客观，要有客观依据。避免只收集对自己有利的数据，或者从收集的数据中只挑选对自己有利的数据而忽略其他虽然不利但客观存在的数据。

全面性指多维度把握课题的状态数据，以及不局限于已有统计数据，还应重视到现场去测量取得的数据。

时效性指收集的数据要有时间约束，能真实反映现状。间隔时间长的数据，虽然来源客观，但不具有参考价值，无法进行对比分析，所以要收集距小组活动开始最近时间段的数据，才能反映现状。

可比性指收集数据的特性和计量单位应一致、可比。收集数据的样本数、地点、时间、规模、类别、施工工艺等要有约束性，不可比性的数据不能作为说明采取对策有效性的证据。

二、整理和分析数据信息

对现状调查取得的数据、信息要进行分层、整理和分析，以便找到问题的具体症结。通过数据分析，找出主要问题，但不一定是问题的症结，可以在此基础上，到现场作进一步分层调查，从不同角度进行分层整理后再进行分析，直至找到问题的具体症结，这样才能抓住问题的实质。小组成员可按操作人员、设备、作业方法、材料、时间、环境等分层标志进行分层分析，直至找到问题的症结。例如，从设备分层的数据来看，没有发现异常情况，就可以排除设备产生问题的可能性；从材料分层的数据看，若发现了异常，就说明材料存在问题。如果问题还不够明朗，则可以在这个基础上到现场做进一步的调查，取得数据后再进行分层分析，判断其原因是不同的供应商供货差异，还是原料更换导致材料差异等，直到找出症结为止。

三、确定改进方向和程度

现状分析清楚，找出了问题或症结之后，也就明确了改进方向，同时应对问题或症结进行测算分析，明确现状得到改善的程度，测算小组将要达到的水平，为课题目标的设定提供参考值及科学依据，为原因分析奠定基础。

四、常见问题

(1) 现状调查收集数据和信息缺少客观性、全面性、时效性、可比性。

(2) 对现状情况和数据分层整理分析不确切、不深入。

(3) 把潜在的原因当现象进行分析。

(4) 统计方法应用不适宜、不正确。

五、现状调查举例

[案例 2-2] 课题《提高 ALC 内隔墙一次安装合格率》——现状调查

选定课题后，为攻克 ALC 内隔墙一次安装成型质量难题，××年××月××～××日，在××月××日检查的基础上针对 2#楼 2～4 层的 ALC 内隔墙质量进行检测和调查研究，对工程中 ALC 内隔墙存在的质量问题进行分析统计，得到较完整的缺陷统计数据，见表 2.3-1、表 2.3-2，图 2.3-1。

3 个楼层共检查 540 个点，合格 459 个点，存在质量问题的点为 81 个，质量合格率为 85.0%。

ALC 内隔墙一次安装合格率调查表 表 2.3-1

检查部位	检查数量（个）	合格数量（个）	不合格数量（个）	合格率（%）
2#楼 2 层	180	153	27	85.0
2#楼 3 层	180	152	28	84.4
2#楼 4 层	180	154	26	85.6
合计	540	459	81	85.0

制表人：×××　　　　　　　　　　　　　　　制表时间：××年××月××日

2#楼 2～4 层 ALC 内隔墙一次安装合格率质量问题统计表　　　　表 2.3-2

检查部位	质量问题项					合计（个）
	板拼缝偏大（>10mm）	平整度差（>4mm）	表面破损	管卡固定缺失	垂直度差（>4mm）	
2#楼 2 层	20	2	2	2	1	27
2#楼 3 层	21	2	2	2	1	28
2#楼 4 层	20	2	2	1	1	26
合计	61	6	6	5	3	81

制表人：×××　　　　　　　　　　　　　　　　制表时间：××年××月××日

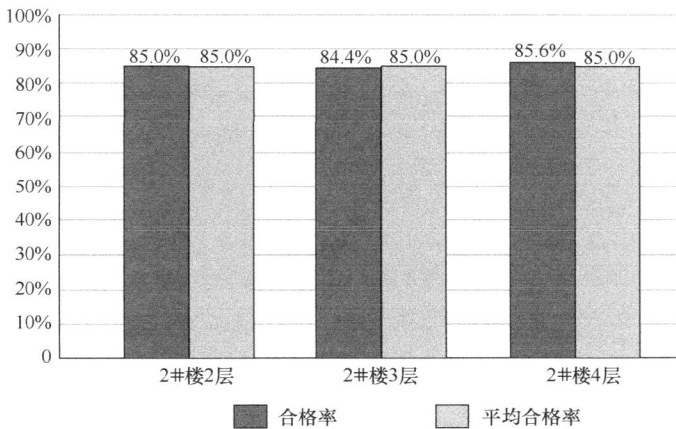

图 2.3-1　ALC 内隔墙一次安装合格率柱状图

制图人：×××　　　　　　　　制图时间：××年××月××日

　　××年××月××日，小组成员××按照质量问题的项进行分析，得到调查表 2.3-3 和排列图 2.3-2。

ALC 内隔墙一次安装合格率质量问题统计表　　　　表 2.3-3

序号	质量问题	频数	累计频数	频率（%）	累计频率（%）
1	板拼缝偏大（>10mm）	61	61	75.3	75.3
2	平整度差（>4mm）	6	67	7.4	82.7
3	表面破损	6	73	7.4	90.1
4	管卡固定缺失	5	78	6.2	96.3
5	垂直度差（>4mm）	3	81	3.7	100.0

制表人：×××　　　　　　　　　　　　　　　　制表时间：××年××月××日

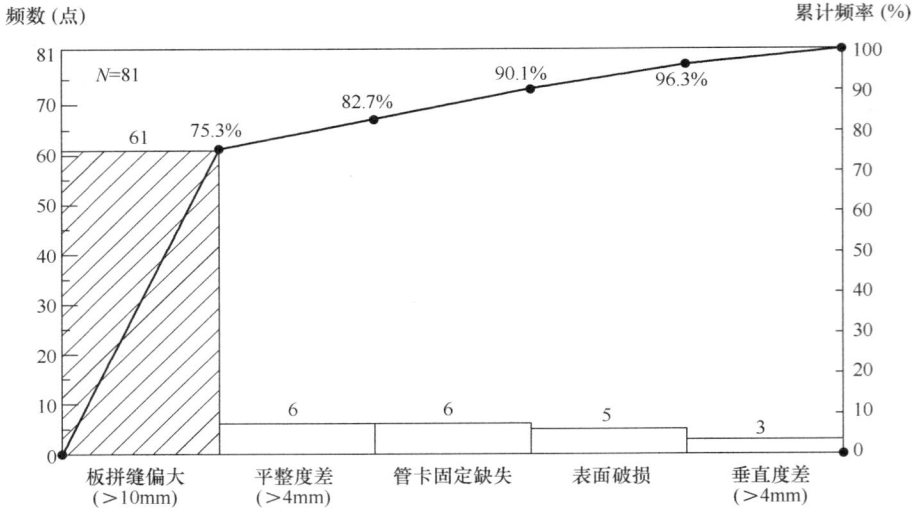

图 2.3-2 ALC 内隔墙一次安装合格率质量问题排列图

制图人：×××   制图时间：××年××月××日

结论：从表 2.3-3 和图 2.3-2 中可以看出"板拼缝偏大（＞10mm）"占 75.3％，是 ALC 内隔墙一次安装合格率差的症结所在。

［案例 2-3］课题《提高 PC 现浇楼板板厚合格率》——现状调查

根据规范《混凝土结构工程施工质量验收规范》GB 50204—2015 附录 F.0.4 结构实体位置与尺寸偏差应分别进行验收：当检验项目的合格率为 80％及以上时，判定为合格，当检验项目的合格率小于 80％但不小于 70％时，可以抽取相同数量的构件进行检验，当按两次抽样总和计算的合格率为 80％及以上，仍可判定为合格。

板厚检验方法：悬挑板取距离支座 0.1m 处，沿宽度方向包括中心位置在内的随机 3 个点取平均值；其他楼板，在同一对角线上量测中间及距离两端各 0.1m 处，取 3 个点平均值。规范中规定的板厚度合格率为 80％，板厚合格标准为（−5mm，＋10mm）。

调查：小组成员在本工程开工后，组织管理人员和班组长××对 15＃～18＃楼测量，据现场实际抽检汇总，共检查 400 个点，其中合格 330 个点，合格率为 82.5％，具体情况见统计表 2.3-4 和柱状图 2.3-3。

15＃～18＃楼板厚偏差统计表   表 2.3-4

幢号	抽查点数	板厚偏差点数	板厚合格率
15＃	100	20	80％
16＃	100	16	84％
17＃	100	18	82％
18＃	100	16	84％
合计	400	70	82.5％

制表人：×××   制表时间：××年××月××日

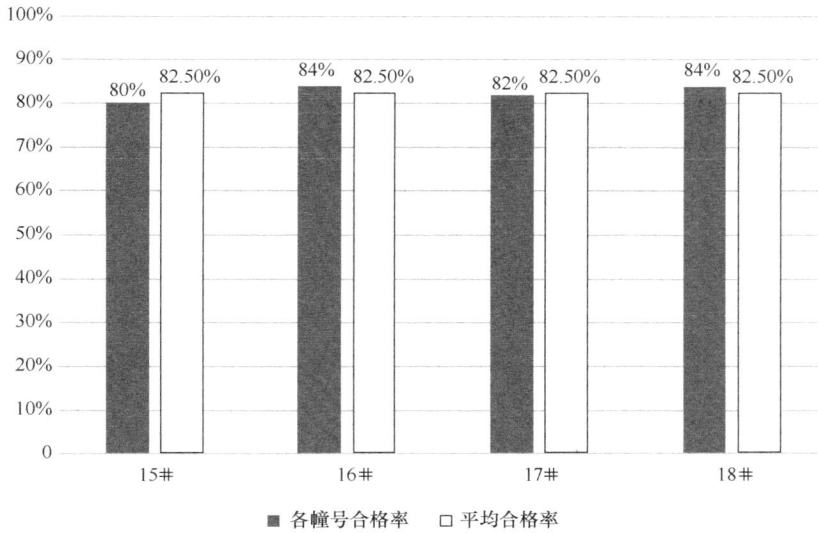

图 2.3-3　15＃～18＃楼板厚偏差柱状图

制图人：×××　　　　　　　　　　　　　　制图时间：××年××月××日

针对这些不合格点数进行数据统计、分析，见表 2.3-5、表 2.3-6。

各楼栋 PC 楼板厚度合格率质量问题统计表　　　　　　　　　　表 2.3-5

楼栋	质量问题项目		合计（个）
	PC 现浇楼板偏厚	PC 现浇楼板偏薄	
15＃	16	2	18
16＃	13	4	17
17＃	14	1	15
18＃	17	3	20
合计	60	10	70

制表人：×××　　　　　　　　　　　　　　制表时间：××年××月××日

PC 现浇楼板厚薄统计表　　　　　　　　　　表 2.3-6

序号	质量问题项目	频数	累计频数	频率（％）	累计频率（％）
1	PC 现浇楼板偏厚	60	60	14.3	14.3
2	PC 现浇楼板偏薄	10	70	85.7	100.0

制表人：×××　　　　　　　　　　　　　　制表时间：××年××月××日

从图 2.3-4 可以看出"PC 现浇楼板偏厚"是影响 PC 楼板板厚合格率的主要问题，可以进行分层分析，以明确症结所在。小组按照本项目楼板跨度分为＜3000mm 板以下（小板）、3000～4000mm 板（中板）、＞4000mm 以上板（大跨板）进行分析，得到调查表 2.3-7 和饼分图 2.3-5。

PC叠合板偏薄
14.3%

PC叠合板偏厚
85.7%

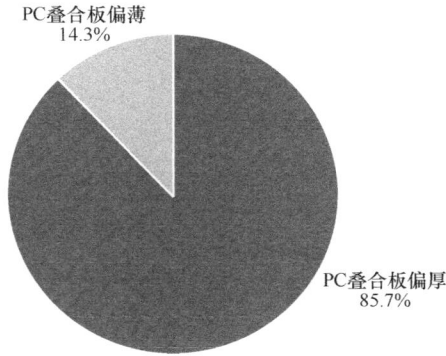

图 2.3-4　PC 现浇楼板厚薄占比饼分图

制图人：×××　　　　　　　　　　　　制图时间：××年××月××日

楼板跨度值影响 PC 楼板板厚调查表　　　　　　　　　　表 2.3-7

序号	楼板跨度值	板厚偏厚点数	PC 现浇楼板偏厚占比（%）	PC 现浇楼板偏厚累计占比（%）
1	4000mm 以上（大跨板）	50	83.3	83.3
2	3000～4000mm（中板）	7	11.6	94.9
3	3000mm 以下（小板）	3	5	100.0
合计		60	100.0	—

制表人：×××　　　　　　　　　　　　　　　　制表时间：××年××月××日

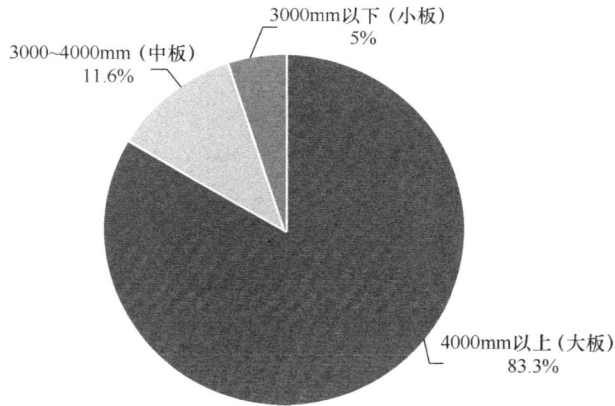

3000mm以下（小板）
5%

3000~4000mm（中板）
11.6%

4000mm以上（大板）
83.3%

图 2.3-5　PC 现浇楼板偏厚分类占比饼分图

制图人：×××　　　　　　　　　　　　制图时间：××年××月××日

从图 2.3-5 中可以看出"4000mm 以上楼板偏厚"占 83.3%，是影响 PC 楼板偏厚的主要问题。

小组成员针对 4000mm 以上大跨板 PC 楼板偏厚占比最多进行分析，得到调查表 2.3-8 和排列图 2.3-6。

4000mm 以上大跨板 PC 楼板偏厚位置调查表　　　　　　　　　表 2.3-8

序号	位置	频数	累计频数	频率（%）	累计频率（%）
1	大跨度板中间位置	38	38	76	76
2	大跨度板左上角位置	5	43	10	86
3	大跨度板右上角位置	3	46	6	92
4	大跨度板左下角位置	3	49	6	98
5	大跨度板右下角位置	1	50	2	100

制表人：×××　　　　　　　　　　　　　　　　　　　制表时间：××年××月××日

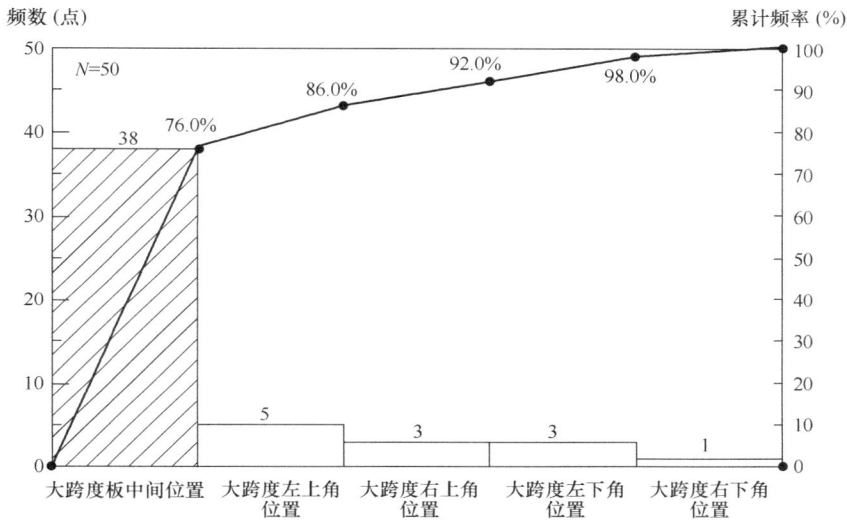

图 2.3-6　4000mm 以上大跨板 PC 楼板偏厚位置排列图

制图人：×××　　　　　　　　　　　　制图时间：××年××月××日

从图 2.3-6 中可以看出大跨度 PC 楼板中间部位偏厚，是 PC 现浇楼板板厚合格率低的症结所在。

第四节　设 定 目 标

设定目标是自定目标课题的第三步，是指令性目标课题的第二步（图 2.1-1）。设定目标，一是明确要把问题改进到什么程度，二是为检查活动的效果提供依据。

一、目标的来源

课题目标来源分为自定目标和指令性目标。

自定目标：小组根据现状调查的数据，由小组成员共同制定的课题目标。

指令性目标：上级以指令形式下达给小组的目标、上级考核指标、行业强制性标准要求、顾客要求（合同、补充协议、文件、函件的要求）等。

二、目标设定依据

对于自定目标课题，小组在设定目标时，应采用事实和数据作为设定目标的依据。可考虑如下方面：

（1）上级下达的考核指标或要求。小组在设定目标时，可参考上级的考核指标或工程建设规范、标准、施工组织设计、专项施工方案等要求，结合自身的实际情况，设定小组活动的课题目标。

（2）顾客要求。建设单位、设计单位、监理单位等相关方要求，以及合同要求，均可以作为小组活动的目标。

（3）国内外同行业先进水平。通过与同行业先进水平的企业进行水平对比，在工程规模、人员条件、设备条件、材料选用、施工工艺、环境条件等方面相近的情况下，可将同行业的先进水平作为设定目标的参考。

（4）组织曾经达到的最好水平。小组可以把组织（公司、项目、班组等）曾经达到过的历史最好水平作为小组设定目标的参考。

（5）针对症结，预计其解决程度，测算课题将达到的水平。通过现状调查，找出课题的症结所在，预计课题症结可以解决的程度，测算出小组课题目标能达到的最好水平，作为课题目标设定依据。

三、目标设定要求

目标设定应与小组活动课题相一致。设定的课题目标，是小组活动最终实现的目标和结果，也是检验小组活动效果的重要指标。

1. 目标数量不宜多

目标数量不宜多，一般以一个为宜。如果目标定得过多，小组活动必然要分别以多个目标为中心进行，使解决问题的过程非常复杂，将导致整个活动的逻辑混乱。如果有多个性质不同的目标，宜采用多个课题予以解决。

2. 目标可测量、可检查

小组活动目标可分为定性目标和定量目标两种，小组设定目标可测量、可检查。

定性目标是只确定目标性质，而没有具体量化的目标。

定量目标是具有明确的量化目标。一般小组活动目标应是定量目标，可以通过活动后进行检查、对比，明确是否达到预定的目标。

3. 目标具有挑战性

小组设定的目标具有挑战性，需要通过小组成员的努力才能达到，这样才能更好地调动小组全体成员的积极性和创造性。当经过努力，克服困难，达到所设定的目标时，小组成员才能体会到活动的乐趣和自身的价值，更好地鼓舞小组的士气。

四、常见问题

（1）设定的目标与课题不一致。

（2）目标设定的依据不足。

（3）目标设定过多。

（4）目标不可测量、不可检查。

五、设定目标举例

［案例 2-4］课题《提高木结构斗拱一次验收合格率》——设定目标

1. 设定目标的依据

（1）公司要求

木结构斗拱一次验收合格率达到90％以上。

（2）公司历史水平

公司曾施工过的类似工程"柯桥古镇北区传统建筑修缮和补形项目×××区块建筑承包项目"，木结构斗拱一次验收合格率达到91％。

（3）同行业水平

小组成员对同行业已完成的木结构斗拱一次验收合格率情况进行调查，合格率情况如表2.4-1所示。

同行业木结构斗拱一次验收合格率统计表　　　　　　表 2.4-1

已完工程	青藤书屋周边环境整治及提升工程	罗阳镇上交垟省历史文化村落保护利用重点村项目"水城厝内古民居修缮项目"	进贤县温圳镇杨溪李家传统村落保护维修工程
木结构斗拱一次验收合格率	91.6％	89.9％	89.2％

制表人：×××　　　　　　　　　　　　　　　　制表时间：××年××月××日

根据表2.4-1，在已完成工程中，木结构斗拱一次验收合格率最高达到91.6％。

（4）测算将达到的水平

小组成员根据以往QC小组活动情况和公司QC技术力量支撑情况，"迭合间隙过大"的问题能解决率为90％，则"迭合间隙过大"项中合格点数将增加$43×90％＝39$，木结构斗拱一次验收合格率将从现状调查的85％提高到$(600－90＋39)/600＝91.5％$。

2. 设定目标

综合考虑实际情况，小组将课题目标确定为：木结构斗拱一次验收合格率达到91％。如图2.4-1所示。

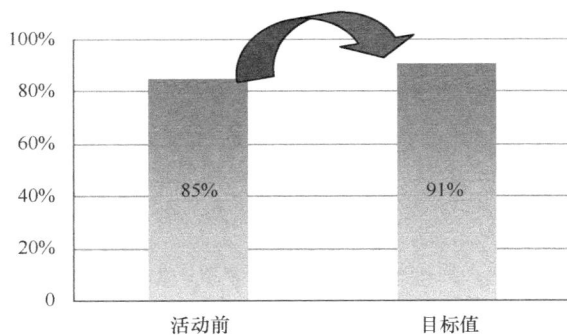

图 2.4-1　QC小组活动目标柱状图

制图人：×××　　　　　　　　制图时间：××年××月××日

第五节　目标可行性论证

指令性目标在选定课题、设定目标之后，进行目标可行性论证。目标可行性论证是指令性目标课题的第三步（图2.1-1），但自定目标课题没有这个步骤。

一、目标可行性论证的内容

1. 查找差距和症结

设定目标后，小组要对课题的现状进行调查，把握课题的现状，通过数据说明与目标的差距在什么地方、有多少，以确定改进的方向和程度。

现状与目标的差距明确后，小组要收集数据和事实，运用适宜的统计方法对取得的数据进行分层整理和分析，找到课题的症结。

2. 目标可行性的论证

目标可行性论证可以考虑如下方面：

（1）国内外同行业先进水平。在工程规模、人员条件、设备条件、材料选用、施工工艺、环境条件等方面相近的情况下，通过与同行业先进水平进行水平对比是可行的。

（2）组织曾经达到的最好水平。小组所在的组织（公司、项目、班组等）曾经达到过的最好水平，随着施工条件的改善，技术的进步和发展，以这个水平为目标是可行的。

（3）把握现状，找出症结，论证需解决的具体问题，以确保课题目标实现。在进行目标可行性论证时，与自定目标值的现状调查步骤相同之处是都要通过全面深入地挖掘问题的具体表现，收集数据，把握课题的现状，找出问题的症结。与现状调查的不同之处是对指令性目标值进行测算分析时，当测算症结的解决程度仍不能达到指令性目标要求时，可不受症结的限制，应将症结之外的次要问题顺次纳入进行测算分析，直至保证指令性目标的实现。

二、常见问题

（1）将可行性论证与现状调查混淆。

（2）未找出症结，只是定性分析目标可行。

（3）用指令性目标直接推算课题症结的解决程度，而未考虑症结以外的其他问题。

三、目标可行性论证举例

[案例 2-5] 课题《提高 PC 楼梯一次安装合格率》——目标可行性论证

业主要求：PC 楼梯一次安装合格率达 93％以上。

1. 寻差距

××年××月××日，监理及建设单位对 4＃、8＃楼 PC 楼梯安装连接点质量进行检查，检查总数 480 个，合格数为 424 个，不合格数为 56 个，合格率为 88.3％，统计数据见表 2.5-1。

4＃、8＃楼 PC 楼梯安装连接点合格率调查表　　　　　表 2.5-1

序号	楼梯号	连接点数量（个）	合格数量（个）	合格率（％）
1	4＃-1	120	102	85.0
2	4＃-2	120	106	88.3
3	8＃-1	120	104	86.7
4	8＃-2	120	112	93.3
合计		480	424	88.3

制表人：×××　　　　　　　　　　　　制表时间：××年××月××日

从表 2.5-1 中可以看出，监理及建设单位检查时，4＃、8＃楼 PC 楼梯安装连接点质量合格率平均值仅为 88.3％。

2. 找症结

本项目中，PC 楼梯连接点与混凝土挑耳结构连接位置有两种，一种与楼层结构面同层标高部位的挑耳连接，另一种是比同层标高位置高半层的楼梯休息平台处挑耳连接。根据监理及建设单位检查发现的 56 个不合连接点，小组针对不同的连接部位，对 4#、8# 楼 PC 楼梯连接点安装的质量情况进行分析，分析结果见表 2.5-2。

不同连接位置楼梯安装合格率统计　　　　　　　　表 2.5-2

序号	连接部位	不合格数（个）	占比（％）
1	休息平台	50	89.29
2	同层标高	6	10.71

制表人：×××　　　　　　　　　　　　　　　制表时间：×× 年××月 ×× 日

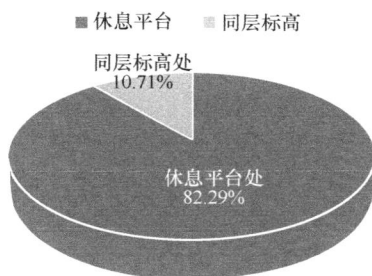

图 2.5-1　不同连接位置楼梯连接点不合格情况饼分图

制图人：×××　　　　　　制图时间：×× 年××月 ×× 日

通过饼分图 2.5-1 可看出，楼梯休息平台处连接点不合格占比 89.29％。

为进一步了解问题的症结，小组对连接部位不合格的质量问题进行归类统计见表 2.5-3。

休息平台处质量问题统计表　　　　　　　　表 2.5-3

序号	问题描述	频数	频率（％）	累计频率（％）
1	螺栓定位偏差	37	74.00	74.00
2	挑耳尺寸偏差	5	10.00	84.00
3	PC 预留洞不准	3	6.00	90.00
4	PC 碰撞破损	3	6.00	96.00
5	其他	2	4.00	100.00

制表人：×××　　　　　　　　　　　　　　　制表时间：×× 年××月 ×× 日

根据表 2.5-3 绘制排列图 2.5-2。

由排列图 2.5-2 可看出，"螺栓定位偏差"累计频率达 74％，是影响 PC 楼梯安装质量的症结。

23

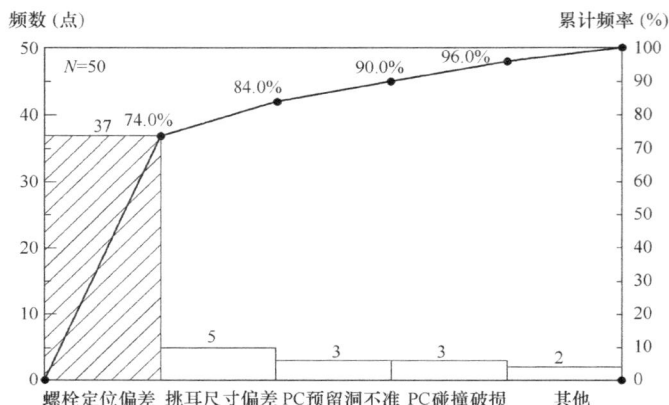

图 2.5-2　休息平台处质量问题频数排列图

制图人：×××　　　　　　　　　　　　制图时间：×× 年××月 ××日

3. 目标可行性论证

（1）企业的较高水平分析

××年××月××日～××月××日期间，小组成员××联系到代表公司较高水平的杭州国际商贸城××学校项目和半山田园××地块公共租赁房工程项目相关人员，对两个类似项目 PC 楼梯安装质量进行调查，统计见表 2.5-4。

××学校项目和半山田园项目 PC 楼梯安装质量合格率调查表　　　　表 2.5-4

序号	项目	连接点数量（个）	合格数量（个）	合格率（%）
1	××学校	1152	1080	93.75
2	半山田园	2560	2408	94.06

制表人：×××　　　　　　　　　　　　制表时间：×× 年××月 ××日

从表 2.5-4 中可以看出，××学校和半山田园楼梯连接点的合格率分别达到了93.75％和94.06％。

（2）本项目历史最好水平分析

小组成员××通过分析 4＃、8＃楼 PC 楼梯连接点安装合格率数据发现，8＃楼 2 号楼梯的安装合格率为93.3％，如图 2.5-3 所示。

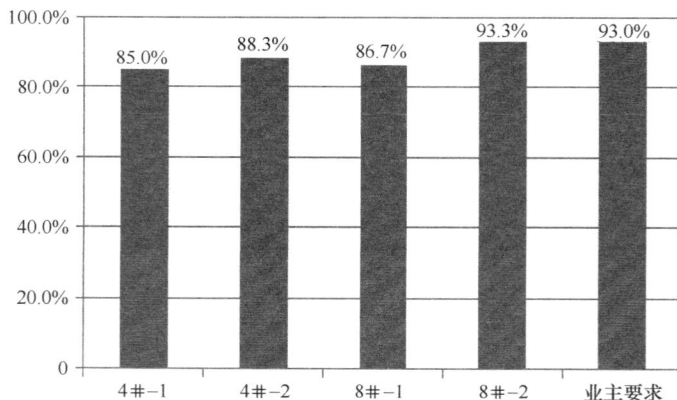

图 2.5-3　4＃、8＃楼 PC 楼梯安装合格率柱状图

制图人：×××　　　　　　　　　　　　制图时间：×× 年××月 ××日

（3）测算分析

小组成员××对公司项目虹软视觉人工智能产业化基地的××年 QC 活动《提高钢柱预埋锚栓施工合格率》对比分析，形成图 2.5-4，该小组把螺栓问题中的症结"水平偏移"频率从 91% 降低到 25%。

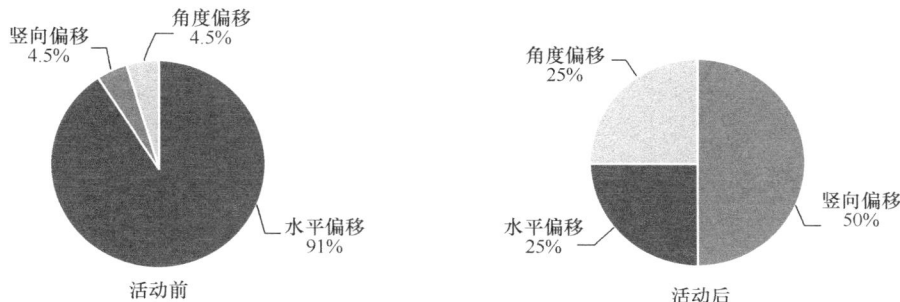

图 2.5-4　活动前后对比饼分图

制图人：×××　　　　　　　　制图时间：×× 年××月 ××日

根据公司同类项目类似课题症结的解决程度比较分析，"螺栓定位偏差"的症结解决率为 65%，那么可以将 PC 楼梯一次安装合格率提高至[480−56×(1−89.29% × 74% × 65%)]/480＝93.3%。

（4）目标可行性论证总结

综上论证，业主要求的 PC 楼梯一次安装合格率 93% 以上的目标是可以实现的。

[案例 2-6] 课题《提高钢管束面焊接构件一次施工合格率》——目标可行性论证

1. 设定目标

顾客及相关方要求：建设单位及监理单位要求钢管束面焊接构件一次施工合格率不得低于 92%。

小组课题活动要求：钢管束面焊接构件一次施工合格率不得低于 92%。

2. 目标可行性论证

调查 1：选定课题后，为了解问题的现状和严重程度，在××年××月××日调查情况和收集数据基础上，××年××月××日，小组成员××和××对 1#楼、3#楼、5#楼已经完成的钢管束面构件焊接进行质量检查，抽取 10% 进行检查，共检查 1067 个点，合格的点为 935 个，存在质量问题的点为 132 个，一次施工合格率为 87.6%，形成统计表 2.5-5 及柱状图 2.5-5。

钢管束面构件焊接一次施工合格率检查表　　　　　表 2.5-5

检查部位	检查数量	合格数量	不合格数量	合格率（%）
1#地下室钢管束	231	199	32	86
3#地下室钢管束	418	372	46	89
5#地下室钢管束	418	364	54	87
合计	1067	935	132	87.6

制表人：×××　　　　　　　　　　　　　制表时间：×× 年××月 ××日

经过现场调查，主要有三种类型的焊接构件，我们对不合格点进行分层分类统计，主要分为箍筋构件焊接不合格、拉筋构件焊接不合格和加固螺杆构件焊接不合格，形成统计表 2.5-6。

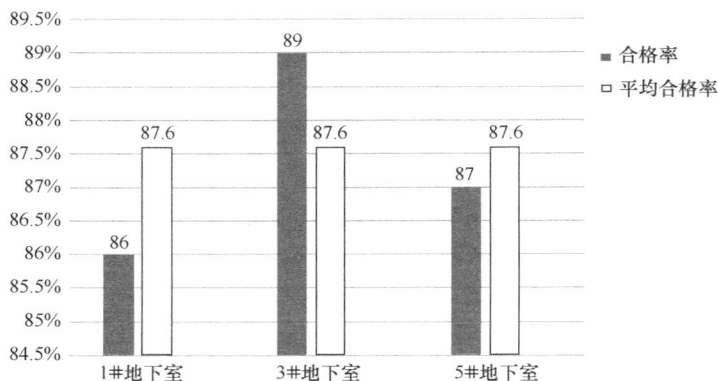

图 2.5-5　钢管束面构件焊接一次施工合格率柱状图

制图人：×××　　　　　　　　　　　　　制图时间：××年××月××日

各检查部位钢管束面构件焊接一次施工合格率问题统计表　　　表 2.5-6

检查部位	质量问题项目		
	箍筋焊接不合格	拉筋焊接不合格	加固螺杆焊接不合格
1#地下室	31	11	10
3#地下室	27	9	6
5#地下室	27	7	4
合计	85	27	20

制表人：×××　　　　　　　　　　　　　制表时间：××年××月××日

调查 2：经对质量问题项目的调查分析，可得到调查表 2.5-7、调查表 2.5-8、饼分图 2.5-6 及排列图 2.5-7，可以看出"箍筋焊接不合格"频率为 64.4%，是钢管束面焊接构件一次施工质量的主要问题，但还是需要进一步分层分析，以明确症结所在。

钢管束面构件焊接质量问题调查表　　　表 2.5-7

序号	项目	频数（个）	累计频数（个）	频率（%）	累计频率（%）
1	箍筋焊接不合格	85	85	64.4	64.4
2	拉筋焊接不合格	27	112	20.5	84.9
3	加固螺杆焊接不合格	20	132	15.1	100

制表人：×××　　　　　　　　　　　　　制表时间：××年××月××日

小组成员××和××针对"箍筋构件与钢管束面焊接施工质量问题"进行分析，得到调查表 2.5-8 和排列图 2.5-7，可以看出"箍筋未满焊"占"箍筋焊接不合格"中质量问题的频率为 64.7%，是症结所在。

钢管束面构件（箍筋）焊接施工质量问题调查表　　　表 2.5-8

序号	项目	频数（个）	累计频数（个）	频率（%）	累计频率（%）
1	箍筋未满焊	55	55	64.7	64.7
2	箍筋焊接夹渣	14	69	16.5	81.2
3	箍筋焊接咬边	7	76	8.2	89.4
4	箍筋焊接气孔	5	81	5.8	95.2
5	其他	4	85	4.7	100

制表人：×××　　　　　　　　　　　　　制表时间：××年××月××日

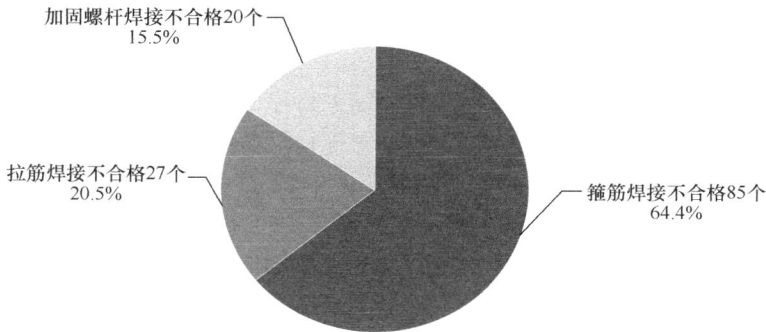

图 2.5-6 钢管束面构件焊接质量问题饼分图

制图人：×××　　　　　　　　　　制图时间：××年××月××日

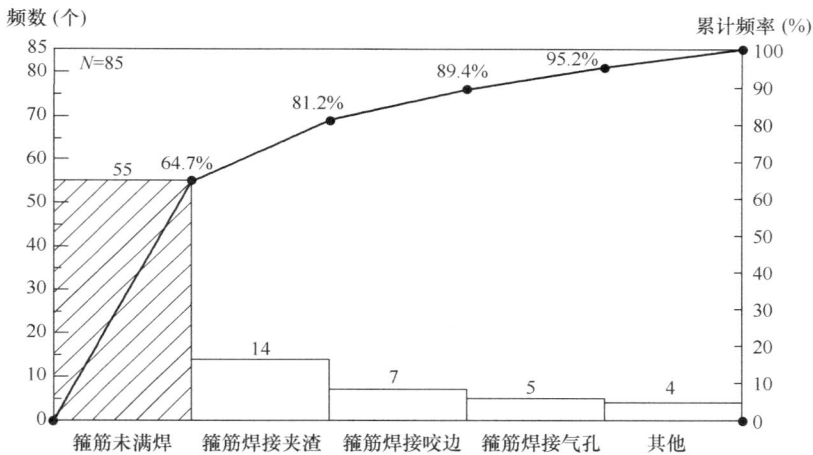

图 2.5-7 钢管束面构件（箍筋）焊接施工质量问题排列图

制图人：×××　　　　　　　　　　制图时间：××年××月××日

在样板区钢管束焊接样板施工焊接时，"箍筋未满焊"这一质量现象仅为钢管束面焊接构件的 1%，借鉴曾经达到过的经验数据，推演折算到本次调查的样本中即为[1067－(1067×1%＋14＋7＋5＋4＋27＋20)]/1067＝91.7%。

即使完全解决症结，理论推演合格率 91.7%，仍达不到指令性目标值 92%，因此还要进一步解决排列图 2.5-7 中第二位非症结项"箍筋焊接夹渣"的问题。借鉴样板区"箍筋焊接夹渣"为 0.5% 的发生率，经测算钢管束面构件焊接一次施工合格率可达 [1067－(1067×1%＋1067×0.5%＋7＋5＋4＋27＋20)]/1067＝92.5%，能达到指令性目标的要求。

第六节　原　因　分　析

原因分析是 QC 小组活动重要的步骤。小组在课题症结已经明确，目标已设定的前提下，可以进行原因分析步骤。

一、原因分析要求

小组进行原因分析应符合以下要求：

1. 针对问题或症结进行分析

要与现状调查步骤相呼应，针对问题或症结进行原因分析。

（1）如果在现状调查时已找到症结，应针对症结进行原因分析。

（2）如果小组选择的课题很小、很具体，实在无法找出症结时，则针对课题进行原因分析。

（3）针对指令性目标，如果测算症结的解决程度仍不能达到指令性目标要求时，也可以是在指令性目标可行性论证中的症结之外，需要解决的次要问题，也与症结一样进行原因分析。

2. 因果关系清晰、逻辑关系紧密

问题和原因之间的逻辑关系可以是因果关系，也可以是包含关系、并列关系、递进关系等。"逻辑关系紧密"是指在进行原因分析时，应逐层展开，分析清晰、透彻，运用逻辑思维，不断深入地探索"为什么""包含什么"，一层一层地细化、具体化，前后连贯，直至分析到末端原因。

3. 分析原因要全面

分析原因可从"5M1E"即人（Man）、机器（Machine）、材料（Material）、方法（Method）、环境（Environment）、测量（Measure）等方面考虑，需展示问题的全貌，从各个角度把产生问题的原因都找出来，避免遗漏。如果某一方面原因类别不存在，则无需分析该类别的原因，但应根据实际情况客观分析，不要拼凑。

4. 分析原因要彻底

把每一条原因逐层分析到末端，末端原因应是具体的、现场可确认的、可直接采取根治对策的原因，如此才能有效地防止问题再发生。

5. 运用的统计方法应适宜、正确

分析原因所运用的方法应适宜、正确。原因分析过程中，比较常用的方法有因果图、树图与关联图。因果图、树图适用于针对单一症结进行原因分析，而关联图既可以针对单一症结进行原因分析，也可以对两个及以上的症结进行分析。因果图、树图展示的原因之间不会交叉影响，而关联图展示的原因之间有相互交叉影响或对两个及以上症结均有影响，具体见表 2.6-1。

原因分析常用方法　　　　　　　　　　　　　　　　表 2.6-1

方法名称	适用场合	原因之间的关系	展开层次
因果图	针对单一问题或症结进行原因分析	原因之间没有交叉影响	一般不超过四层
树图	针对单一问题或症结进行原因分析	原因之间没有交叉影响	没有限制
关联图	针对单一问题或症结进行原因分析	原因之间有交叉影响	没有限制
	针对两个及两个以上的问题或症结一起进行原因分析	部分原因把两个及两个以上的问题或症结交叉在一起	

二、常见问题

（1）原因分析针对的对象不正确。未针对现状调查时发现的症结进行原因分析，仍针对课题进行原因分析。

（2）因果关系不清晰、逻辑关系混乱。小组在原因分析时，仅仅按"人、机、料、法、环、测"进行简单的分类，有的甚至"5M1E"都区分不开，在原因分析逐层展开时，因果关系不清晰，甚至因果关系颠倒或者不成立，忽视原因之间的逻辑关系，逻辑关系混乱。

（3）原因分析不全面。小组在原因分析时，有的没有从"人、机、料、法、环、测"等方面进行考虑，有遗漏；有的虽然"人、机、料、法、环、测"齐全，但每一个项目都没有充分展开，从各个角度把产生影响的原因都找出来，不能够展示问题的全貌。

（4）原因分析未分析到真正的末端原因。原因分析没有层层深入，分析不够彻底，没有分析到可以直接采取对策的末端原因。

（5）统计方法运用不适宜、不规范。什么情况下用因果图、树图，什么情况下用关联图，把握不准。一个问题且原因之间无关联，使用关联图；两个问题，原因之间关联程度低或无关联，使用关联图，都是不适宜的。统计方法运用也存在问题，从原因归类、逻辑关系到图表的绘制，均存在不规范的现象。

三、原因分析举例

[案例 2-7] 课题《提高特高压试验大厅 50m 高大跨度网架一次安装合格率》——原因分析

针对"支座中心偏移"和"相邻支座高差"两个症结，QC 小组于××年××月××日在项目部会议室召开了原因分析会，对影响"支座中心偏移"和"相邻支座高差"的原因进行了归纳整理，绘制了关联图，见图 2.6-1。

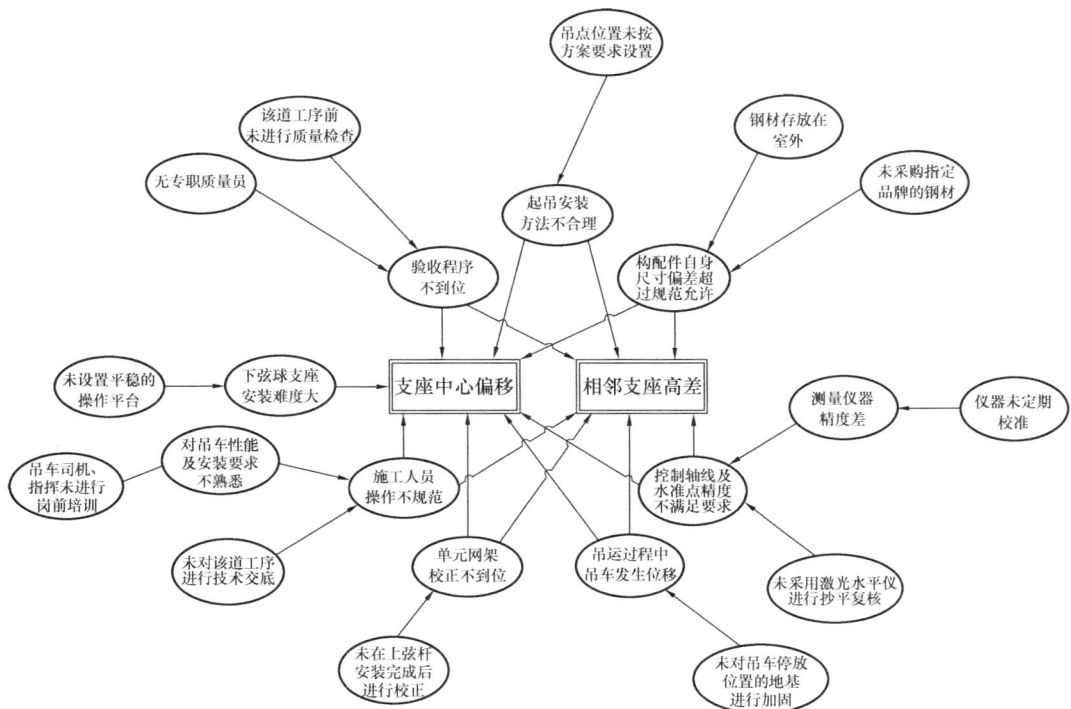

图 2.6-1　关联图

制图人：×××　　　　　　　　　　制图时间：××年××月××日

第七节　确定主要原因

通过原因分析，找出有可能产生问题的原因，其中有的确实是影响问题的主要原因，有的则不是。如果针对所有原因都制订对策并加以实施，会造成人力、物力、财力上的浪费，加大了问题的解决难度，延长了解决问题的时间。这一步骤就是小组针对末端原因，依据数据和事实，客观地确定主要原因。要对诸多末端原因进行鉴别和区分，把确实影响问题或症结的主要原因找出来，将目前状态良好，对存在的问题或症结影响不大的末端原因排除掉，以便有针对性地制订对策，采取具体措施，有效解决问题。

一、确定主要原因要求

1. 收集整理末端原因

把原因分析步骤的因果图、树图与关联图中的找出所有末端原因都收集起来，识别并排除末端原因中小组能力范围之外的原因。小组能力范围之外的原因，是小组无法采取对策的原因，如"电网停电""台风影响"，铁道施工中"天窗点不确定性"等，所以要把它们剔除出去，不作为确定主要原因的对象。

2. 是否制定要因确认计划

对每个末端原因进行逐条确认，必要时可制定要因确认计划。如果末端原因较多，可制定要因确认计划。

3. 判别主要原因的依据

依据末端原因对问题或症结的影响程度判断是否为主要原因。主要原因的确认，不应对照现有的工艺标准、操作规程或管理制度等进行判断，而应以客观事实为依据，用数据说话，如数据表明该原因对问题或症结影响程度大，就是主要原因。如果现状调查找到两个及以上症结或目标可行性论证确定了需要解决的两个及以上的"问题"，且末端原因对以上症结或"问题"都有关联时，则都应确认对其影响程度，影响程度的大小由小组成员依据课题实际情况进行判断。

二、确定主要原因的方式

主要原因确认的判定方式为现场测量、试验及调查分析。

（1）现场测量是一种直接方式，小组成员亲自到现场测量直接得到数据，通过数据直接判断其对问题或症结的影响程度。现场测量的方式对机具、材料、环境这类原因进行确认时，常常是很有效的。

（2）试验是一种间接方式，通过模拟试验、对比试验等间接得到数据，判断其对问题或症结的影响程度。通过试验的方式取得数据来确认主要原因，对"法"这一类的原因进行确认常常是很有效的，如确定某一个参数是否为主要原因时，改变工艺参数进行试验，看结果是否有明显差异来判断是否为主要原因。

（3）调查分析是一种间接方式，不能到现场用测量或试验的方式来取得数据，也可使用调查分析的方式取得数据，借助于统计方法，找出规律，得出结论后进行影响程度判断。对于通过现场测量、试验取得的数据不能直接进行判断，也需要借助于统计方法，找出规律后进行影响程度判断。对于人或管理方面的原因，往往不能到现场测量的方式来取得数据，可以使用调查分析的方式来取得数据进行确认。

　　针对同一个末端原因判定其是否为主要原因，可能用现场测量、试验、调查分析方法中的一种或者两种，也可能三种方法同时用，小组要根据实际情况选用，具体问题具体分析。

三、常见问题

　　（1）分析末端原因对问题或症结影响程度缺少相关事实和数据，仅进行定性分析、理论推导；或将全部末端原因全凭经验，主观断定为要因和非要因；"主要原因"中的事实和数据比较具体，"非要因"中则缺少事实和数据。

　　（2）仅将末端原因的数据与确认标准进行比较，而未按对问题或症结的影响程度大小来确定是否为主要原因。

　　（3）未对小组能力范围内的全部末端原因进行逐条确认，遗漏可能是真正影响问题或症结的主要原因。

　　（4）在分析末端原因对问题或症结的影响程度时产生混乱。有的小组收集的是末端原因与问题的关联数据，却判定为末端原因对症结的影响程度，有的小组只分析末端原因对前一层级原因的影响程度，就判定该末端原因是否为问题或症结的主要原因。

　　（5）确认的主要原因太多。

　　（6）确认的主要原因太少，漏掉主要原因。

　　（7）将小组能力范围之外的末端原因进行分析。

四、确定主要原因举例

　　[案例 2-8] 课题《提高不规则石材异形幕墙一次安装合格率》——确定主要原因（节选，见表 2.7-1、表 2.7-2）

　　要因确认 3：次龙骨缺少支撑点

表 2.7-1

要因内容	确认内容	确认方法	确认时间	确认人
次龙骨缺少支撑点	次龙骨缺少支撑点对症结①②的影响情况	调查分析 现场测试、测量	××年×月×日	××× ×××

调查分析情况：

　　经调查发现，幕墙施工方案要求"每 900mm 间距次龙骨横梁必须有两个以上的支撑点"，××年×月×日，我小组成员对 1# 宿舍不合格部位返工 83 处横梁的固定情况进行了检查，统计结果如下。

部位	横梁数（处）	每900mm间距次龙骨横梁必须有两个以上的支撑点	
		合格数	不合格数
柱饰面	75	37	38
墙饰面	5	4	1
吊顶饰面	3	2	1
合计	83	43	40
平均合格率		55.4%	

现场测试、测量情况：

通过现场测量情况和统计结果，次龙骨加固合格率为55.4%，合格率偏低，随后小组成员进一步就该因素的影响程度进行了验证，对支撑点合格部位和支撑点不足部位的幕墙平整度和接缝高低差进行了分类统计。

部位	支撑点合格部位接缝高低差		支撑点不足部位接缝高低差		差值
	合格数	不合格数	合格数	不合格数	
	13	8	1	21	
合格率	61.9%		4.5%		57.4%

部位	支撑点合格部位幕墙平整度		次龙骨横支撑不足部位幕墙平整度		差值
	合格数	不合格数	合格数	不合格数	
	15	7	1	15	
合格率	68.2%		6.3%		61.9%

影响程度判断：

通过该统计数据的对比发现，支撑点合格部位和支撑点不足部位的合格率差值较大，其中接缝高低差的合格率差值57.4%，幕墙平整度合格率差值61.9%。因此判断，次龙骨缺少支撑点对于症结①②的影响程度较大，为要因。

结论	为要因

要因确认9：异形板材安装顺序不当

表2.7-2

要因内容	确认内容	确认方法	确认时间	确认人
异形板材安装顺序不当	异形板材安装顺序不当对症结①②的影响情况	调查分析现场测试、测量	××年×月×日	××× ×××

调查分析情况：

通过调查我们了解到，幕墙施工方案中对异形幕墙的安装顺序有明确的要求，要求"异形幕墙由底至顶的顺序进行安装，同一水平板块先安装细部位置，后安装大面位置"，而现场工人则采用了"先大面，后细部"的顺序进行安装。

×月×日，小组成员开始试验对比，对正在进行 2# 宿舍东立面安装的班组发出了指令，要求在当日起在采用方案要求"先细部，后大面"的顺序进行安装。

现场测试、测量情况：

在×月×日安装完成后，在采用方案要求"先细部，后大面"的东立面和工人自行采用的"先大面，后细部"的位置各选取了 100 个点进行检查。

安装顺序	检查数量（个）	接缝高低差大数量	接缝高低差大数量占比	幕墙平面度差数量	幕墙平面度差数量占比
先细部，后大面	100	10	10%	8	18%
先大面，后细部	100	9	9%	7	7%
差值	/	1	1%	1	1%

影响程度判断：

从试验数据的对比可以看出，接缝高低差与幕墙平面度差数量占比相差不大，侧面体现了采用不同的施工顺序并不会对安装质量造成较大影响，因此我们判断异形板材安装顺序不当对症结影响程度很小，为非要因。

结论	非要因

[案例 2-9] 课题《提高预应力施工质量一次检验合格率》——确定主要原因（节选）

要因确认 3：钢管无定位装置

××年××月××日，小组成员××现场调查，发现夹片安装采用内径 20mm 的普通钢管套进钢绞线、手工顶进的通用做法：先将夹片穿到钢绞线端部，再把钢管套进钢绞线将夹片顶进到锚孔内，最后钢管沿着钢绞线反复前进、后退以锤击夹片顶紧。钢管顶面平齐，与夹片全断面接触，安装过程中未采用其他装置或措施。

为确认钢管有无定位装置对夹片拼缝间隙的影响，××邀请进行"确认 2：缺少专兼职考核人员"试验的张拉工 ZL03、ZL05、ZL12，在休息恢复体力后进行先后第二次试验，由小组成员××、××、××配合，特地加工了 1 把厚度 2mm、宽度 4mm 的一字形起子作为改进工具进行试验，其中起子作为拼缝间隙的保证措施，以强制固定两夹片间有起子厚度的间隙。试验共 3 个步骤：

步骤 1. 张拉工拿钢管顶着夹片进入到锚孔口一半位置时，暂停。

步骤 2. 配合小组成员用起子分别插在两条夹片的拼缝内，调整间隙均匀，见图 2.7-1。

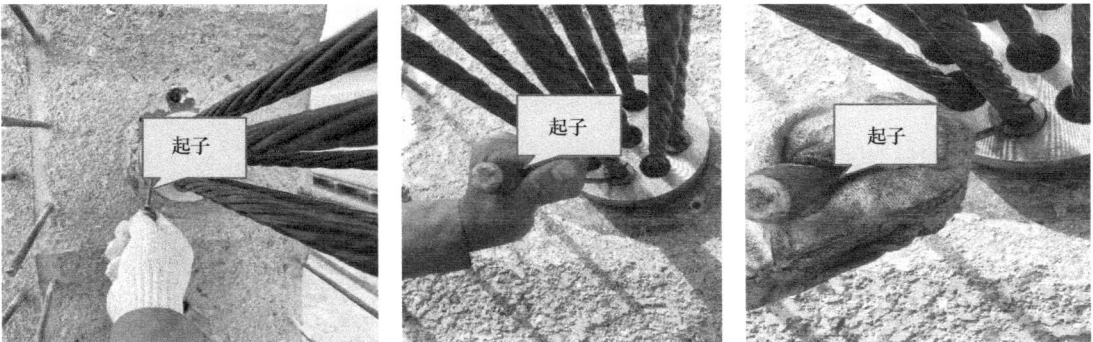

图 2.7-1 （3组同时）起子调拨夹片试验

制图人：×××   制图时间：××年××月××日

33

步骤 3. 张拉工将钢管继续顶进到位。

每位张拉工均试验 75 组夹片。检测、统计偏差超标数量详见对比表 2.7-3 及柱状图 2.7-2。

夹片拼缝间隙偏差超标数量对比表　　　　　　　　　表 2.7-3

张拉工编号	采用普通工具			采用改进工具		
	安装数量（条）	偏差超标数量（条）	平均超偏数量（条）	安装数量（条）	偏差超标数量（条）	平均超偏数量（条）
ZL03	150	129		150	25	
ZL05	150	128	129	150	15	21
ZL12	150	130		150	22	

注：采用普通工具安装的夹片拼缝间隙偏差数量沿用对应的"确认 2"数据。

制表人：×××　　　　　　　　　　　　　　　制表时间：××年××月××日

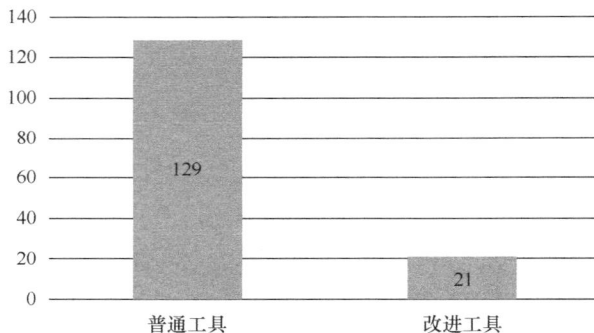

图 2.7-2　采用不同工具的偏差超标数量对比柱状图

制图人：×××　　　　　　　　　　　　　制图时间：××年××月××日

影响程度确认

通过对比模拟试验、现场测量和数据统计分析，采用普通工具与专用工具对拼缝间隙偏差超标的数量分别为 129 条和 21 条，两者相差 108 条，差值占普通工具的 83.7%，差别较大，因此"钢管无定位装置"对症结的影响程度较大，故此末端原因判定为要因。

要因确认 5：设计锚孔过密

本项目设计采用 19 孔锚具为主，为判别锚孔数量对拼缝偏差的影响程度，××年××月××日，小组成员×××从仓库分别领取型号为 YM15-9 的 6 套 9 孔锚具（编号为第 1 组）和型号为 YM15-19 的 3 套 19 孔锚具（编号为第 2 组），组织编号为 ZL01、ZL08、ZL11 的张拉工，每人分别安装试验第 1、2 组锚具，具体见图 2.7-3 及图 2.7-4。

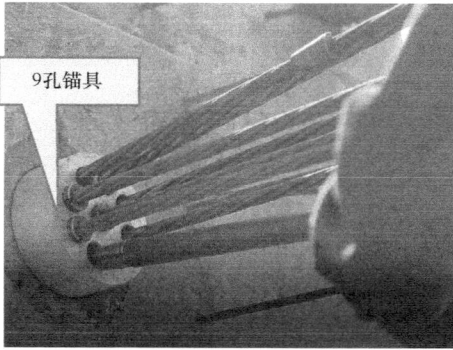

图 2.7-3　第 1 组（9 孔）锚具的夹片安装
制图人：×××

图 2.7-4　第 2 组（19 孔）锚具的夹片安装
制图时间：××年××月××日

检测、统计偏差超标结果见对比表 2.7-4 及柱状图 2.7-5。

夹片拼缝间隙偏差超标对比表　　　　　　　表 2.7-4

张拉工编号	第 1 组（9 孔）			第 2 组（19 孔）		
	安装数量（条）	偏差超标数量（条）	平均超偏比例	安装数量（组）	偏差超标数量（条）	平均超偏比例
ZL01	108	93		114	99	
ZL08	108	94	87.0%	114	97	86.8%
ZL11	108	94		114	100	

制表人：×××　　　　　　　　　　　　　　制表时间：××年××月××日

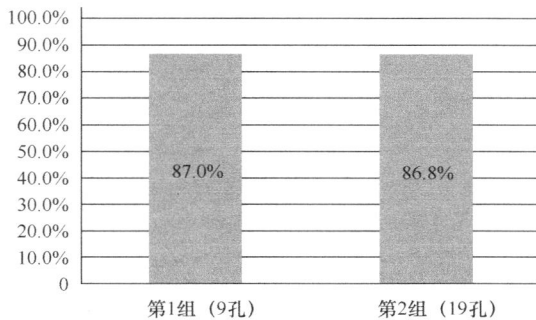

图 2.7-5　锚孔数偏差超标比例对比柱状图
制图人：×××　　　　　　制图时间：××年××月××日

影响程度确认

通过对比试验、现场测量和数据统计分析，采用锚孔数量较少的 9 孔夹片和锚孔数量较多的 19 孔夹片，拼缝间隙偏差超标的比例分别为 87.0% 和 86.8%，两者差别仅 0.2%，因此，"设计锚孔过密"对症结的影响程度较小，故此判定为非要因。

第八节　制　定　对　策

主要原因确定之后，就可分别针对所确定的每条主要原因制定对策。

一、制定对策要求

1. 针对主要原因逐条制定对策

在制定对策时，首先要列出主要原因是什么，然后有针对性地就每条主要原因提出相应的对策，以有效地解决由主要原因引起的症结问题。

2. 提出合理的对策

必要时，针对主要原因提出多种对策，并用客观的方法进行对策的评价和选择。针对每一条主要原因，必然会有各种各样的解决方法，就对策的实效而言，有的对策是临时性的解决方法，有的是永久性的改进方法；就对策的解决时间而言，有的对策实施起来需要花费很长时间，有的则短期即可见效；就对策的实施过程而言，有的对策小组自身无法实施，要靠上级决策或其他部门协同才能实现，有的是小组自身的努力就可实现；就对策实施的所需资金而言，有的对策需花费很多资金，有的则花费很少资金，本小组即可筹措解决。

是否针对主要原因提出不同对策，并进行对策的综合评价和比较选择，需由小组根据每条主要原因的实际情况决定。

在提出对策时，小组可以运用头脑风暴法，针对每条主要原因，从各个角度提出多种对策，以供选择确定。

对每一项对策进行综合评价，可通过测量、试验、分析等客观的方法，基于事实和数据，对提出的对策从有效性、可实施性、经济性、可靠性、时间性等方面进行评价，确定最优的对策。

（1）对策的有效性。就是要分析对策实施后能不能控制或消除产生问题的主要原因，如果无把握或不能有效解决问题，则不宜采用，而要另谋良策。

（2）对策的可实施性。采用的对策应是依靠小组自己的努力就可实施的，有的对策虽然可行，但凭小组目前的水平没有能力，需要借助外力才能解决完成，这样的对策不宜采用。

（3）对策的经济性。对策实施时要考虑经济承受能力，选取无资金投入或投入很少的对策是小组的较多选择，如制定的对策实施所需的资金超出小组的筹措能力的，这样的对策则不宜采用。

（4）对策的可靠性。对策是临时性的解决方法，还是根本性的改进方法，小组应避免采用临时性的应急对策，而是应采取可靠的、能够运行一定年限的对策，从根本上防止问题的再发生。

（5）对策的时间性。制定的对策应可以在相对较短的时间内完成，不影响正常施工生产。如果对策实施后，虽然可以满足工程质量等目标要求，但会影响工程如期完成的，这样的对策不宜采用。

二、制定对策表

对策表是制定对策步骤的输出结果。

1. 设定对策目标

针对每一条对策，都要制定目标，以检验对策的实施效果。对策目标是针对要因采取措施后所达到的目标，对策目标必须可测量、可检查，它与课题目标没有直接关系，只与对策所针对的主要原因状态相关联，即将主要原因改善到什么程度的可测量、可检查的描述。

2. 提出实现对策目标的措施

对策目标确定之后，如何去实现对策目标，采用哪些具体措施才能达到对策的目标，是小组成员在制定对策这一步骤时，必须要考虑的问题。不要将对策与措施混淆，对策是宏观的，措施是具体的，因此措施应有具体的内容、步骤，具有可操作性。

3. 制定对策表

按5W1H要求制定对策表。对策表是整个改进措施的计划，是下一步实施对策的依据。对策表格格式可参见表2.8-1。

对策表　　　　　　　　　　　　　　　　表 2.8-1

序号	主要原因	对策 What	目标 Why	措施 How	地点 Where	时间 When	负责人 Who

对策表中的前四项主要原因、对策、目标、措施排序是有逻辑关系的，所以顺序不能颠倒，"地点"是指措施实施的具体地点，"时间"是指对策措施的完成时间，"负责人"是指落实该项措施的具体负责人。

三、常见的问题

（1）对策不简练，重点不突出。

（2）提出的多种对策的评价不客观。没有按照对策的有效性、可实施性、经济性、可靠性、时间性等方面进行评价，缺少事实和数据。

（3）对策表5W1H内容不全，有漏项，顺序颠倒。

（4）对策目标只是定性描述，不可测量、不可检查；有的是用课题的总目标直接替代对策目标，或者是将课题目标分阶段化作为对策目标，导致逻辑混乱。

（5）"对策"与"措施"混淆，混为一谈。

（6）措施不够具体，可操作性不强，使用抽象的词语。例如"加强""提高""减少""争取""尽量""随时"等词语，不利于对策的实施。

四、制定对策举例

［案例 2-10］课题《提高木结构斗拱一次验收合格率》——制定对策

1. 提出对策

（1）经小组成员共同讨论，认为"合理的斗拱构件加工方法"有2个对策：对策①部分构件现场加工开槽；对策②工厂分批加工构件，详见图2.8-1。

（2）经小组成员共同讨论，认为"合理的斗拱组装方法"有2个对策：对策①事先控差组装法；对策②事后调差组装法，详见图2.8-2。

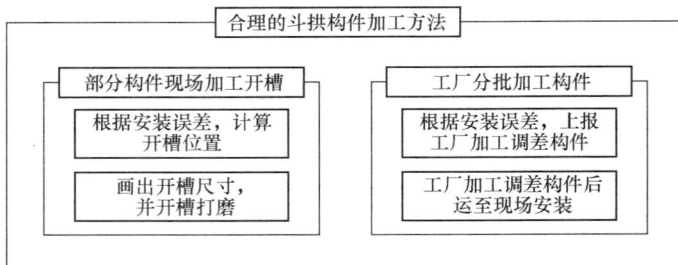

图 2.8-1 对策选择亲和图

制图人：×××   制图时间：××年××月××日

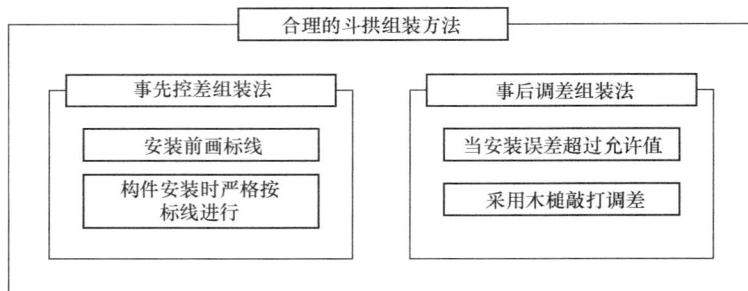

图 2.8-2 对策选择亲和图

制图人：×××   制图时间：××年××月××日

2. 选择对策

（1）小组成员对"部分构件现场加工开槽"和"工厂分批加工构件"2个对策进行综合评价分析，制定对策评价表2.8-2。

对策评价表   表 2.8-2

对策	可实施性	经济性	时间性	有效性	可靠性	对策取舍
部分构件现场加工开槽	现场进场部分构件加工设备和一部分未开槽构件，根据现场组装情况开槽调差	现场开槽制作调差构件，无额外运输成本和材料成本，所需成本为25元/个	调查构件现场加工制作，所需时间为0.5h/个	调差构件现场加工制作，预期效果较好	该对策可实施性、经济性、时间性、有效性均较好，可靠性高	选用
工厂分批加工构件	工厂根据现场组装误差情况，加工调差构件后运至现场组装	调差构件需分批运输进场，运输成本增加；调差构件需单独制作，制作成本增加。增加成本为100元/个	调差构件需根据现场实际误差情况加工进场，所需时间为24h/个	调差构件工厂加工，预期效果好	该对策可实施性和有效性较好，但是经济性和时间性较差，可靠性不高	不选

制表人：×××   制表时间：××年××月××日

根据上述评价分析结果，我们择优选定"部分构件现场加工开槽"为对策，部分构件根据现场组装情况，现场加工开槽调差。

（2）小组成员对"事先控差组装法"和"事后调差组装法"2个对策进行综合评价分析，制定对策评价表2.8-3。

表 2.8-3

对策评价表

对策	可实施性	经济性	时间性	有效性	可靠性	对策取舍
事先控差组装法	构件组装前先画标线，按标线进行组装以减小组装误差	所需器具为现场常用器具，基本无成本增加，经济性极好	画标线所需时间极短，基本无时间增加	按照标线组装，组装质量可控，预期效果好	该对策可实施性、经济性、时间性、有效性均较好，可靠性高	选用
事后调差组装法	斗拱组装完成后检查误差，对不合格斗拱采用木槌敲打进行调差	采用木槌敲打概率会导致构件变形，变形过大需更换构件，且人工成本较大，实施需增加成本为100/个	木槌敲打调差须小心谨慎，所需时间为1h/个	调差时概率会使构件变形，预期效果较差	该方案可实施性较好，但经济性、时间性和有效性均较差，可靠性不高	不选

制表人：×××　　　　　　　　　　　　　　　　　制表时间：××年××月××日

根据上述评价分析结果，我们择优选定"事先控差组装法"为对策，斗拱组装前画标线，按照标线进行组装，以减小斗拱组装误差。

3. 制定对策表

根据以上比较和选择，制定对策表2.8-4。

表 2.8-4

对策表

序号	要因	对策	目标	措施	地点	时间	负责人
1	斗拱构件加工工艺不合理	部分构件现场加工开槽	现场加工构件开槽尺寸为250＋5mm	1. 根据现场误差情况，计算开槽位置；2. 在构件上画出开槽轮廓并开槽；3. 将开槽完毕构件进行打磨	现场加工场	××年××月××日	×××
2	斗拱组装方法不合理	事先控差组装法	构件组装间隙在0～3mm	1. 在开槽处画3mm控制线；2. 工人按照控制线进行组装	组装场地	××年××月××日	×××

制表人：×××　　　　　　　　　　　　　　　　　制表时间：××年××月××日

第九节 对 策 实 施

对策制定完成后，QC小组成员就可以按照对策表列出的具体计划进行对策实施。在这个阶段，小组成员更多的是要发挥专业技术特长，包括成员自身的和小组成员协作的技能开展，以实现改进的目标。

一、对策实施要求

1. 按照对策表逐条实施对策

由于所确定的主要原因性质各不相同，而对策表中的每项对策都是针对不同的主要原因制定的，因此小组成员要按照对策表逐条实施对策，只有这样，才能确保针对要因改进，达到设定的对策目标。

2. 确认对策效果

小组成员在每项对策实施完成后，应立即收集数据和信息，整理分析后与对策目标进行比较，以确认对策的有效性。注意收集数据的时间和样本量，能够说明实施有效即可。设定的对策目标达到，说明措施实施有效，问题得到解决，即可进行下一项对策的实施。

如果未达到设定的对策目标时，应对该对策的具体措施做出修改或调整，并重新实施，实施完毕后，收集数据确认效果，直至达到对策目标。

必要时，验证对策实施结果的负面影响。小组应视对策实施的实际情况决定，是否需要验证对策实施结果在安全、质量、管理、成本、环保等方面的负面影响。

二、常见问题

（1）实施过程描述过于简单，通篇文字描述，缺少图、表。

（2）实施未与对策表中的措施做到一一对应。

（3）对策实施完成后，未及时收集数据过程，没有运用收集到的具体数据和对策目标进行对比，只是简单化、主观性地说明对策实施有效。

（4）实施效果只强调与实施前比较，而未与对策目标比较。

（5）实施效果收集数据的时长与课题效果检查时长相混淆。

（6）对存在的"负面"影响未做考虑和处置。

三、对策实施举例

[案例2-11] 课题《提高特高压试验大厅50m高大跨度网架一次安装合格率》——对策实施

实施一：采用双平台滑移散拼安装的方法

1. 施工总体安装顺序：通过采用搭设四角锥双层网架操作平台滑移＋局部位置行车梁上搭设平台进行网架安装的施工方法；具体详见流程图2.9-1及演示图2.9-2。

2. 大面网架安装（双层单元四角锥网架平台安装）。根据柱距和跨度经过计算设计双层单元四角锥网架平台，在地面拼装好此网架平台，用单台260t履带吊将网架操作平台安装在第一榀网架屋面下面的行车梁轨道上。操作平台安装完成后开始安装第一榀网架屋面，待一榀间网架安装完成后，将操作平台滑移至下一榀间网架施工区域。网架安装采用两台70t汽车起重机吊装三角构件，人员高空散装方式安装，见图2.9-3～图2.9-5。

```
                        ┌──────────────┐
                        │     开始      │
                        └──────┬───────┘
                               │
                        ┌──────▼───────┐          ┌────┐
                        │ 双层四角锥网架 │◄─────────│ 返修 │
                        │  平台地面拼装  │          └──▲─┘
                        └──────┬───────┘             │
                               │                     │
                          ◄────┴────►         不合格  │
                        ╱ 双层四角锥网架 ╲────────────┘
                        ╲ 安装质量检查  ╱
                          ◄────┬────►
                               │合格
                        ┌──────▼───────┐
                        │双层四角锥网架平台│
                        │ 吊运至行车轨道上 │
                        └──────┬───────┘
                               │
                        ┌──────▼───────┐
                        │  单元角锥的散拼 │◄────────┐
                        └──────┬───────┘          │
                               │                  │
 ┌─────────────────┐    ┌──────▼───────┐        ┌─┴──┐
 │ 拼装过程检查：     │────►│ 第一跨网架的拼装 │       │ 返修 │
 │ 1. 下旋球的垫实    │    └──────┬───────┘        └──▲─┘
 │ 2. 轴线的准确      │           │                   │
 │ 3. 高强度螺栓的拧紧程度│      ◄────┴────►      不合格  │
 │ 4. 挠度及几何尺寸控制│     ╱ 拼装安装质量检查 ╲──────────┘
 └─────────────────┘       ◄────┬────►
                               │合格
                        ┌──────▼───────┐
                        │利用网架平台滑移依次│
                        │进行下一跨网架的拼装│
                        └──────┬───────┘
                               │
                          ◄────┴────►         不合格
                        ╱ 拼装安装质量检查 ╲────────────►
                          ◄────┬────►
                               │合格
 ┌─────────────────┐    ┌──────▼───────┐
 │1. Ⅱ型钢托梁地面制作 │    │最后一跨（行车顶部）网架│
 │2. 单元模块地面组装完成│────►│利用车梁上操作平台拼装│
 │3. 单元模块吊至行车梁│    └──────┬───────┘
 │4. 模块之间连接牢固及 │           │
 │   搭设相应杆件及安全措施│   ┌──────▼───────┐
 └─────────────────┘    │  拆除所有操作平台 │
                        └──────┬───────┘
                               │
                        ┌──────▼───────┐
                        │     结束      │
                        └──────────────┘
```

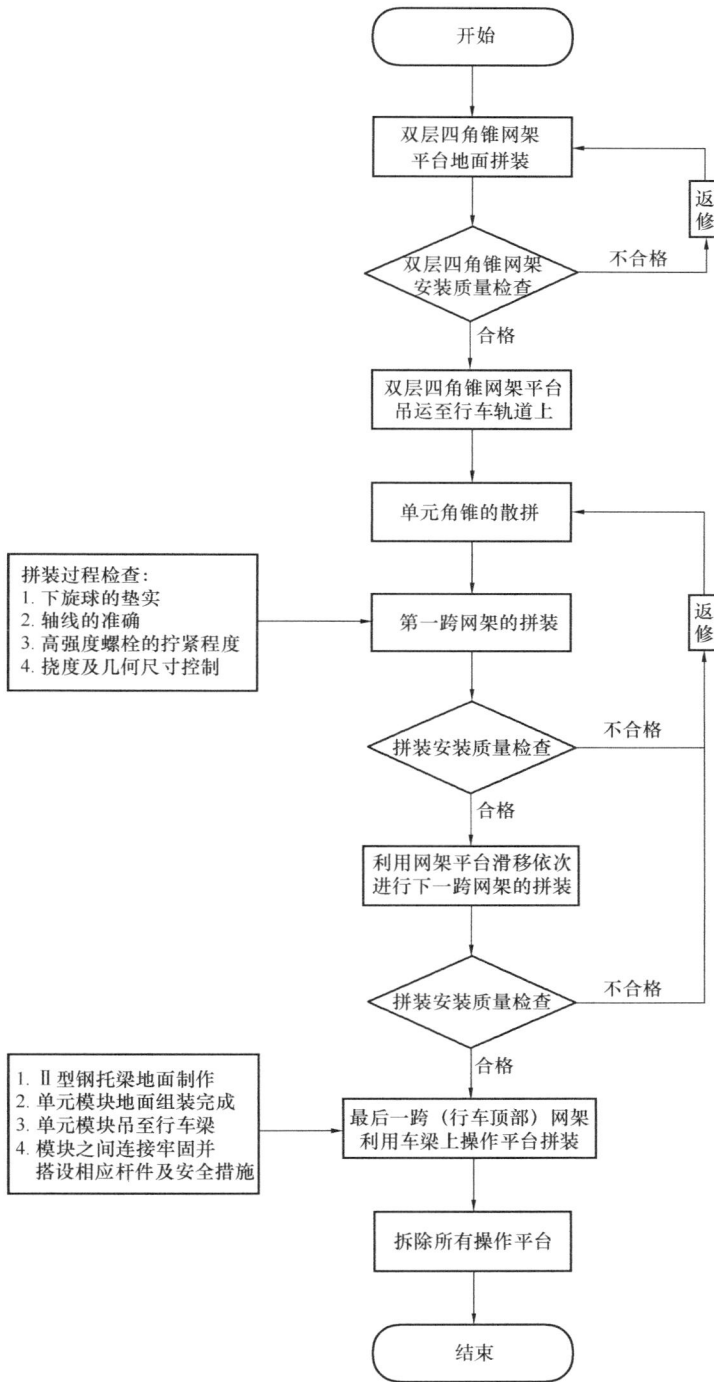

图 2.9-1　施工总体顺序流程图

制图人：×××　　　　　　　　　制图时间：×× 年×× 月 ×× 日

图2.9-2彩图

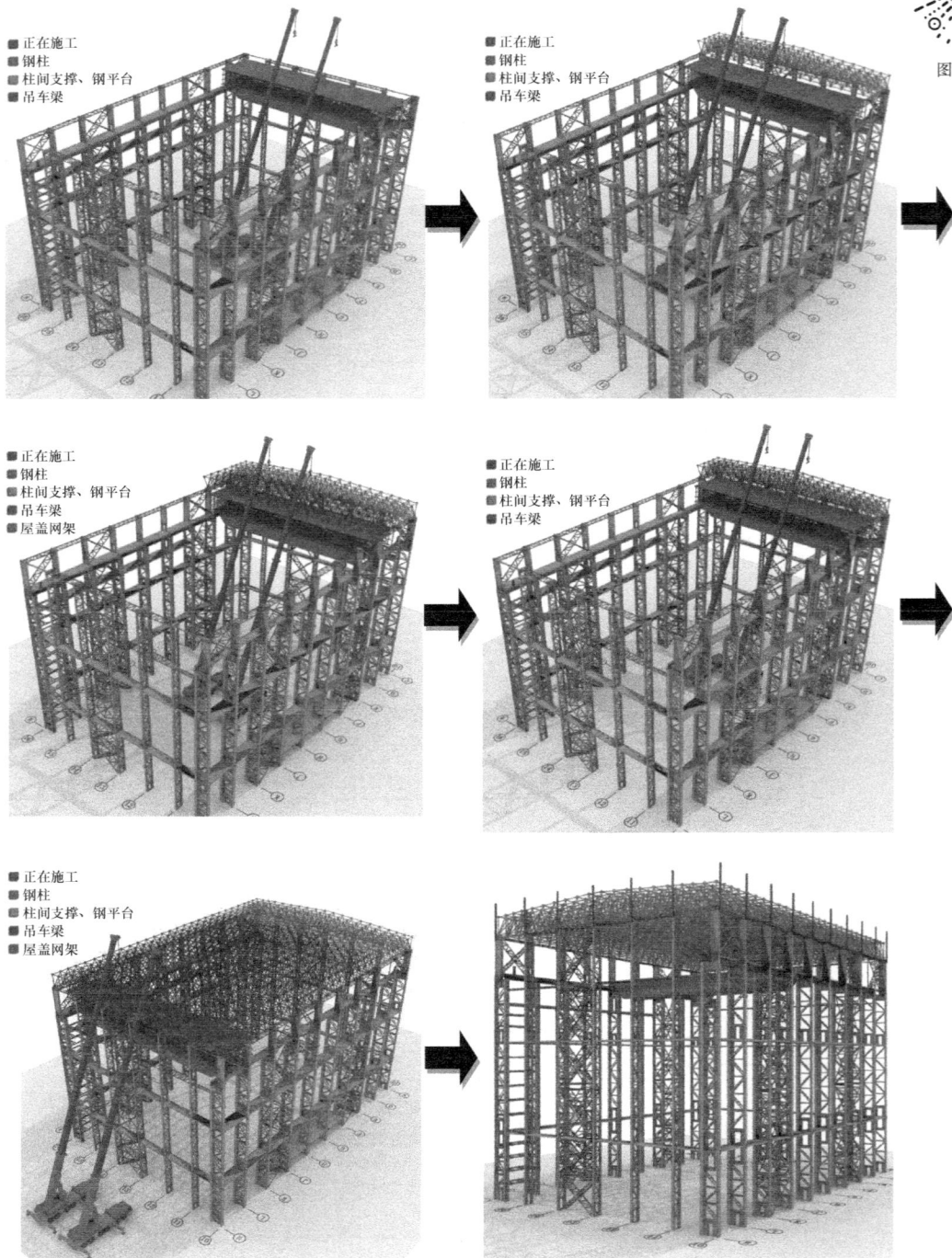

图 2.9-2　操作平台滑移过程演示

制图人：×××　　　　　　　　制图时间：×× 年××月 ××日

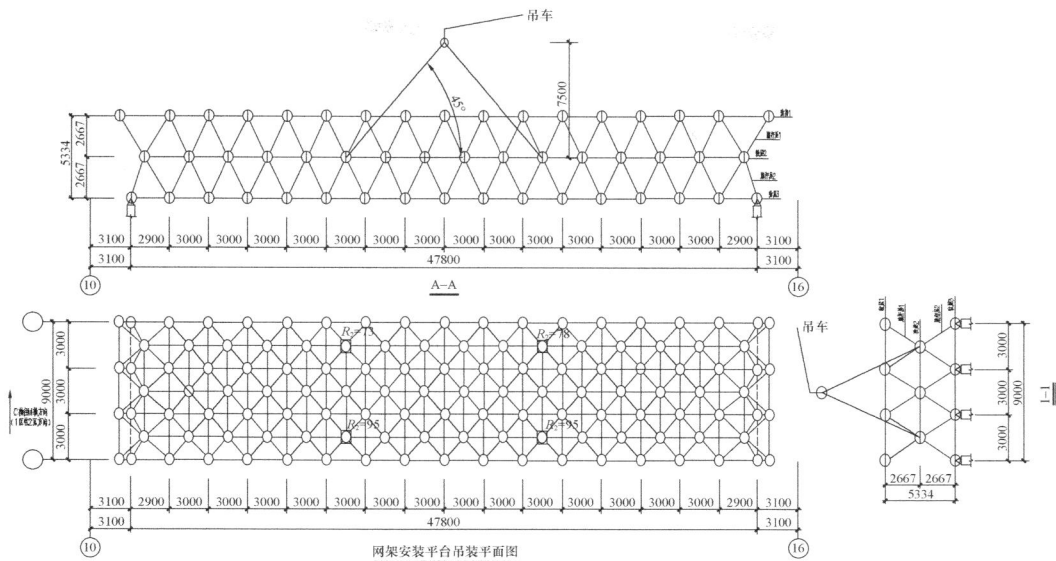

图 2.9-3　双层四角锥网架平台设计图

制图人：×××　　　　　　　　制图时间：×× 年××月 ××日

图 2.9-4　双层四角锥网架拼装完成

图 2.9-5　双层四角锥网架吊运安装完成

3. 滑移过程中，四角锥网架安装平台与行车同轨，行车梁顶部网架结构无法利用双层单元四角锥网架平台进行安装。通过在行车梁上设置操作平台进行行车梁上部网架安装，见图 2.9-6、图 2.9-7。

4. 在网架吊装安装全过程采用 SFCAD、MST 软件建立屋面网架整个施工模型，分析各工况受力情况，网架受力满足要求，见图 2.9-8。

实施效果检查

现场网架相邻支座高差满足对策目标"相邻支座高差≤15mm"的要求，详见表 2.9-1。

实施后相邻支座高差偏差表　　　　　　　　　　表 2.9-1

检测项目	实测偏差（mm）									
偏差值	10	11	12	10	14	12	9	6	7	11
	13	9	4	11	11	13	10	14	10	8

制表人：×××　　　　　　　　　　　制表时间：×× 年××月 ××日

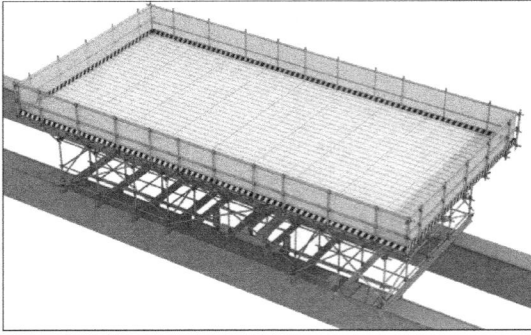

图 2.9-6 行车上操作平台示意

图 2.9-7 行车上操作平台现场设置

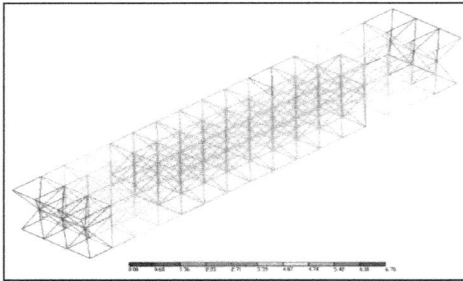

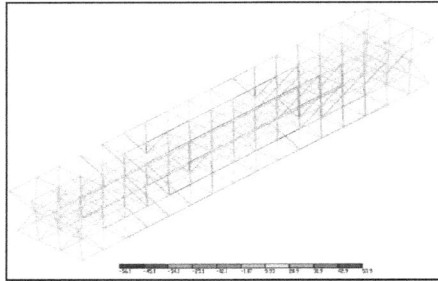

图2.9-6~图2.9-8彩图

图 2.9-8 网架电算结果

实施二：采用模块化整体吊装安装方法

1. 针对专家提出的问题进行修改，在行车梁上使用模块组合型钢操作平台进行操作层的搭设，脚手架底部设置 H 型托梁，H 型托梁下部在小车轨道位置设置 H 型双边轨道轮，施工时利用小车的推力调整脚手架位置。通过将操作架等自重荷载及施工活荷载提供给行车生产厂家，行车能承受相关荷载。

2. 总体搭设流程：H 型托梁地面制作→将 H 型托梁吊上桥式起重机主梁→根据方案将托梁放置到设计位置→H 型托梁连接杆连接→脚手架搭设→铺设钢脚手板→检查验收，见图 2.9-9、图 2.9-10。

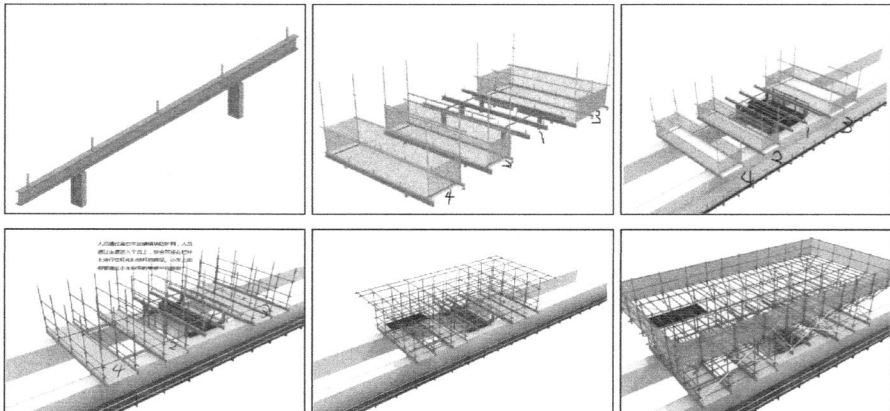

图 2.9-9 行车梁上模块组合平台搭设演示

图2.9-9～图2.9-10彩图

图 2.9-10 行车梁上模块组合平台搭设完成

3. 为确保组合平台整体稳定性及行车梁的安全稳定，模块平台之间设置联系型钢，并在行车梁底部设置梁夹及木块，以确保平台不损伤行车梁，见图 2.9-11、图 2.9-12。

4. 移动平台与行车梁之间设置定型化钢梯，以方便人员上下，见图 2.9-13。

图 2.9-11 模块平台之间设置联系钢梁演示

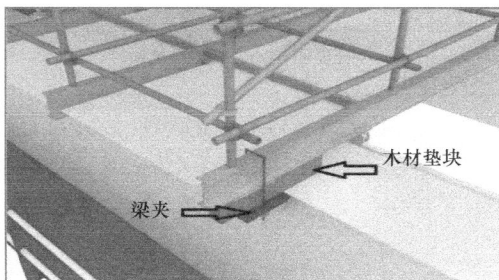

图 2.9-12 防止模块平台损伤行车梁演示

图2.9-11～图2.9-13彩图

图 2.9-13 定型化上人爬梯设置演示

实施效果检查：

平台受弯主构件（H 型钢）最大挠度为 14mm，满足对策目标"平台受弯主构件挠度≤15mm"的要求，详见表 2.9-2。

45

实施后行车梁上平台受弯构件挠度值　　　　　　　　　　表 2.9-2

检测项目	实测偏差（mm）									
偏差值	10	11	12	10	14	12	9	6	7	11
	13	9	4	11	11	13	10	14	10	8

制表人：×××　　　　　　　　　　　　　　　　制表时间：×× 年××月 ××日

实施三：对整个网架屋面确定合理的校正顺序

1. 单元角锥的拼装顺序：支座抄平、放线→放置下弦节点→依格依次组装下弦、腹杆（由中间向两端、由一端向另一端扩展）→ 连接三角单元→三角精度校验，见图 2.9-14。

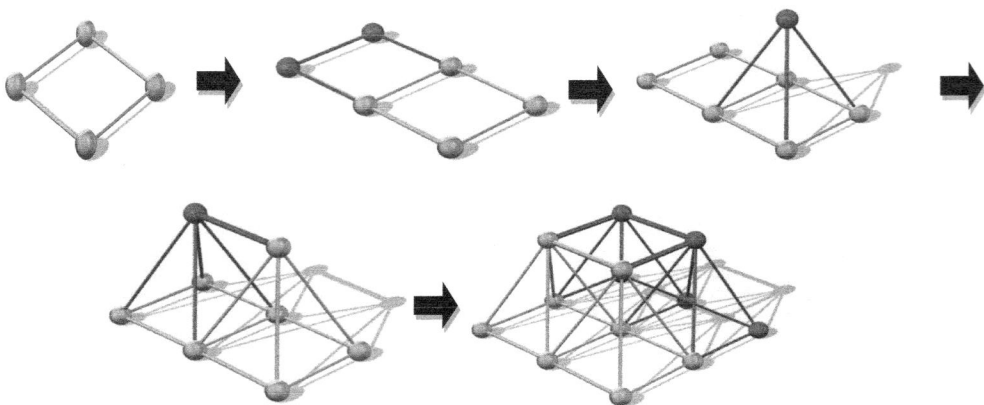

图 2.9-14　单元角锥拼装演示

2. 由于本工程构件受外形尺寸和安装重量的限制，均需分单元分条进行散拼，每条网架组装完，经校正无误后，按总拼顺序进行下条网架的组装直至全部完成。拼装过程中，随时检查基准轴线位置，标高及垂直度偏差；发现大于施工工艺允许偏差时，及时纠正。见图 2.9-15。

图 2.9-15　现场单元网架条安装完成后校验

3. 为了保证高空网架校正安全，在网架底部、中部各设置一道安全网。在操作平台顶部横向布置 17 根 18♯工字钢，纵向布置钢管脚手架，并在脚手架上铺设钢格栅。在操作平台四周设置栏杆。详见图 2.9-16～图 2.9-21。

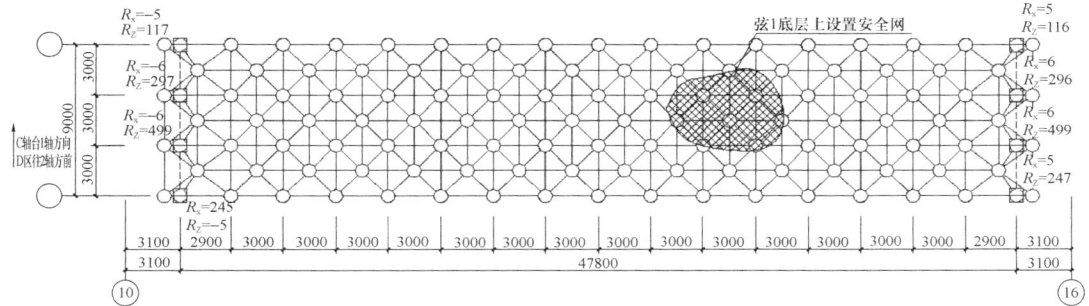

图 2.9-16　弦 1 位置设置安全网

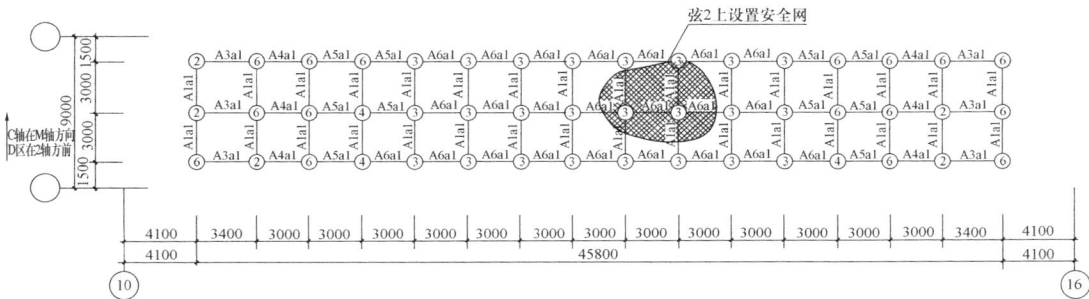

图 2.9-17　弦 2 位置设置安全网

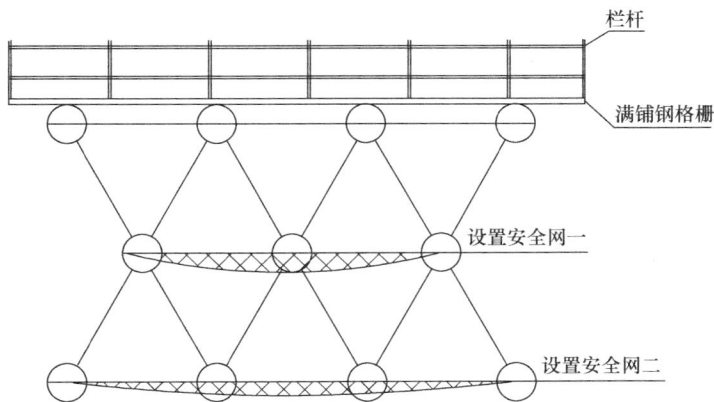

图 2.9-18　操作平台立面图

实施效果检查：

经过检查现场检查 20 个点所有网架中心偏移≤2.0mm，满足对策目标"中心偏移≤2.0mm"的要求，详见表 2.9-3。

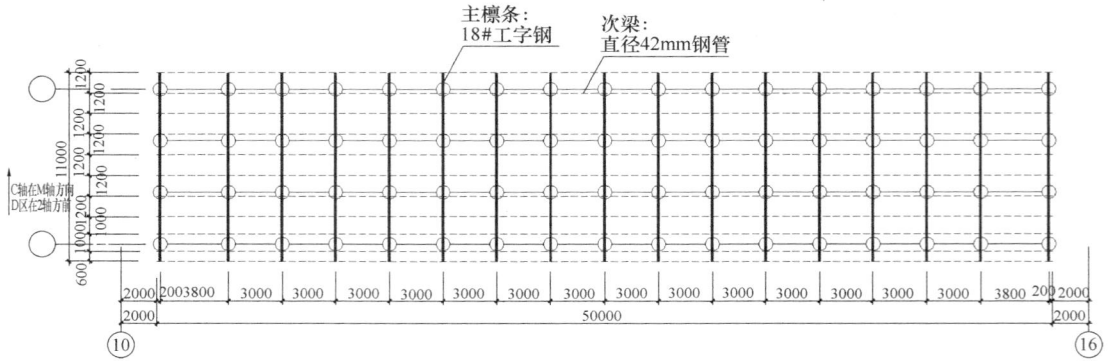

图 2.9-19　顶部钢梁设置

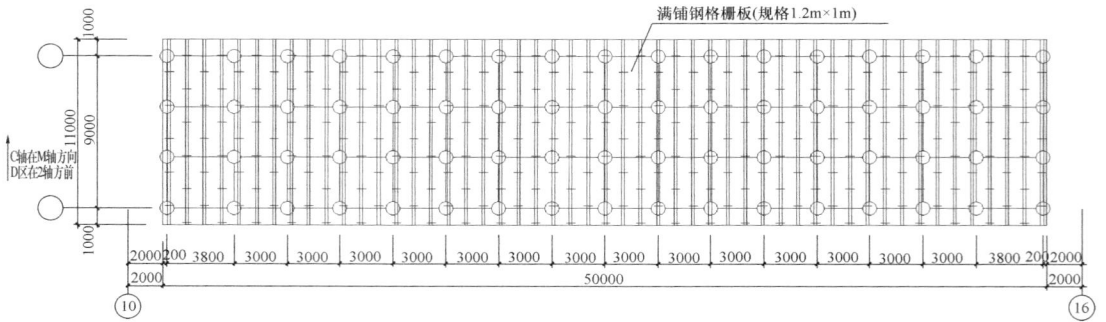

图 2.9-20　顶部满铺钢格栅

图 2.9-21　现场实景示意

单元网架安装后中心偏移偏差表　　　　　　　　　　表 2.9-3

检测项目	实测偏差（mm）									
偏差值	1	2	1	1	1	0	2	1	1	2
	0	1	0	2	1	1	0	2	2	1

制表人：×××　　　　　　　　　　　　　　制表时间：××年××月××日

第十节　效　果　检　查

对策表中所有对策全部实施完成并达到对策目标，即所有的要因都得到了解决或改进后，应按改进后的受控条件进行试生产（工作），并从试生产（工作）中收集数据，用以检查改进后所取得的总体效果。效果检查应与现状调查或目标可行性论证时收集数据的时间长度或样本量尽可能保持一致，使数据具有可比性。

一、检查课题目标完成情况

把对策实施完成后收集的数据与小组设定的与课题目标进行比较，看是否达到小组设定的课题目标。可能会出现两种情况；一种是达到了小组设定的课题目标，说明问题已得到解决，可以进入下一步骤，制定巩固措施，巩固小组活动取得的成果，防止问题的再发生；另一种是未达到小组设定的课题目标，说明问题没有彻底到解决，应分析没有达到课题目标的具体原因，要从策划阶段的各个步骤找原因，例如找到的症结不准确、设定目标没有预计症结的解决程度、原因分析不全面、原因分析未分析到末端、主要原因确定不准、对策选择有误等，哪个步骤有问题，便从哪步开始进入第二轮 PDCA 循环，直至达到目标。

二、判断问题或症结改善的程度

效果检查除了检查小组设定的课题目标是否完成外，还要与对策实施前的现状进行对比，判断改善的程度。小组在现状调查中，通过调查分析，找出了症结，并针对症结着手分析原因和找出主要原因，制定并实施对策。因此，在效果检查中，小组应对症结的解决情况进行调查，收集数据，与对策实施前的现状进行对比，判断改善的程度，即检查症结是否由对策实施前的关键少数变为对策实施后的次要多数，判断问题的症结是否得到了明显的改善。

检查的方式，可根据现状调查或目标可行性论证的情况而定。如果现状调查或目标可行性论证时，用了排列图找出问题的症结，则检查时也同样采用排列图来比较进行对比。

三、经济效益和社会效益

是否确认小组活动产生的经济效益和社会效益，由小组视课题活动的实际情况自行决定，应实事求是。

1. 确认经济效益

凡是小组通过课题活动实现了所设定的课题目标，若能够计算产生的经济效益的，应计算出本次课题活动给企业取得的经济效益，以明确小组活动所做的具体贡献，鼓舞士气，更好地调动小组成员的积极性。

小组计算经济效益时要计算实际效益，不计算预期效益。由于小组在活动过程中肯定会投入一定的费用，在经济效益计算中应扣除小组活动投入的费用，即小组活动的实际效益＝产生的效益－投入的费用。

一般来说，小组计算产生的经济效益，不要类推，只计算活动期（包括巩固期）内所产生的效益。应注意的是，小组活动所取得的经济效益应得到所在单位的认可。

2. 确认社会效益

由于 QC 小组所解决的课题类型不同，有的课题可以创造很大的经济效益，有的课题创造的经济效益较小甚至为负，如有关绿色施工、职业健康安全，还有一些公益事业等相关课题，但其所带来的社会效益可能是巨大的，不应忽视。小组活动所取得的社会效益也应得到客观证实。

四、常见问题

（1）在所有对策还未实施完成并达到对策目标时，就开始收集效果检查的数据。

（2）按照改进后的条件进行试生产（工作）后，没有收集数据与小组的课题目标及实施前的现状进行对比检查，直接用文字说明目标实现。

（3）效果检查与现状调查或目标可行性论证时，收集数据的时间长度或样本量不一致，数据可比性差。

（4）经济效益计算时未能实事求是，夸大取得的经济效益。

（5）未提供小组活动产生经济效益和社会效益的证实性材料。

五、效果检查举例

[案例 2-12] 课题《提高木结构斗拱一次验收合格率》——效果检查

1. 检查课题目标完成情况

小组成员抽查了 8 月份安装完成的 20 个木结构斗拱的质量，每个斗拱分为 6 个测区，一共 120 个测区，得出调查统计表 2.10-1。

木结构斗拱质量调查统计表   表 2.10-1

序号	检查项目	检查点数（点）	不合格点数（点）	合格率（%）
1	表面质量问题	120	22	81.7
2	轴线位置偏差	120	15	87.5
3	大小尺寸超差	120	8	93.3
4	垂直度不合格	120	3	97.5
5	其他问题	120	3	97.5
	合计	600	51	91.5

制表人：×××　　　　　　　　　　　　　　　制表时间：×× 年 ×× 月 ×× 日

从调查统计表 2.10-1 可知，木结构斗拱一次验收合格率已达到 91.5%，大于活动课题目标值 91%，形成图 2.10-1，小组活动取得成功！

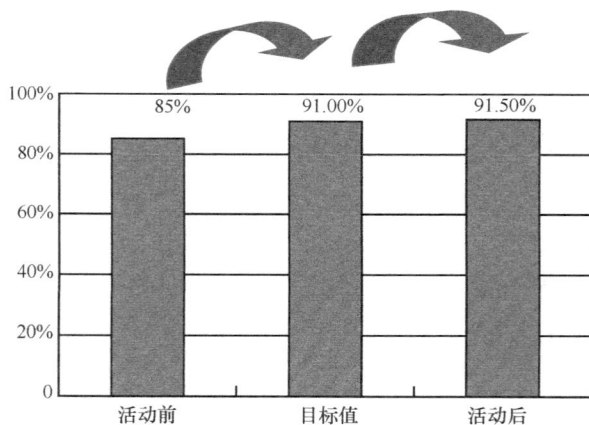

图 2.10-1　课题目标对比柱状图

制图人：×××　　　　　　　　　　　制图时间：×× 年 ×× 月 ×× 日

2. 与对策实施前的现状对比，改善程度的判断

小组对上述检查发现的主要问题作进一步汇总分析，并制作频数统计表 2.10-2、绘制排列图 2.10-2。

木结构斗拱质量问题调查频数统计表　　　　表 2.10-2

序号	质量问题	频数（点）	累计频数（点）	频率（%）	累计频率（%）
1	表面质量问题	22	22	43.1	43.1
2	轴线位置偏差	15	37	29.4	72.5
3	大小尺寸超差	8	45	15.7	88.2
4	垂直度不合格	3	48	5.9	94.1
5	其他问题	3	51	5.9	100.0

制表人：×××　　　　　　　　　　　制表时间：×× 年××月 ××日

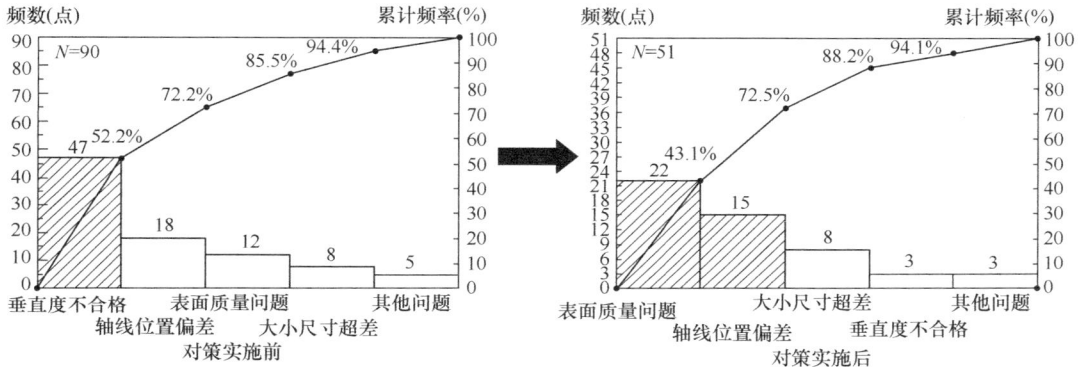

图 2.10-2　对策实施前后木结构斗拱质量问题调查统计排列图
制图人：×××　　　　　　制图时间：×× 年××月 ××日

从排列图 2.10-2 中可以看出，"垂直度不合格"不再是影响木结构斗拱质量的主要问题。

为了检查、验证 QC 活动效果，小组对"垂直度不合格"的问题作第二层调查分析并绘制出饼分图 2.10-3 和表 2.10-3。

"垂直度不合格"问题调查频数统计表　　　　表 2.10-3

序号	质量问题	频数（点）	累计频数（点）	频率（%）	累计频率（%）
1	榫卯间隙过大	2	2	66.7	66.7
2	迭合间隙过大	1	3	33.3	100.0

制表人：×××　　　　　　　　　　　制表时间：×× 年××月 ××日

从饼分图 2.10-3 中可以看出，"迭合间隙过大"已不再是木结构斗拱"垂直度不合格"的主要问题。

3. 确认社会效益和经济效益

（1）社会效益

通过本次活动，项目的木结构斗拱质量得到显著提高，为打造品质工程奠定了坚实的基础。同时项目质量管理水平得到提高，赢得了上级部门、业主、监理和同行的高度评

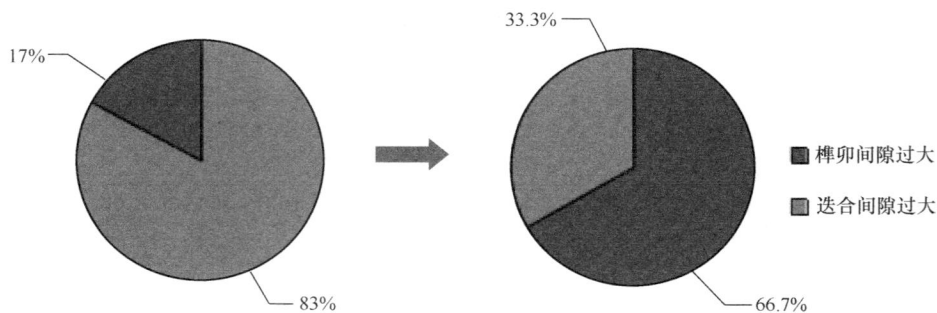

图 2.10-3　对策实施前后"垂直度"问题调查统计饼分图
制图人：×××　　　　　　　制图时间：××年××月××日

价，社会效益明显。

通过本次活动，有效提升了木结构斗拱的一次验收合格率，减少了因返工、修补发生的机械使用和材料损耗，具有显著的环保效益。

（2）经济效益

木结构斗拱质量问题直接影响工程结构的寿命及项目整体形象，事关品质工程创建形象。此外，木结构斗拱质量问题处理直接影响人工和材料的消耗。

常规一个木结构斗拱返修时间为 4h，需要两个返修工配合施工。项目总计木结构斗拱 322 个，活动前后木结构斗拱一次验收合格率从 85% 提升到 91.5%，增加合格木结构斗拱 $322 \times (91.5\% - 85\%) = 21$ 个，返修工工资标准为 50 元/h，返修所涉及材料设备费按 10000 元计，QC 活动经费为 1000 元，故直接经济效益为 $21 \times 4 \times 50 + 10000 - 1000 = 13200$ 元。

第十一节　制 定 巩 固 措 施

QC 小组成员通过改进活动，达到了设定的课题目标，取得效果后，就要把效果维持下去，并防止问题的再发生。为此，要制定巩固措施。

一、制定巩固措施的要求

1. 有效措施标准化

把对策表中通过实施证明有效的措施分门别类地纳入相关标准或管理制度，如工艺标准、作业指导书、设备管理制度、人员管理制度等，按照企业的有关规定，报主管部门批准，予以发布实施，形成长效机制。如果对策表中制定的措施比较具体，那么就可以把其中的具体措施进行巩固；如果对策表中制定的措施不够具体，或比较简单，而在实施中的措施更加具体，也可以把实施中的具体措施，作为巩固措施的具体内容。

2. 巩固措施

必要时，对巩固措施实施后的效果进行跟踪。由小组成员结合课题的实际情况，自行决定是否要设定巩固期。为防止问题的再发生，小组成员可对巩固措施实施后的效果进行跟踪，收集数据确认是否按照修订过的标准、制度执行，以确保取得的成果真正得到巩固，并维持在良好的水平上。巩固期内要做好记录，进行整理和分析，用数据说明成果的巩固状况。巩固期的长短的确定，应根据实际需要，以能够看到稳定状态为原则。

二、常见问题

（1）未明确将对策表中经实施证明有效的具体措施分门别类地纳入相关标准或制度。

（2）制定的巩固措施不具体，太笼统，流于形式，即未明确具体措施是什么，也未明确纳入什么标准或制度。

（3）将小组活动后行政方面继续跟进的工作与巩固措施混淆。

（4）将专利、论文、科研报告等代替巩固措施。

（5）小组设定了巩固期，但在巩固期内未收集数据，未用数据说明成果的巩固状况，只进行了简单的文字说明，或收集数据的时间或样本量前后不一致。

三、制定巩固措施举例

[案例 2-13] 课题《提高木结构斗拱一次验收合格率》——制定巩固措施

1. 通过本次 QC 活动，有效提高了木结构斗拱的质量，减少了木结构斗拱返修工作量，为了在更大范围内推广此办法，小组对 QC 活动全过程进行总结归纳及分析，编制了《木结构斗拱质量提升指导书》，具体见表 2.11-1 及图 2.11-1。

巩固措施表 表 2.11-1

木结构斗拱质量提升指导书			
形成时间	××年××月××日	收录时间	××年××月××日
编号	××××/MG2021—010		
主要内容摘录			
序号	对策表中的措施		作业指导书中的主要内容
1	1. 根据现场误差情况，计算开槽位置； 2. 在构件上画出开槽轮廓并开槽； 3. 将开槽完毕构件进行打磨		五、当斗拱组装累计误差超过标准值时，需现场开槽加工构件。构件加工前先根据误差情况计算开槽位置并画出轮廓，然后采用锯铝机进行开槽粗加工，开槽完毕后必须打磨光滑
2	1. 在开槽处画 3mm 控制线； 2. 工人按照控制线进行组装		三、构件组装前必须根据标准画标线，然后严格按照标线安装，严禁无标线安装

制表人：×××　　　　　　　　　　　　　　制表时间：××年××月××日

木结构斗拱质量提升指导书

编 制 人：何文强
审 核 人：陈荣森
审 批 人：
编制单位：浙江省三建建设集团第二工程公司
编制时间：2021 年 12 月 10 日

图 2.11-1 木结构斗拱质量提升指导书

2. 为了验证本成果的巩固效果，小组成员对 9～11 月份安装木结构斗拱质量进行抽查，每个月抽查 20 个斗拱，得出如下调查统计表 2.11-2～表 2.11-4 及折线图 2.11-2。

9 月份木结构斗拱质量调查统计表 表 2.11-2

序号	检查项目	检查点数（点）	不合格点数（点）	合格率（%）
1	表面质量问题	120	19	84.2
2	轴线位置偏差	120	11	90.8
3	大小尺寸超差	120	10	91.7
4	垂直度不合格	120	7	94.2
5	其他问题	120	5	95.8
	合计	600	52	91.3

制表人：×××   制表时间：××年××月××日

10 月份木结构斗拱质量调查统计表 表 2.11-3

序号	检查项目	检查点数（点）	不合格点数（点）	合格率（%）
1	表面质量问题	120	20	83.3
2	轴线位置偏差	120	10	91.7
3	大小尺寸超差	120	8	93.3
4	垂直度不合格	120	6	95.0
5	其他问题	120	4	96.7
	合计	600	48	92.0

制表人：×××   制表时间：××年××月××日

11 月份木结构斗拱质量调查统计表 表 2.11-4

序号	检查项目	检查点数（点）	不合格点数（点）	合格率（%）
1	大小尺寸超差	120	17	85.8
2	轴线位置偏差	120	11	90.8
3	表面质量问题	120	10	91.7
4	垂直度不合格	120	6	95.0
5	其他问题	120	6	95.0
	合计	600	50	91.6

制表人：×××   制表时间：××年××月××日

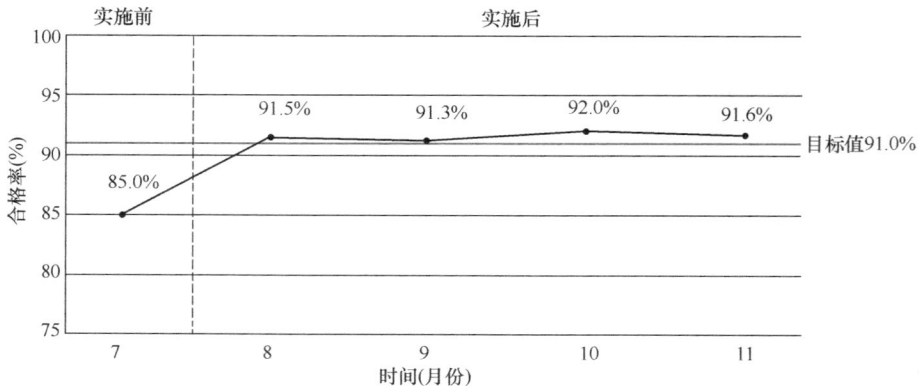

图 2.11-2 木结构斗拱一次验收合格率变化折线图

制图人：×××   制图时间：××年××月××日

从折线图 2.11-2 中可以看出，活动后木结构斗拱一次验收合格率均在目标值以上，而且趋势稳定。

第十二节　总结和下一步打算

没有总结，就没有提高。QC 小组在本课题得到解决之后，要对活动全过程进行回顾和总结。同时，在全面总结的基础上，有针对性地提出今后打算，从而将小组活动持续地开展下去。

一、总结

小组应结合此次课题活动实际，实事求是地针对专业技术、管理方法和小组成员综合素质等方面进行全面总结：成功与不足之处是什么；哪些地方做得满意的，哪些地方还不够满意；肯定成功的经验，以利于更好地开展活动，接受失误教训，以使今后的活动少走弯路。

1. 专业技术方面

小组在活动中分析原因、确定主要原因、制定对策及进行改进都要用到专业技术。通过总结，必然会使小组成员在专业技术方面得到一定程度的提高。

2. 管理方法方面

（1）小组在活动全过程中是否按照科学活动程序进行，即是否遵循 PDCA 循环。

（2）基于客观事实，用数据说话。

（3）适宜、正确地运用统计方法。小组应对管理方法方面的情况进行全面总结，看看活动过程中解决问题的思路是否清晰；一环紧扣一环，具有严密的逻辑性；是否做到基于客观事实，进行科学的判断分析与决策；统计方法的运用是否适宜、正确等。哪些方面做得较好，哪些方面存在不足，通过总结，进一步提高小组成员分析问题和解决问题的能力。

3. 小组成员综合素质方面

在对小组成员的综合素质方面进行评价时，可以从以下几个方面进行：

（1）质量、安全、环保、成本、效率等意识是否提高。

（2）问题意识、改进意识是否加强。

（3）分析问题与解决问题的能力是否提高。

（4）团队精神、协作意识是否树立或增强。

（5）工作干劲和热情是否高涨。

评价综合素质方面时，应根据小组的实际情况进行评价，实事求是，各有侧重。通过总结，更好地调动小组成员质量改进的积极性和创造性。

二、下一步打算

小组在对本次活动进行全面总结的基础上，提出下一次活动的课题，从而将小组活动持续地开展下去。对于下一步要解决的课题，可以从以下两个方面来考虑：

（1）现状调查找到的症结已经解决，原来的次要问题就会上升为主要问题，把它作为下一次活动的课题继续开展活动，将使质量提升到一个更高水平。

（2）再次发动小组成员广泛发现问题，从中提出新的活动课题。

三、常见问题

（1）总结不够全面，未从专业技术、管理方法和小组成员综合素质三个方面进行总结；只总结取得的成绩，未总结存在的不足。

（2）未针对本次活动的实际情况进行总结，很多小组在总结时套用模板。

（3）小组总结时大多使用文字描述，未提供必要的数据支持。

四、总结和下一步打算举例

[案例 2-14] 课题《提高木结构斗拱一次验收合格率》——总结和下一步打算

1. 总结

（1）专业技术方面

小组成员通过 QC 活动的开展，有效地提高了木结构斗拱一次验收合格率，对木结构斗拱构件加工制作和木结构斗拱安装等专业技术有了进一步认识，同时也暴露出小组在现场实际操作等方面的不足；形成表 2.12-1。

小组专业技术掌握情况统计表 表 2.12-1

序号	专业技术	技术掌握情况
1	木结构斗拱构件加工制作	掌握了木结构斗拱构件加工制作的流程及常见问题处理
2	木结构斗拱安装	熟悉了木结构斗拱安装相关专业知识和技术要点
3	木结构斗拱质量验收	熟悉了木结构斗拱质量验收相关规范和技术要求

制表人：×××　　　　　　　　　　　　　　　　制表时间：××年××月××日

（2）管理方法方面（见表 2.12-2）

QC 小组活动管理方法总结评价表 表 2.12-2

序号	活动内容	主要优点	数据应用	统计方法应用	存在不足	今后努力方向
1	选择课题	需求及选题来源分析充分，简洁明了	运用客观数据说明	简易图表	数据和统计方法应用较简单	加强对数据和统计方法的运用
2	现状调查	能够对问题逐层分析，并采用统计表和排列图、饼分图等统计方法	运用大量数据直观地进行了问题分析	简易图表、排列图	问题分析不够彻底	加强对技术、原理的学习，加强问题分析能力
3	设定目标	目标依据清晰	运用客观数据，有说服力	简易图表	无	拓宽知识面，多角度确定目标
4	原因分析	运用树图罗列，直观简洁	无	树图	问题分析不全面	拓宽小组活动的普及面，原因分析更全面
5	确定主要原因	对每一个末端原因进行仔细分析，辅以大量图表，使分析更全面具体	数据应用较少	简易图表	数据和统计方法应用较少	加强数据和统计方法的应用
6	制定对策	对策针对主要原因而提，并进行了对策的比选	对策分析比选、对策目标值数据量化	简易图表、亲和图	无	加强对策的可操作性和科学性
7	对策实施	对策表中措施的具体落实与实施	实施效果验证数据统计分析	简易图表	缺少过程图片的收集	加强数据、影像资料等证明的收集

续表

序号	活动内容	主要优点	数据应用	统计方法应用	存在不足	今后努力方向
8	效果检查	准确有效地确认实施效果	效果进行了数据对比分析	简易图表、排列图	无	持续改进，加强数据的整理和表示
9	制定巩固措施	对巩固效果进行全面总结分析	运用大量数据进行总结分析	简易图表	统计方法单一	加强统计方法的应用

制表人：×××　　　　　　　　　　　　　　　　制表时间：××年××月××日

（3）小组成员综合素质方面

此次活动的成功，使小组成员的团队精神、改进意识、工作热情和干劲、统计方法运用技巧、进取精神、质量意识等方面都有了较大的提升。特别小组成员在语言表达能力、动手能力和团队配合协作能力上有明显的进步，两名小组成员成功获评高级工程师，详见表 2.12-3 及雷达图 2.12-1。

小组成员综合素质评价表　　　　　　　　　　表 2.12-3

序号	项目	自我评价	
		活动前	活动后
1	团队精神	8.6	9.6
2	改进意识	7.0	9.0
3	工作热情和干劲	8.2	9.6
4	统计方法运用技巧	7.0	8.4
5	进取精神	9.2	8.0
6	质量意识	8.4	9.6

制表人：×××　　　　　　　　　　　　　　　　制表时间：××年××月××日

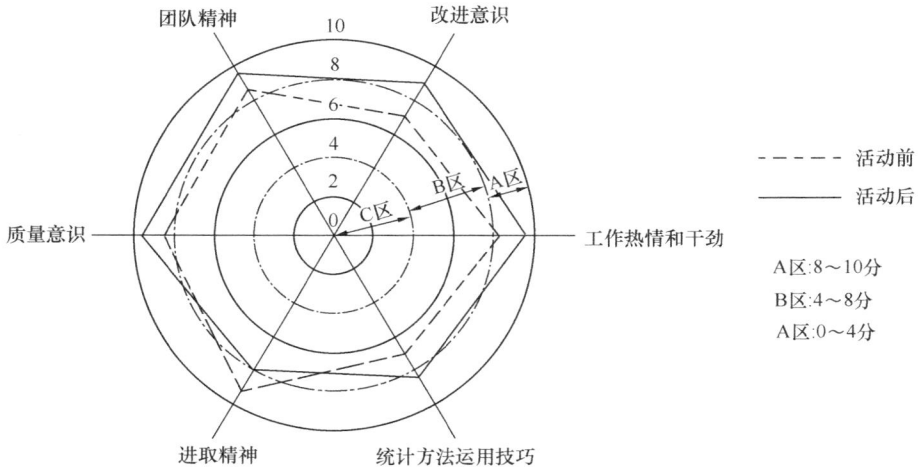

图 2.12-1　雷达图

制图人：×××　　　　　制图时间：××年××月××日

2. 下一步打算

本项目中木结构屋面均为瓦屋面，瓦屋面施工工艺传统，施工难度较大。QC 小组成员讨论决定把《提高瓦屋面一次验收合格率》作为下一个课题。

第三章 创 新 型 课 题

创新型课题是指 QC 小组为了突破现有产品（服务）、业务、方法等方面的局限，运用全新的思维方式，通过广泛借鉴而创新的方法，研发新产品（设备、工具）、新系统、新软件、新方法、新工艺等，从而满足内外部顾客或相关方需求的课题。

创新型课题名称应直接指明达到的结果、针对的对象和课题的需求，符合三段式要求。

×××	○○○	△△△
达到的结果	针对的对象	课题的需求

也可以：

○○○	△△△	×××
针对的对象	课题的需求	达到的结果

创新型课题名称示例：

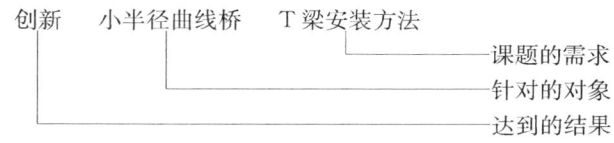

创新　小半径曲线桥　T 梁安装方法
　　　　　　　　　　　　　　　　── 课题的需求
　　　　　　　　　　　　　　　── 针对的对象
　　　　　　　　　　　　　── 达到的结果

也可以：

产业工人　信息化管理系统　研发
　　　　　　　　　　　　　　── 达到的结果
　　　　　　　　　　　　── 课题的需求
　　　　　　　　　── 针对的对象

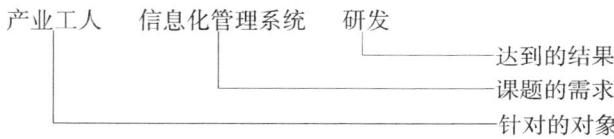

创新型课题活动共分 PDCA 四个阶段、八个步骤，按照图 3-1 所示的程序开展活动。

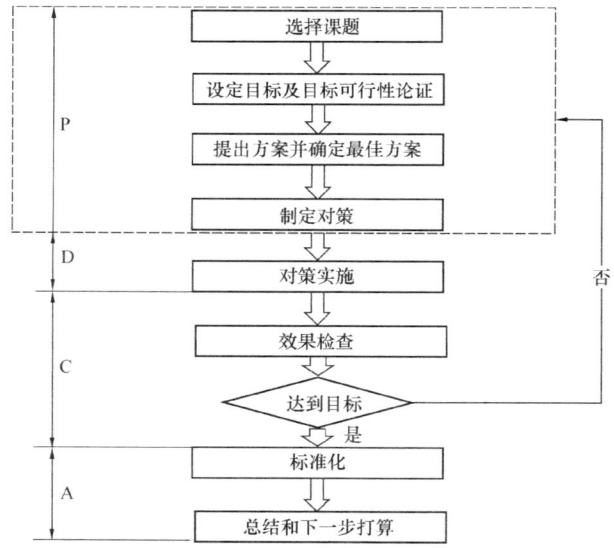

图 3-1　创新型课题活动程序

创新型课题 QC 小组活动成果报告编写时，需在记录 4 个步骤、8 个环节的各过程之前，介绍"工程概况"和"小组简介"的相关内容。完整的创新型课题 QC 小组活动成果报告一般包含：工程概况、小组简介、选择课题、设定目标及目标可行性论证、提出方案并确定最佳方案、制定对策、对策实施、效果检查、标准化、总结和下一步打算共 10 个部分。本章按成果编写的格式予以阐述。

第一节　工　程　概　况

开展创新型课题 QC 活动，必须基于某个工程建设项目。该工程是课题活动的背景，为活动开展提供铺垫，也是后续课题需求和谋求满足需求过程等活动的载体，初步明确活动区域和工程量，也可为活动效益计算等提供依据。本节主要介绍了成果编写时工程概况的主要内容和出现的常见问题。

一、工程概况的编写要求

工程概况应包含工程名称、所处区域、工程规模、建设现状等基本信息，以便评审或交流人员对活动相关的工程地质（如地下工程类课题）、周边环境（如高空作业类课题）、水文条件（如水中施工类课题）、特殊要求等相应情况有待初步了解，建议采用图表的形式，简洁、明了地表述活动的对象及其相关信息。

工程概况介绍的内容应注重与课题活动的关联性、连贯性和逻辑性，对后续课题活动无关紧要的信息尽量不介绍。

对于活动相关的专业术语或特定称谓，可以进行必要的介绍和解释，以方便交流。

二、常见问题

工程介绍信息针对性差、跑题。有些小组将与本次 QC 活动无关联性的情况，或口号性的空话、套话罗列在工程概况中，而主要的活动背景未体现，活动的对象及其相关信息未明确。

三、工程概况举例

案例《研制钢筋保护层厚度测量工具》课题中，介绍工程"位于东海之滨的杭州湾地区，施工区域属于海洋环境"，说明采用"整孔预制箱梁"设计理由，然后针对整孔预制箱梁体量大、面积大、规模大等特点，引出钢筋保护层厚度控制难度较大的问题，为下一步提出钢筋保护层厚度测量误差控制要求高的需求等课题活动的开展做好铺垫，指出了活动初步方向。整个工程概况介绍环环相扣、逻辑严密，活动对象明确，相关信息均为后续活动提供依据，且图文并茂，形象直观，简洁明了。

[案例 3-1] 课题《研制钢筋保护层厚度测量工具》——工程概况

××工程 S4 合同段位于××省××市××区，线路长度××km，合同价××亿元，位于东海之滨的××地区，施工区域属于海洋环境。

合同段内设计有最大跨径 50m 的整孔预制箱梁××片，其中单片箱梁最多浇筑混凝土 598m³、钢筋 123.2t，质量达 1745t。顶板面积 815m²，宽度 16.3m，共需浇筑 C50 海工混凝土 39.24 万 m³、钢绞线 1.63 万 t，耗材规模与 1 座迪拜哈利法塔、2 座北京鸟巢体育馆或 8 座上海金茂大厦相当，可填满 200 个标准游泳池，工程规模超过东海大桥、杭州湾跨海大桥和丹麦大贝尔特西桥，为国内外公路之冠，也是××公司首次承建整孔预制箱梁，具体详见图 3.1-1。

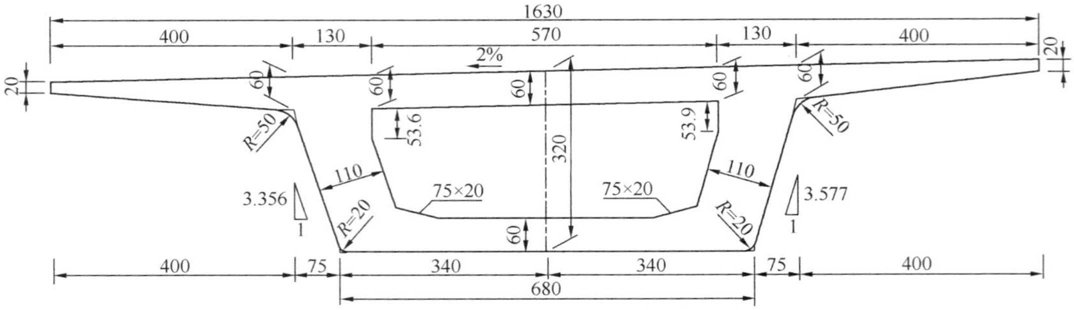

图 3.1-1 整孔预制箱梁设计断面图

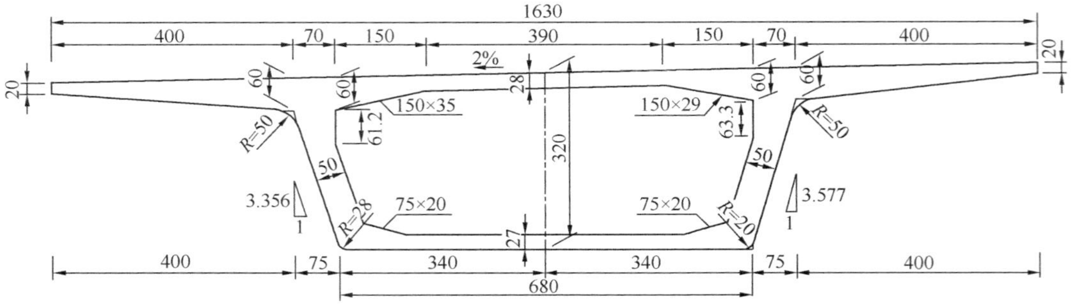

整孔预制箱梁具有结构稳定、受力均匀、耐久性好、后期维护少等优点，但整孔预制箱梁也存在施工技术难度大、机械设备要求高、质量管控不易等问题，特别是根据《公路桥涵施工技术规范》JTG/T F50—2011 和××省交通运输厅的相关文件规定，在允许偏差 5mm 的范围内，顶板面积达 815m² 的整孔预制箱梁钢筋保护层厚度合格率在混凝土浇筑前需要每处都达到 100%，在混凝土浇筑后需要每处都达到 90% 以上，与小面积的构件要求完全一致，因此钢筋保护层厚度控制难度巨大。

第二节 小 组 简 介

小组是 QC 活动的主体，小组成员是活动的实施者。QC 小组及其活动课题，都需报企业 QC 小组活动主管部门注册登记，以便得到企业主管部门及各级领导的支持与帮助。小组成员需明确分工，详细信息登记在册，以激发小组成员的荣誉感和责任感，促进小组活动有序开展。

一、小组简介编写要求

小组简介可以采用直观、醒目的图表将小组整体情况加以介绍，包括：单位名称、小组名称、成立时间、小组注册号、课题名称、课题类型、课题注册号、活动时间、活动次数、小组成员出勤率、小组成员姓名、组内职务、文化程度、职称（技能资格）、岗位、组内分工、受 QC 教育时间等信息，也可将小组业绩、全家福照片放在上面。小组成员的年龄、性别、政治面貌与开展 QC 活动无多大关系，可写可不写，不作硬性规定。小组成员一般以 3~9 人为宜，不宜过多。

二、常见问题

1. 小组概况表内成员太多。有的多达十几人，违反精干高效的原则，且有可能影响正常的工程建设。有的小组内领导太多，会导致活动难以统一协调和指挥，影响活动正常开展。

2. "课题类型"和"小组类型"不分。

3. 小组情况介绍不全，有漏项或重复等问题。有些小组的介绍缺少课题注册号、活动时间、活动次数、成员出勤率、受 QC 教育时间等信息。

三、小组简介举例

[案例 3-2] 课题《研制钢筋保护层厚度测量工具》——小组概况表

QC 小组概况表   表 3.2-1

单位名称	×××公司			
小组名称	×××QC 小组		成立时间	××××年××月××日
小组注册号	××××-×-×		培训情况	小组成员接受 QC 知识培训×××课时
课题名称	研制钢筋保护层厚度测量工具			
课题类型	创新型		课题注册号	××××-×-×
活动时间	××年×月×日~××年×月×日			
活动次数	××		出勤率	×××

序号	成员	姓名	职称	岗位	文化程度	组内分工
1	组长	×××	高级工程师	项目××	本科	组织策划、成果整理
2	副组长	×××	高级工程师	项目××	本科	质量监控
3	副组长	×××	高级工程师	项目××	本科	策划协调
4	组员	×××	高级工程师	项目××	本科	组织实施
5	组员	×××	助理工程师	工程××	硕士	组织实施
6	组员	×××	助理工程师	××××	本科	资料收集整理
7	组员	×××	工程师	××××	本科	实施检查
8	组员	×××	助理工程师	××××	本科	建模、验算
9	组员	×××	高级工	××××	高中	现场实施

制表人：×××   制表时间：××年××月××日

从表 3.2-1 可见，小组活动时间应从小组注册日期起，到课题总结结束，涵盖整个活动过程。组内成员在活动期间一般保持固定不变，如特殊情况必须更换，则应在概况表内体现。

第三节 选 择 课 题

本节介绍了创新型课题的选题要求和常见问题。课题活动应明确需求，与现有工艺（设备、工具、技术、系统等）比较无法满足时，通过广泛借鉴，获得创新灵感或思路，以确定课题。

一、课题来源

QC 小组基于工程建设实际情况，根据掌握的信息、资料和经验等依据，认定现有的技术、工艺、技能、方法等无法满足内、外部顾客和相关方的需求，从而运用新思维开展创新课题。

1. 明确需求

开展创新型课题，小组应根据工程建设相关的质量、安全、工期、成本、效率和节能减排等方面指标，分析辨识某一特定时期或条件下内、外部顾客及相关方的需求。

内部顾客泛指工程建设范围内的自身企业领导或管理（服务）部门、下道工序，以及为该工程建设顺利实施而制订的战略、方针、计划、任务等不拘形式的工程建设内部参与方、流程或指标。

外部顾客泛指工程建设的业主、建设单位、代建方、招标人等类似单位或组织及其执行部门（人）。

相关方泛指工程建设相关的监督监管单位、监理单位、设计单位、合作方、分包单位、供应商等。

需求是指小组之外的内、外部顾客及相关方提出的需求。工程建设领域的需求，是为了确保工程顺利推进或完成，满足建设规范、规章制度、战略目标、建设计划、合同、图纸、文件、任务书等方面需要而产生的要求或期望。

2. 现有做法分析

小组收集整理现有的施工工艺、机械设备、工具装备、试验检测等工程建设相关资料，系统分析其原理和数据，与已明确的内、外部顾客及相关方的需求内容进行对比，对其做出是否能满足既定需求的评判。对比应在内外部环境基本相同的条件下进行，需要全面、准确，避免出现较大误差。例如，传统的钢尺丈量方法能检测钢筋保护层厚度，是基于钢筋骨架周边无遮挡的前提条件，对于钢筋骨架尺寸较大、人员无法靠近的现状，两者的检测条件存在差距。

在明确现有或传统做法的基础上，具体分析现有技术、工艺、技能和方法等满足需求的差距。

根据差距分析，现有的做法无法满足内、外部顾客及相关方的需求，因此，小组运用新思维开展创新活动。

3. 广泛借鉴

借鉴是开展创新的必要途径，小组通过广泛借鉴包括行业内外的专业文献、自然现象、工作生活中的已知事物，提炼出相应的工作原理、技术路线，从而启发小组创新的灵感、思路，研制新的机具、设备、方法、软件等，以便开展创新活动，最终满足需求。

借鉴范围需广泛，如本行业和其他相近行业，也可以是不相关的行业，可以是本企业、本部门的，也可以是国内外单位、科研院校，形式包括专业文献、课题研究报告、论文、专利和工法等科技成果、QC 成果，甚至于自然现象、日常生活、生活阅历、工作经验等方面，从中提炼出相应的工作原理、技术路线，从而启发小组创新的灵感和思路，为选择课题、设定目标和目标可行性论证、提出方案并确定最佳方案提供依据。

在案例《研制钢筋保护层厚度测量工具》课题中，小组通过资料、网络等各种途径进行查询和借鉴，包含本行业和不同行业，查找是否有精度较高的混凝土浇筑前钢筋保护层厚度测量工具或制作方法可供借鉴，以激发创新灵感，解决视线受限的保护层厚度检测难题。

部分课题在查询过程中，小组受查询条件或需求本身的特殊性等因素限制，无法一步就查到可以直接借鉴的内容，可能更多的是碎片化的信息，需要小组进行梳理，剔除不适合本课题的内容，并对具有启发作用的内容进行串联、组合，形成新的借鉴思路；或在梳理的基础上，对无相关借鉴内容的部分，进行再次的查询，从而形成综合的借鉴思路。如上文《研制钢筋保护层厚度测量工具》的案例中，小组第一次查询到潜望镜（视线传递工具）、游标卡尺（测量工具）和楔形塞尺（测量工具）三个碎片化的内容，根据此三个内容单独无法直接借鉴而产生针对性的思路，因此，小组进行梳理，形成"视线传递工具＋测量工具"的初步思路，分别组合成"视线传递工具＋游标卡尺"和"操作手柄＋楔形塞尺"两种全新的形式，作为借鉴的最终思路。

二、确定课题

在明确现有或传统的工艺、技术、设备和工具等无法满足需求，根据查询借鉴得到的灵感和思路，提出创新课题。课题名称应针对创新的对象，直接表述为研制、研发、创新、开发的内容（系统、工具、工艺、设备、软件等）。

三、常见问题

1. 课题名称以空泛的套话，提出以"创新"作为需求的错误理念，未深刻理解"需求"的含义。

2. 小组未正确理解创新型课题选择的来源，误用类似问题解决型课题选择的方法。

3. 有些小组只提出现状存在的问题，而未进一步分析、提炼、明确为相应的需求。现场存在的问题或无法实现的难题，只是表层现象。开展创新课题活动，必须透过表象，深层辨识问题后续即将产生不良影响的后果，分析解决难题所需要的施工工艺、机械设备、工具装备、试验检测等方面无法实现的核心，从而明确为需求。

4. 查询过程简单，覆盖面狭窄。有些小组查询仅通过网络平台检索的单一途径，且检索词过多、范围过小，导致检索结果有限，难以找到可借鉴的原理或数据。如某小组在开展课题名称为《研制新型的现浇混凝土箱梁防撞墙自走台车》的活动中，网络查询的关键词是"新型的现浇混凝土箱梁防撞墙自走台车"，导致找不到合适的结果。

5. 小组对查询浅尝辄止，未纵向多层次深入，导致借鉴的内容不够全面、完整性差，难以起到应有的作用。创新型课题活动实施过程中，一蹴而成的情形并不多，而往往需要多途径、多方面、多层次查询，并将借鉴内容结合形成完整的借鉴原理或数据。

6. 查询结果未提炼。有些小组经过查询，发现查询的内容"虽然不适用本工程，但具有借鉴意义"，而报告中未对借鉴意义进行梳理；有些小组经过多途径、多层次查询，得到不少结果，但未进行有效梳理和归纳，导致无法整合成借鉴原理或数据，影响活动效果。

7. 课题名称出现"手段＋目的"、口号式等"穿靴戴帽"的词句。如"运用正交试验法，创新××住宅楼电梯井防护结构"，"迎亚运建新功，快速研制加气混凝土砌块灰缝厚度定型装置"。

四、选择课题举例

1. 需求分析举例

在《研制钢筋保护层厚度测量工具》课题中，需求是通过规范规定引申、合同要求和公司任务来体现，综合为"钢筋保护层厚度测量工具的误差 $\delta \leqslant 3mm$"，符合准则要求。

[案例 3-3] 课题《研制钢筋保护层厚度测量工具》——需求分析

按照《公路工程质量检验评定标准 第一册土建工程》JTG F80/1—2017 第 8.3.1 条规定，结合处于海洋环境的实际情况，本工程整孔预制箱梁有别于常规梁板，其钢筋保护层厚度允许偏差范围为（0，＋5mm），而且在混凝土浇筑前的合格率须达到 100%。因此，不仅需严格控制施工过程中钢筋、模板的加工和安装精度，也对钢筋保护层厚度的测量工具提出了非常高的精度要求，但目前尚无规范对混凝土浇筑前的钢筋保护层厚度测量工具的允许误差范围（精度）作出量化规定。

鉴于《公路工程质量检验评定标准》的规定，以及首次承建整孔预制箱梁施工的实际情况，根据与业主签订的质量合同要求：分项工程合格率不小于 90%，经公司总工程师办公室研究，要求测量工具的误差 δ 不得大于 3mm，即误差 $\delta \leqslant 3mm$；具体需求分析详见表 3.3-1。

需求分析统计表 表 3.3-1

序号	需求方	需求内容	备注
1	内部需求（公司）	测量工具的误差 $\delta \leqslant 3mm$	测量工具的误差控制是各方需求的基础和前提
2	外部需求（业主）	分项工程合格率≥90%	
3	相关方需求（《公路工程质量检验评定标准》规定）	钢筋保护层厚度允许偏差范围为（0，＋5mm），而且在混凝土浇筑前的合格率须达到 100%	

制表人：×××　　　　　　　　　　　　　　　制表时间：××年××月××日

2. 现有做法分析举例

[案例 3-4] 课题《研制钢筋保护层厚度测量工具》——现有做法分析

在混凝土浇筑前，采用普通的钢尺进行钢筋保护层厚度测量，由于钢筋保护层厚度设计只有 45mm，钢筋骨架间距 100～150mm，受骨架和模板安装的空间限制，测量人员最多只能将手指伸到外侧钢筋和模板之间（即保护层范围 45mm），而头部无法贴近模板，所以眼睛根本无法垂直于钢尺尺面，只能斜向估读尺面上的刻度，而理论上视线应垂直于尺面读数，因此，理论视线与实际视线存在图 3.3-3 所示的"读数误差区间"，导致读数误差偏大，具体详见图 3.3-1～图 3.3-3。

图 3.3-1　现场钢护层照片　　　　图 3.3-2　普通钢尺检测保护层厚度示意图

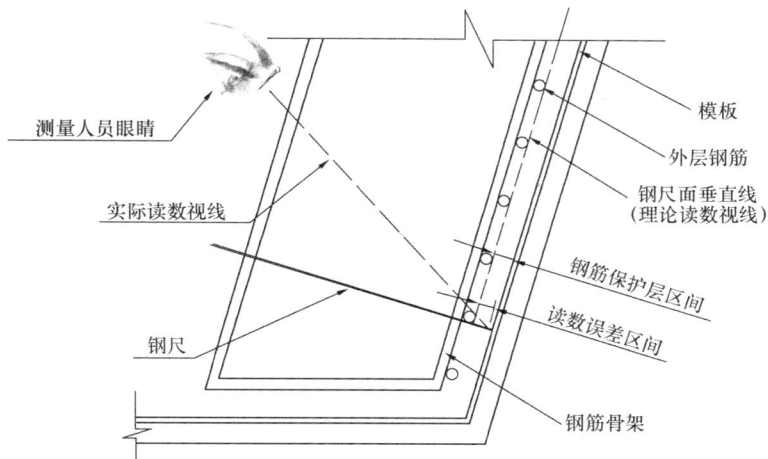

图 3.3-3　实际读数视线与理论读数视线存在的读数误差区间示意图

制图人：×××　　　　　　　制图时间：××年××月××日

[案例 3-5] 课题《研制钢筋保护层厚度测量工具》——现有做法与需求的差距分析

为了精确校验现有做法的误差，小组选择钢筋骨架端部便于测量和观察的位置，小组先用钢尺在模板内测量钢筋骨架保护层，读取厚度数值，然后与模板外侧端部位置测量数值（标准值）相比较，得出误差值；见记录表 3.3-2、柱状图 3.3-4 和分析表 3.3-3。

检测误差对比试验记录表　　　　　　　　　　　　　　　表 3.3-2

试验名称	钢筋保护层厚度对比检测		试验时间		××年××月××日		
试验场地	整孔箱梁预制场 2 号预制台座		试验部位		整孔预制箱梁小桩号侧		
检测点位编号	1	2	3	4	5	6	平均
箱梁内部检测读数（mm）	46	47	45	48	46	49	
箱梁端部检测读数（mm）	41	53	38	42	54	44	6.2
误差绝对值（mm）	5	6	7	6	8	5	
检测人	×××		复核人	×××		记录人	×××

制表人：×××　　　　　　　　　　　　　　制表时间：××年××月××日

现状与需求对比分析表　　　　　　　　　　　　　　　表 3.3-3

需求项目	需求值	现有做法测试	结论
检测工具的误差	$\delta \leqslant 3\text{mm}$	$\delta = 6.2\text{mm}$	不满足需求

制表人：×××　　　　　　　　　　　　　　制表时间：××年××月××日

根据现场反复测试，现有测量工具或方法的平均测量误差达 6.2mm＞3mm，无法满足公司总工程师办公室等相关方和顾客的 3mm 需求。

3. 广泛借鉴举例

[案例 3-6] 课题《研制钢筋保护层厚度测量工具》——广泛借鉴过程

（1）内部资料查询和借鉴

小组查阅大量公司的内部技术资料，发现一份 2018 年开展的课题名称为《提高短线

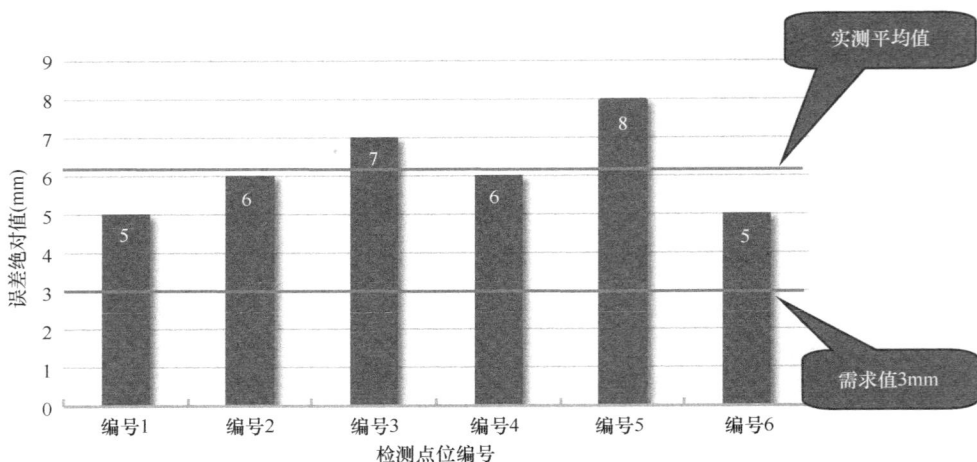

图 3.3-4 对比检测误差值柱状图

制图人：×××　　　　　　制图时间：××年××月××日

匹配法节段梁钢筋保护层合格率》的类似 QC 活动成果报告；具体内容见表 3.3-4、图 3.3-5、图 3.3-6。

内部资料查询结果统计表　　　　　　　　　　　表 3.3-4

资料类型	实施组织	项目名称	成果名称	解决的问题	解决的措施
QC 成果	××大桥节段梁预制厂 QC 小组	××大桥项目	提高短线匹配法节段梁钢筋保护层合格率	短线匹配法节段梁钢筋保护层厚度合格率低下	1. 将钢筋骨架保护层垫块设置密度，4 块/m² 增大到 8 块/m²； 2. 采用潜望镜观测垫块是否紧贴模板的方法，以控制保护层厚度

制表人：×××　　　　　　　　　　　　制表时间：××年××月××日

图 3.3-5 保护层入模前专项检查

图 3.3-6 保护层入模后专项检查

通过 QC 活动，此课题取得较好的效果，但垫块材料及其安装成本增大，而且潜望镜观测人员费用增加，见统计表 3.3-5。

内部资料借鉴情况统计表　　　　　　　　　　表 3.3-5

借鉴资料名称	借鉴资料来源	主要内容	借鉴思路
QC 成果报告	公司内部档案	将钢筋骨架保护层垫块设置密度，由常规的 4 块/m² 增大到 8 块/m²；并且采用潜望镜观测垫块是否紧贴模板，以提高钢筋保护层厚度合格率	通过潜望镜，将模板与钢筋骨架间的保护层垫块支垫情况"传递"到钢筋骨架外面观察，解决视线无法直接观测保护层厚度的难题

制表人：×××　　　　　　　　　　　　　　　　　　制表时间：××年××月××日

（2）本行业查询和借鉴

目前施工现场常见长度测量工具有平面钢尺、钢卷尺、游标卡尺，其中，平面钢尺和钢卷尺直接在被测距离范围内使用和读数，而游标卡尺除了上述功能外，还可以测量槽和筒的深度，见图 3.3-7。

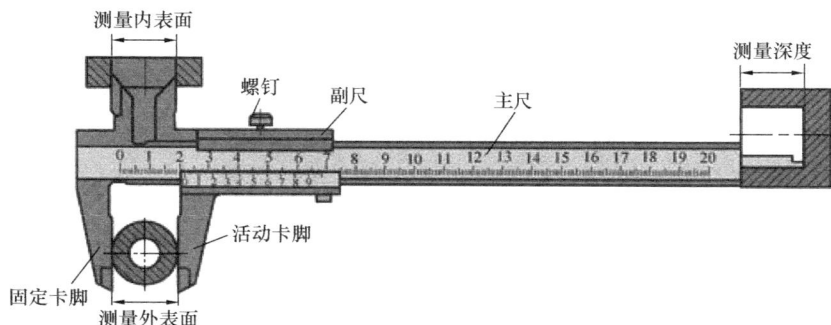

图 3.3-7　游标卡尺

游标卡尺由主尺、附在主尺上能滑动的游标和深度尺三部分构成，其测量槽或筒深度的原理是：深度尺插入槽或筒内时，与其联动的游标尺在主尺上的移动距离即为深度尺的插入深度，因此槽或筒的深度可从游标尺读取，也就是深度尺将待测距离"传递"到了游标尺，详见原理图 3.3-8。

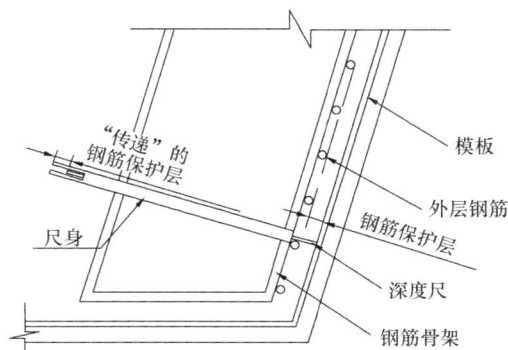

图 3.3-8　游标卡尺测量保护层借鉴原理图

制图人：×××　　　　制表时间：××年××月××日

对本行业查询和借鉴情况进行汇总，形成本行业工具借鉴情况统计，见表 3.3-6。

本行业工具借鉴情况统计表　　　　　　　　表 3.3-6

借鉴实物名称	借鉴资料来源	主要内容	借鉴思路
游标卡尺	本行业查询	深度尺插入槽或筒内时，与其联动的游标尺在主尺上的移动距离即为深度尺的插入深度，因此深度可从游标卡尺读取，也就是深度尺将待测距离传递到了游标卡尺。 常见测量精度为 0.1mm、0.05mm、0.02mm	采用两把尺的相对位移来传递、反映待测距离；两把尺可通过内外套合的方法组合

制表人：×××　　　　　　　　　　　　　　　　　　　　制表时间：××年××月××日

（3）其他行业查询和借鉴

试验检测行业在检测桥面混凝土平整度时，主要检测放在桥面上的 2m 或 3m 直尺与混凝土的局部空隙，检测人员无需将脸贴在混凝土上，无需考虑视线正视问题，而是将专用的楔形塞尺塞进空隙、并将空隙塞满，游码指示的数值即为空隙的高度，塞尺可离开地面上的直尺读取该数值，见图 3.3-9、图 3.3.10。

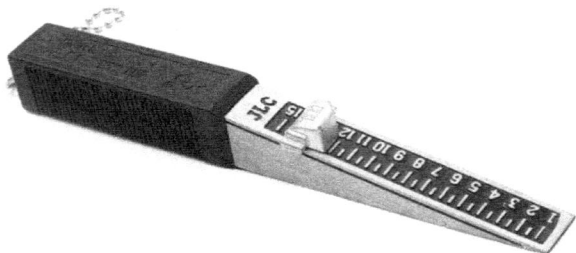

图 3.3-9　楔形塞尺

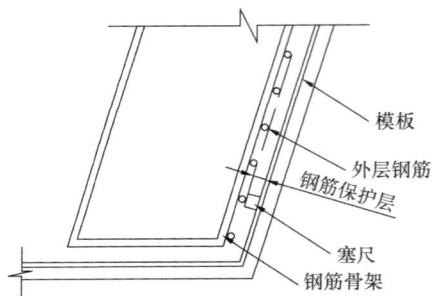

图 3.3-10　塞尺测量保护层借鉴原理图

目前市场上常见的楔形塞尺规格是 150mm×17mm，测量范围 1～15mm，根据产品说明书，有 0.2mm、0.5mm 两种精度。

测量设计厚度 45mm、允许偏差（0，5mm）的钢筋保护层，在合格范围内，测量最小值 45mm，最大值为 50mm，与常见的塞尺测量范围相比，差 44mm 和 35mm，那么可以找一个平均厚度（40mm）的方木加厚塞尺，使其满足测量范围要求。

对其他行业查询和借鉴情况进行汇总，形成试验检测行业工具借鉴情况统计表，见表 3.3-7。

试验检测行业工具借鉴情况统计表　　　　　　　　表 3.3-7

借鉴实物名称	借鉴资料来源	主要内容	借鉴思路
楔形塞尺	其他行业查询	楔形塞尺的坡面与底面测量直尺和混凝土低凹处形成的空隙高度。测量精度0.2mm、0.5mm	将叠加 40mm 厚度方木的塞尺塞进钢筋和模板之间的空隙（即保护层厚度），随后将塞尺取出到钢筋骨架外侧观察读数

制表人：×××　　　　　　　　　　　　　　　　　　　　制表时间：××年××月××日

查询借鉴应有广泛性，可通过网络查找、专业咨询、重点观察等多种途径，防止遗漏有用信息。其中网络查询借鉴是最常用的查询方法，也是最快捷、最方便的查询借鉴方法。

查询应针对工程相关的需求，提炼、精简反映创新对象特征的检索词，不宜将需求直接确定为检索词。在案例《研制钢筋保护层厚度测量工具》课题中，小组将"钢筋，保护层，厚度，测量，工具"作为检索词，进行网络查询。

[案例 3-7] 课题《研制钢筋保护层厚度测量工具》——网络查询和借鉴

小组成员通过互联网和专业数据库等途径进行查询，详见表 3.3-8 和图 3.3-11。

查询情况表　　　　　　　　　　　　　　　　　　　表 3.3-8

查询项目	钢筋保护层厚度测量工具	查询人	×××
查询方法	网络查询	查询时间	××年××月××日
查询范围	国家知识产权局综合服务平台、国家科技图书文献中心、百度搜索、中国知网		
查询关键词	钢筋　保护层　厚度　测量　工具		

制表人：×××　　　　　　　　　　　　　　　　制表时间：××年××月××日

图 3.3-11　查询结果截图

对查询结果进行分析、甄别，形成网络查询结果汇总表，见表 3.3-9。

网络查询结果汇总表　　　　　　　　　　　　　　表 3.3-9

序号	查询途径	查询结果	结果分析
1	国家知识产权局综合服务平台	无查询结果	—
2	国家科技图书文献中心	有检测工具或装置，但均为混凝土浇筑后检测	不适用于混凝土浇筑前检测
3	百度搜索	有检测工具或装置，但均为混凝土浇筑后检测	不适用于混凝土浇筑前检测
4	中国知网	暂无数据	—

制表人：×××　　　　　　　　　　　　　　　　制表时间：××年××月××日

根据网络查询，目前尚无适用于混凝土浇筑前的钢筋保护层厚度测量工具。

查询借鉴后，应对结果进行分析汇总，并根据具体情况作进一步的处置，提高借鉴质量，以方便借鉴其原理或数据。

[案例3-8] 课题《研制钢筋保护层厚度测量工具》——借鉴结果汇总

根据针对性的查询，汇总查询借鉴结果，形成查询借鉴思路分析表，见表3.3-10。

查询借鉴思路分析表　　　　　　　　　　　表3.3-10

借鉴名称	借鉴思路	借鉴数据	借鉴原理图
潜望镜（传递工具）	1. 将待测量的距离"传递"到钢筋骨架外的空间观测 2. 观测仅作定性分析，无定量数据	读数位置置于钢筋骨架最大宽度1100mm外	
游标卡尺	可采用两把尺或测量尺和移动块组合的方式，以活动尺或移动块在保护层内的相对位移反映到测量尺，在合适的区域观察，达到测量保护层厚度的目的	最小刻度长1mm，测量精度为0.1mm、0.05mm、0.02mm	
楔形塞尺	将叠加40mm厚度方木的塞尺塞进保护层内，通过塞尺底面与坡面之间的距离反映保护层厚度，随后将塞尺取出到钢筋骨架外侧观察读数	最小刻度长1mm，测量精度0.2mm、0.5mm	

制表人：×××　　　　　　　　　　　　　　　　　制表时间：××年××月××日

根据表3.3-10的思路，将传递工具分别和游标卡尺、楔形塞尺组合，组合形成新的借鉴思路，见表3.3-11。

查询借鉴思路综合分析表　　　　　　　　　　表3.3-11

借鉴名称	借鉴思路	借鉴方案	借鉴数据	借鉴原理图
视线传递工具＋游标卡尺	检测工具长度超过钢筋骨架最大宽度，一端（测量端）以活动尺或移动块在保护层内的相对位移反映到另一端（读数端），在钢筋骨架外读数，可测得保护层厚度	接长测量工具直接传递厚度到钢筋骨架外侧读数	测量工具长度＞1100mm最小刻度长1mm	
操作手柄＋楔形塞尺	检测工具为外加40mm厚度方木的叠合塞尺和操作手柄，通过手柄将塞尺塞进保护层内，游标固定，随后将塞尺取出到钢筋骨架外侧观察读数	将所测量数据转移到钢筋骨架外侧读数	操作手柄长度＞1100mm最小刻度长1mm	

制表人：×××　　　　　　　　　　　　　　　　　制表时间：××年××月××日

4. 确定课题举例

［案例 3-9］课题《研制钢筋保护层厚度测量工具》——课题确定过程

受广泛借鉴情况启发，小组成员一致认为，将测量情况通过接长测量工具传递读数或到钢筋骨架外侧读数的组合工具，可以满足内外顾客和相关方关于整孔预制箱梁钢筋保护层厚度检测的需求，因此小组成员选定课题名称为：《研制钢筋保护层厚度测量工具》。

当小组拟借鉴的多个事物（对象）均可以满足需求，需要通过论证选择小组能力范围内的课题开展创新活动。当小组拟借鉴的灵感或思路，可能会在财力、时间、精力等方面受制约，超出小组的能力范围时，可通过测算、借鉴相关经验和技术路线，组织专家论证等方法，结合小组拥有的人员、机械、材料、软硬件环境等内、外部资源和具备的能力、经验等条件，客观论证课题的可行性，以决定小组的活动是否需要调整。

［案例 3-10］课题《研制一种复杂环境下的隧道监测技术》——调整了活动方向

小组成员通过中国知网大数据检索平台，检索 InSAR 监测地表变形，发现有《融合单视线 D-InSAR 和 BK 模型的煤矿地表三维变形动态监测方法研究》《采动影响下地表移动变形监测及模拟研究》等利用 InSAR 监测地表变形达到预测隐患点的目的的相关研究成果。InSAR 技术在其他领域已开始试用，但公路领域尚无应用先例。为此，小组对课题的可行性进行论证。

多数商业 SAR 卫星在研究区域的累积数据不足以满足时序形变信息的反演，Sentinel-1 卫星的长期观测计划及其对普通用户尚未完全开放的数据政策，使小组难以获取充足的连续观测数据，较短的观测时间间隔无法确保相干点的相对稳定性，C 波段的 Sentinel-1 数据集难以满足该地区的时序监测要求，综合数据的重访周期、覆盖范围、存档时间、可获得性等因素，经市场调查，并向有关专家咨询，认为选用 Sentinel-1A 数据作为 SAR 数据源超出了小组能力范围，因此，小组调整了活动方向。

第四节　设定目标及目标可行性论证

在第一个步骤"选择课题"期间，QC 小组明确了现场需求，通过分析现状或现有施工工艺、机械设备、试验检测、工具装备等与需求存在差距而得到"需求无法满足"的结论，这为小组指明了活动方向，因此接下来的第二个步骤是将需求转化为具体的目标，并与借鉴原理、数据相比较，论证其是否可行。

本节介绍了创新型课题的目标设定及其可行性论证的相关要求和注意事项。

一、设定目标

设定目标是为小组活动指明努力的方向，也用于衡量小组课题完成的程度。目标设定应满足以下要求：

1. 与课题目标保持一致

若小组活动效果达不到此标准（目标），则表示活动未成功，需要重新策划。如果需求是明确的，则直接可用需求作为课题目标。

小组应从工程建设实际出发，结合自身能力、资源、精力等条件，基于客观事实，将需求转化为切实可行的课题目标。小组成员作为工程建设的具体实施人，有固定的工作内容和岗位职责，QC 活动是其解决问题的方法和手段，但不可能是工作的全部，所以投入

QC活动的时间和精力等条件毕竟有限，设定的课题目标不能脱离实际而一味追求高标准、严要求。如：某项QC活动中，针对某分项工程现场施工不亏损的需求，设定"实际施工直接成本不大于投标中的相应成本"的课题目标比较适宜，而如果以"实际施工收益不小于预算收益"作为课题目标，涉及面就很广，像间接费用等部分效益影响因素可能超出了小组活动范围，增大了小组的活动难度，此类课题目标就不适宜。

小组设定的目标应与课题需求保持一致，定性的需求应转化为可测量、可检查的目标。比如上文所说的研制一种新型的钢筋保护层厚度检测工具，它的定量目标可以确定为"钢筋保护层厚度的测量误差$\delta \leqslant 3mm$"，而不应是"钢筋保护层厚度检测工具"自身的精度误差$\delta \leqslant 3mm$。

2. 目标可测量、可检查

设定的目标应根据选题过程中借鉴对象的效果，直接分析得到的数据，或根据借鉴原理结合课题需求推演出相关的数据，方便测量、检查，以检验活动效果。

对于可以直接测量，并得到具体数值的成果，如具有长、宽、高等特征值的创新物体，应设定可测量的目标；对于无法直接测量或测量精度无法保证的成果，应采用能可靠检查的方法，如钢筋机械连接所用的直螺纹，对于影响连接强度的螺纹质量，直接采用常用的工具无法精确测量，在不选择精密仪器的情况下，可采用标准直径的通规和止塞规来检查：若通规可以绕整段螺纹旋转而不受阻碍，则说明螺纹螺距适宜、外螺纹尺寸正确；止塞规无法旋合进去或者仅仅能旋合进去两圈的，说明内螺纹尺寸正确；因此，对直螺纹的目标值，可以通过采用相应直径的通规、止塞规的检查而设定。

3. 目标设定不宜多

目标一般为1个，不宜超过2个，如果有2个目标则应相互独立，两者之间不应有连带、因果关系。

如上文所说的课题目标是研制一种新型的钢筋保护层厚度检测工具，以满足钢筋保护层厚度检测的需求，而新型检测工具既有测量功能方面的特性，又有外观形状和测量精度等方面的属性，它的定量目标可以设置为"钢筋保护层厚度的测量误差$\delta \leqslant 3mm$"，而不应把其他的属性作为定量目标。由于小组活动能力、精力、财力、时间等资源和条件有限，不宜一次就设定多个不相关的目标。

二、目标可行性论证

对课题目标进行可行性论证，是研究、分析小组设定目标是否合理可行的必要步骤。小组应采用理论推演、模拟试验、效果参照等方法，将课题目标与可供借鉴的原理或数据、技术路线进行对比，依据事实和数据，定量分析、判断目标完成的可能性。

三、常见问题

1. 目标与课题需求不一致。在《研制电梯井垂直洞口操作平台》课题中，小组设定的目标之一是"施工现场电梯井安全操作平台循环使用率达到100％"，将创新成果的使用作为课题目标不妥，而且只能反映创新成果的推广应用程度。

2. 目标无法测量，难以对比、检验，或者目标在活动期间无法完全验证。如在《一种新型悬挑外架的研制》课题中，小组设定目标为"设计一款牛腿式的悬挑脚手架，脚手架可直接安装在外墙承重梁上，通过在预埋装置，工字钢直接与预埋件相连接，使施工过程中省材、省时，安装方便"，从而"使项目脚手架安装施工过程中能节省工期、节省费用"；《研制无预埋外挂式卸料平台》课题中，小组设定目标值为"1. 免预埋固定圆钢拉环；2. 免在上部楼层张拉钢丝绳；3. 操作简捷、安装方便"。

3. 设定目标超过 1 个，且各目标之间有关联性。如在《地下室后浇带独立支撑体系创新研究》课题中，小组设定目标为"对结构安全无影响，提高项目利润率，将后浇带支撑成本降低约 30%，并可重复利用"。按照小组的思路，分析设定了 3 个目标，分别为"对结构安全无影响"，"提高项目利润率，将后浇带支撑成本降低约 30%"和"可重复利用"。如果小组活动达到"可重复利用"的目标，则必然会降低成本，因此，"可重复利用"的目标与"将后浇带支撑成本降低约 30%"的目标有关联。

4. 目标可行性论证采用主观、定性的分析和判断。有些小组未用事实和数据等客观依据进行目标定量分析和判断，而仅凭经验、主观推断。

四、目标可行性论证举例

《研制钢筋保护层厚度测量工具》课题中，QC 小组设定课题目标是"研制一种测量误差 $\delta \leqslant 3mm$ 的钢筋保护层厚度测量工具"，目标可行性论证如下。

[案例 3-11] 课题《研制钢筋保护层厚度测量工具》——目标可行性论证

1. 借鉴数据推演论证

（1）游标卡尺

常用游标卡尺有 0.1mm、0.05mm 和 0.02mm 三种精度。它们的工作原理和使用方法相同。精度为 0.05mm 的游标卡尺的游标上有 20 个等分刻度，总长为 19mm。测量时如游标上第 11 根刻度线与主尺对齐，则小数部分的读数为 11/20mm＝0.55mm，如第 12 根刻度线与主尺对齐，则小数部分读数为 12/20mm＝0.60mm。一般来说，游标上有 n 个等分刻度，它们的总长度与尺身上（$n-1$）个等分刻度的总长度相等，若游标上最小刻度长为 x，主尺上最小刻度长为 y，则：$n_x = (n-1)y, x = y-(y/n)$。

主尺和游标的最小刻度之差为 $\Delta x = y-x = y/n$，y/n 叫游标卡尺的精度，它决定读数结果的位数。由公式可以看出，提高游标卡尺的测量精度在于增加游标上的刻度数或减小主尺上的最小刻度值。一般情况下，y 为 1mm，n 取 10、20、50，其对应的精度为 0.1mm、0.05mm、0.02mm。

（2）楔形塞尺

目前，市场上常见的楔形塞尺测量范围是 1～15mm，有 0.2mm、0.5mm 两种精度。根据测量范围计算，可以找一个平均厚度 40mm 的方木加厚塞尺，使其满足测量范围要求。

通过借鉴数据进行理论推演论证，形成目标值与查询借鉴结果推演论证见表 3.4-1。

目标值与查询借鉴结果推演论证表　　　　　　　　　　　　　　　表 3.4-1

目标值	借鉴物误差		机械实际 加工误差	成品误差	课题目标	比较结果
测量误差	游标卡尺	≤0.1mm	≤1.5mm	≤1.6mm	≤3mm	可行
	楔形塞尺	≤0.5mm		≤2.0mm		

制表人：×××　　　　　　　　　　　　　　　　　　　制表时间：××年××月××日

借鉴物最大误差（游标卡尺）0.1mm 或（楔形塞尺）0.5mm，加上定点机械厂最大加工误差 1.5mm，则成品总误差不大于 1.6mm 或 2mm，小于 3mm 的课题目标 1.4mm 或 1mm，因此活动可行。

2. 借鉴数据与课题目标比较论证

游标卡尺采用两把尺，测量误差最大仅 0.1mm，离目标值还有较大空间，但制作精度要求非常高，而本课题无需此精度，制作精度要求可以适当降低；楔形塞尺误差不大于 0.5mm，可通过叠加方木来扩大量程，并通过操作手柄实现读数传递到钢筋骨架外的环节，方木固定结构相对简单，实施方便。具体详见表 3.4-2。

课题活动方向分析表　　　　　　　　　　表 3.4-2

借鉴名称	视线传递工具＋游标卡尺	操作手柄＋楔形塞尺	备注
误差	≤0.1mm	≤0.5mm	课题目标≤3mm
主要结构	两把尺组合	一把塞尺和一个操作手柄组合	—
结构组合	内外套合	叠合后外加联接	—
主要参数	尺长度不小于 1100mm	外加方木厚度 44mm，手柄长度 1100mm	—
活动方向	一把测量管和一个移动管通过内外套合，设置刻度	将塞尺和方木有效固定，再与操作手柄连接	可行

制表人：×××　　　　　　　　　　　　制表时间：××年××月××日

综上论证，小组认为本课题目标可以实现。

第五节　提出方案并确定最佳方案

QC 小组明确了课题目标和方向后，需依据借鉴内容，提出各种能满足课题需求、适用于课题活动的方案。这一环节是创新型课题活动的关键步骤，直接关系到课题活动质量和最终结果。方案的评价和选择均应通过现场测量、试验和调查分析，取得数据和事实作为判断依据。

本节介绍了提出方案并确定最佳方案的相关要求和注意事项。

一、提出方案

根据广泛借鉴结果，小组成员提出方案，并进行整理和分析。方案包括总体方案和分级方案两种。

1. 提出总体方案

根据"选择课题"环节中广泛借鉴内容形成创新思路或方法，针对设定的课题目标，小组提出可能达到课题目标的一个或多个总体方案。总体方案既来源于借鉴结果，又在借鉴结果上有所创新。区别于借鉴结果，具有一定创新性，这是创新型课题最本质的特征。

如果课题选择阶段，借鉴的思路或数据等内容比较单一，则总体方案可以只有一个；如果借鉴的思路或数据等内容较多，而且经课题目标的可行性论证均能满足需求时，则总体方案可以有多个。多个总体方案之间应相对独立，如果其中 2 个及以上方案相互关联，并有各自的优点，则应合并、调整为一个独立方案。总体方案之间相对独立，是指各方案的关键路径或者核心技术各不相同，相互之间无关联性，不存在从属或主次关系。

小组在提出方案后，需要判断每个总体方案的创新性（即关键技术是创新的）及它们之间的相对独立性；总体方案构成见图3.5-1。

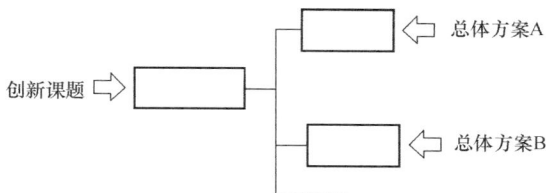

图3.5-1　总体方案构成示意图

2. 比选总体方案

在总体方案提出后，小组应依据事实和数据对多个方案进行评价，从有效性、可实施性、安全性、经济性、时间性等维度，择优选择一个总体方案进行分级方案选择环节的活动。对于单个总体方案，则直接进入分级方案选择环节。综合分析、评价方案时，应采用试验、现场测量和调查分析的方法。

对于机具、设备、装置等产品类的方案，可着重从产品性能优劣、加工难度、可靠性等方面进行评价；对于工法、工艺、操作方法等过程类的方案，着重从方案的技术特点、安全性、经济性、难易程度等方面进行评价、选择；对于软件、创新管理方案等其他类方案，着重从复杂程度、安全性、经济性等方面进行评价、选择，见图3.5-2。

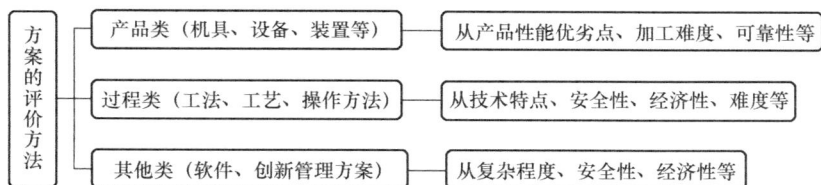

图3.5-2　方案评价方法树图

3. 提出分级方案

总体方案选定后，尚无法具体实施，需要按一定的逻辑关系或规则进行分解，如创新工具，可按工具的组成结构及其相互关系或功能特性、要素来分解，如创新施工工艺，则可按工艺流程或施工环节来分解。提出的工具组成结构或工艺流程等总体方案组成部分，均应有能达到要求（制成或完成）或实现功能的分级方案。总体方案的部分组成结构还需进行细分，以便提出有针对性的分级方案。

分级方案是在总体方案的分解展开中形成的多个具有可比性的分方案（或称子方案），需逐级分解，最后一级分级方案应是具体可实施的末级方案，数量不得少于2个，相互之间应具有可比性，以方便按一定的维度进行比较，并按最优的原则进行选择。

分级方案通过评价和选择，获得的子方案仍不可实施时，必须提出次一级方案，并进行评价和选择，逐层展开到可以实施的具体方案，具体见图3.5-3。

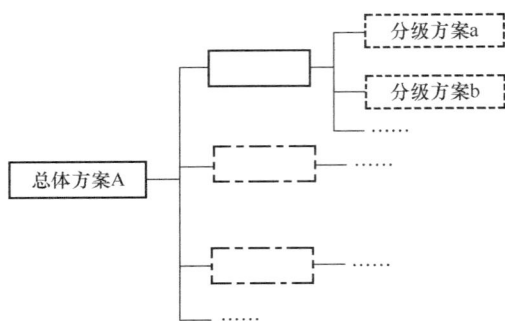

图 3.5-3 分级方案构成示意图

二、确定最佳方案

基于现场测量、试验和调查分析，用事实和数据对分级方案进行分析、论证和评价，客观确定最佳分级方案。小组可着重从方案的技术特点、安全性、经济性、难易程度等指标进行客观评价。对于各项指标的优缺点尽量予以量化，根据价值工程原理或对课题目标的预计达成程度等维度，优选各个分级方案，经综合整理，形成最佳方案。

三、常见问题

1. 提出的总体方案与课题选择阶段的广泛借鉴结果无关联。某小组在提出总体方案时，描述为"本小组成员结合现场实际情况，小组召开了方案分析会，集思广益，运用'头脑风暴法'充分发表意见，根据现有条件，初步提出 3 种方案"，而且此 3 种方案与借鉴的内容没有关联。

2. 总体方案创新性和相对独立性未体现。《陶土砖空花墙施工技术的创新》课题提出 3 种总体方案，均与常规施工工艺相同，没有在广泛借鉴的基础上进行创新，也未对 3 种方案进行创新性和独立性分析论证。

3. 方案选择、确定过程中客观性体现不足。小组未对方案进行现场测量、试验或调查分析以发现事实和收集数据，而主观地对每个方案进行评价和选择。《研制高层电梯井垂直洞口操作平台》课题中，总体方案分析采用"常规施工方案制作实物"进行试验，而未采用所提方案相应的试验方法，由常规方案的试验结果推断创新方案的试验结果，缺乏客观依据；同时，在技术挂点分析时，4 项指标的对比结果未量化，客观性不足。

4. 方案分解未逐层展开到可以实施的具体方案。分级方案分解的末级应该是具体、可实施的方案。《研制加气混凝土砌块灰缝厚度工具》课题在提出方案并确定最佳方案阶段，将 3 个总体方案进行简单的优缺点定性比较后，立即确定方案"扁钢加气混凝土砌块灰缝厚度定型化工具"为最佳方案，而未就"扁钢加气混凝土砌块灰缝厚度定型化工具"的制作方案进行具体分解，导致课题后续实施困难。

四、提出方案并确定最佳方案举例

1. 提出总体方案

在《研制钢筋保护层厚度测量工具》课题中，小组根据广泛借鉴，形成"视线传递工具＋测量工具"的初步思路，分别组合成"视线传递工具＋游标卡尺"和"操作手柄＋楔形塞尺"两种借鉴思路，针对"一种测量误差 $\delta \leqslant 3mm$ 的钢筋保护层厚度测量工具"的课题目标，提出"内外套合式测量工具"和"塞尺叠合式测量工具"两种全新的方案，并对两种方案的创新性和独立性进行分析。

[案例 3-12] 课题《研制钢筋保护层厚度测量工具》——提出总体方案

（1）总体方案提出

小组成员围绕课题目标，对《研制钢筋保护层厚度测量工具》召开了研究讨论会议，结合借鉴思路，集思广益，共提出 2 个总体方案，见表 3.5-1。

总体方案汇总表 表 3.5-1

总体方案	1. 内外套合式测量工具	2. 塞尺叠合式测量工具
借鉴思路	接长测量工具直接"传递"厚度到钢筋骨架外侧读数	将所测量数据"转移"到钢筋骨架外侧读数
借鉴原理图		
总体方案原理	测量工具由内外钢管套合而成，长度大于1100mm，一端为测量端，测量钢筋和模板之间的空隙，传递到读数端；另一端直接在读数端读取测量管上的数值	测量工具由塞尺和方木叠合而成，方木厚44mm，两者固定；操作手柄的长度大于1100mm，与塞尺和方木连接；将叠合塞尺塞入钢筋保护层内，游码固定读数；从钢筋骨架内取出，读取游码指示的数值

制表人：×××　　　　　　　　　　　　　　　　制表时间：××年××月××日

（2）总体方案的独立性分析（表 3.5-2）

总体方案独立性分析表 表 3.5-2

总体方案	内外套合式测量工具	塞尺叠合式测量工具
测量原理	新设置刻度以反映所测量的数值	直接利用塞尺测量以获取数值
读数方法	一端测量，钢筋骨架外的另一端直接读数	先测量，再将测量工具提到钢筋骨架外读数
结构形式	两种钢管内外套合	现有塞尺和方木叠加组合

制表人：×××　　　　　　　　　　　　　　　　制表时间：××年××月××日

根据表 3.5-2 分析，2 种总体方案具有良好的独立性。

（3）总体方案的创新性分析

小组成员对提出的 2 个总体方案在网上进行了查新，并未发现有相关文献和专利，证明提出的 2 个总体方案均有较好的创新性，具体见表 3.5-3、表 3.5-4 和图 3.5-4、图 3.5-5。

内外套合式测量工具查新情况表 表 3.5-3

查新项目	内外套合式测量工具		查新人	××
查新方法	网络查询		查新时间	2020 年 3 月 7 日
查新范围	国家科技图书文献中心、国家知识产权局综合服务平台			
查新关键词	内外套合　测量　工具			
查新结论	暂无相关的数据（信息）			

制表人：×××　　　　　　　　　　　　　　　　制表时间：××年××月××日

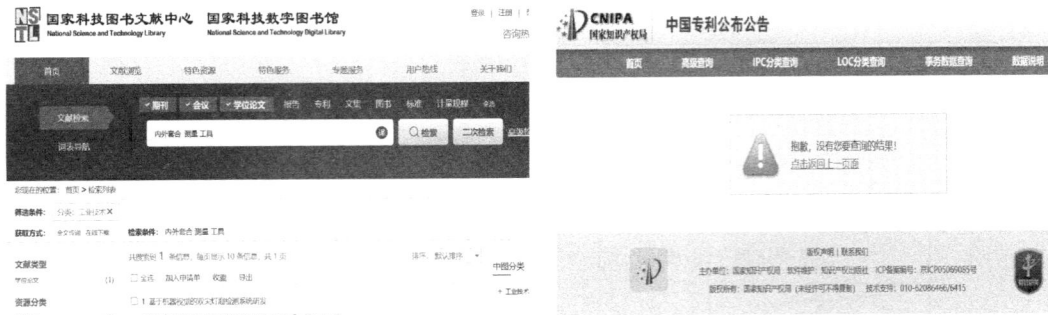

图 3.5-4　查新结果截图

塞尺叠合式测量工具查新情况表　　　　　　　　　　　表 3.5-4

查新项目	塞尺叠合式测量工具	查新人	××
查新方法	网络查询	查新时间	2020 年 3 月 7 日
查新范围	国家科技图书文献中心、国家知识产权局综合服务平台		
查新关键词	塞尺叠合，测量，工具		
查新结论	无相关的信息		

制表人：×××　　　　　　　　　　　　　　　　制表时间：××年××月××日

图 3.5-5　查新结果截图

根据查新结果分析，2 种总体方案均具有创新性。

2. 比选总体方案

在《研制钢筋保护层厚度测量工具》课题中，小组对提出的"内外套合式测量工具"和"塞尺叠合式测量工具"2 种方案，从 2 种工具的有效性、可实施性（误差程度、加工精度等产品的优劣程度）、可靠性和经济性综合对比分析，进而选择"内外套合式测量工具"为总体方案。

[案例 3-13] 课题《研制钢筋保护层厚度测量工具》——总体方案选择

总体方案对比分析表　　　　　　　　　　　　　　表 3.5-5

总体方案类型	内外套合式测量工具	塞尺叠合式测量工具
有效性	借鉴物精度≤0.1mm；钢管加工精度需控制	借鉴物精度≤0.5mm；游码需定位牢固；塞尺和方木、手柄之间连接须牢固

总体方案类型	内外套合式测量工具	塞尺叠合式测量工具
可实施性	内外钢管加工较复杂，误差 1mm	塞尺为现成，方木叠加简便，结构简单；塞尺上的游码定位问题难度较大，误差≥1mm
可靠性	可直接测量和读数，所测数据可靠	测量后外移读数；外移过程中，若游码移动将导致读数偏差，测量可靠性有欠缺
经济性	钢管 48 元＋加工费 500 元＝548 元	塞尺 18 元＋方木 1 元＋手柄 5 元＝24 元
综合评价	制作复杂，但可对外委托机械厂加工，成本较大；测量可靠，数据准确	成本较小，加工简单；测量可靠性较差
结论	采用	不采用

制表人：×××　　　　　　　　　　　　　　　　制表时间：××年××月××日

根据表 3.5-5，对方案综合对比分析，小组决定采用"内外套合式测量工具"为优选方案。

3. 提出分级方案

[案例 3-14] 课题《研制钢筋保护层厚度测量工具》——分级方案的选择

在《研制钢筋保护层厚度测量工具》课题中，分级方案可按组成部件作为分级依据，将测量工具分为"测量管"和"移动管"两大部件，两者通过"组合"和"定位"合成整体，因此，此测量工具的分级方案可从这四部分展开。其中"测量管"有"自制刻度"和"外附钢尺"2 种不同的方案，这是针对总体方案"内外套合式测量工具"的"测量管"部件而分解的分级方案，同样，"移动管"有"顶模板"和"勾钢筋"2 种不同的方案，也是从总体方案"内外套合式测量工具"的"移动管"部件而分解得到的分级方案。具体详见图 3.5-6。

在《研制钢筋保护层厚度测量工具》课题中，分级方案也可按组成要素作为分级依据，将测量工具分为"结构形式""组合方法""计数方式""测量方法"四大要

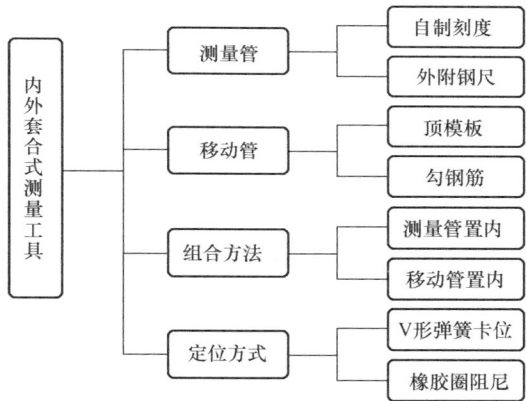

图 3.5-6　按组成结构分解的分级方案

素，这四大要素决定了测量工具的创新内容，因此，此测量工具的分级方案可从这四部分展开。其中"结构形式"细分为"总体形状"和"定位方式"2 种结构形式，其他 3 部分直接分解分级方案。"总体形状"有"圆形钢管"和"方形钢管"2 种分级方案，"定位方式"有"V 形弹簧卡位"和"橡胶圈阻尼"2 种分级方案，这都是针对总体方案"内外套合式测量工具"分解的分级方案，同样，"测量方法"有"移动管顶模板"和"移动管勾钢筋"2 种不同的方案，也是总体方案"内外套合式测量工具"的分级方案。具体详见图 3.5-7。

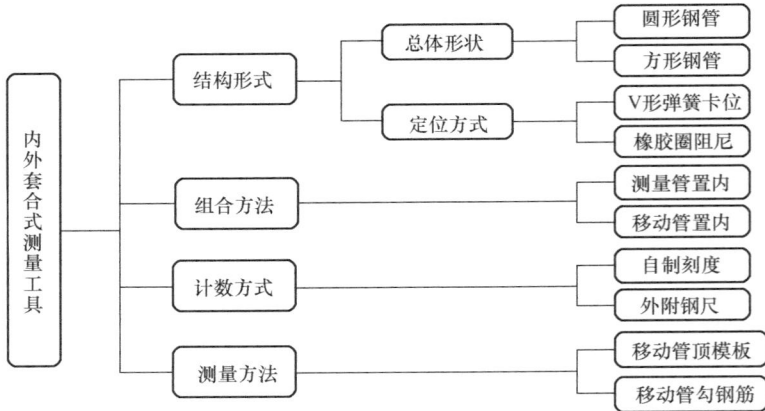

图 3.5-7　按组成要素分解的分级方案

4. 分级方案比选

《PC 叠合板快速安装定位装置研制》课题的分级方案之一——水平调节方案评价选择时，小组采用现场试验和调查分析的方法，分别从 2 种方案的可行性、便携性、有效性和经济性 4 个方面进行对比评价；形成水平调节方案比选，见表 3.5-6。

[案例 3-15] 课题《PC 叠合板快速安装定位装置研制》——水平调节方案比选

水平调节方案比选表　　　　　　　　　表 3.5-6

目的	使装置做到可调节适应放入各类梁截面	
简介	ϕ48 钢管＋可调顶丝：借鉴工地支模架底托调节方式，使用螺纹加托盘进行水平调节 	50 方管＋40 方管＋ϕ12 插销：借鉴工地吊篮拉伸调节形式，制作以 50×50 方管套接 40×40 方管，采用插销固定的形式进行调节水平长度
方案中工具示意图		

续表

目的	使装置做到可调节适应放入各类梁截面	
判定方式	现场试验：针对装置调节可行性、便携性分别制作两组定位装置至现场进行调节试验 调查分析：针对装置调节有效性及加工成本进行调查分析	
可行性	采用螺纹调节，调节尺寸可控，长度伸缩自如，试验可行	采用方管套接的形式，伸缩自如，试验可行
便携性	调节装置与支撑装置无法连成一个整体，因此携带便携性欠佳，调节尺寸较为随意，需要多次测量调节，调节便携性欠佳。 组员×××、×××对工具调节时间进行测算，如表： 		调节长度	调节时间	 |---|---|---|
宽度	50mm	30s | 结论：螺纹调节所需时间相对较长	整套装置连为一体，携带便携性较好，调节模数固定，操作方便，水平调节考虑不使用螺母固定，仅以插销的形式调节。 组员×××、×××对水平调节时间进行测算，如表： |	调节长度	调节时间 | |---|---|---|
宽度	50mm	5s | 结论：伸缩调节所需时间为螺纹的1/6，便携性较好
有效性	整体调节长度大于50mm，满足现场要求	长度在已知梁截面尺寸的情况下50～100mm范围内均有效，满足现场要求
经济性	取材自工地现场，两组底托价格为54元，经济性较好	取材自工地现场，两组套管价格为40元，经济性较好
比选结论	不采用	采用

制表人：×××　　　　　　　　　　　　　　　　制表时间：××年××月××日

结论：小组将水平调节形式确定为"50方管＋40方管＋φ12插销"方案。

小组对测量工具的"结构形式""组合方法""计数方式""测量方法"四要素的分级方案通过试验，从有效性、耐久性、便利性、经济性和对目标的影响程度等方面分别进行对比分析，择优确定最佳分级方案。

[案例3-16] 课题《研制钢筋保护层厚度测量工具》——分级方案比选

（1）结构形式

检测工具的结构形式中，组合形状和套合方式互为关联、影响，建立矩阵予以分析；形成结构形式矩阵分析表，见表3.5-7。

结构形式矩阵分析表　　　　　　　　　　　表3.5-7

方案	试验照片	对比项目	圆形钢管	方形钢管
V形弹簧卡位		具体方案	1. 卡簧设置于内管上，向外弹出，顶住外管内壁形成阻尼效果； 2. 每端均需对称设置4～6条，以防内管不居中	
		有效性	能起到较好的阻尼效果	能起到较好的阻尼效果
		耐久性	卡簧不易磨损，应用周期12个月	卡簧不易磨损，应用周期12个月
		便利性	内管圆周上需打孔、开槽4～6处，安装和更换复杂	内管每侧面需打孔、开槽4处，安装和更换复杂
		经济性	加工制作复杂，价格约65元	加工制作复杂，价格约55元
		对目标的影响程度	测量偏差0mm	测量偏差0mm

续表

方案	试验照片	对比项目	圆形钢管	方形钢管
橡胶圈阻尼		具体方案	1. 橡胶圈箍在内管外侧，与内管一起压紧穿入外管内，橡胶圈在内管外壁和外管内壁间张开，形成阻尼效果； 2. 每间隔 100mm 或 250mm 设置 1 条橡胶圈	
		有效性	能起到较好的阻尼效果	能起到较好的阻尼效果
		耐久性	橡胶圈在圆管外围均匀磨损，应用周期 10 个月	橡胶圈在方管的四角容易集中磨损，应用周期 3 个月
		便利性	内管外周需刻制或铣制凹槽；难度较小	内管四角需刻制凹槽；难度大
		经济性	橡胶圈价格低廉，每个 0.2 元，安装和更换简单	橡胶圈价格低廉，每个 0.3 元，安装和更换简单
		对目标的影响程度	测量偏差 0mm	测量偏差 0mm

制表人：×××　　　　　　　　　　　　　　　　　制表时间：××年××月××日

根据以上分析，择优选用圆形管和橡胶圈阻尼的方案。

（2）组合方法

测量管既可以置于移动管外，也可置于移动管内，小组从有效性、便利性、耐久性和对目标的影响程度进行分析；形成组合方法对比分析表，见表 3.5-8。

组合方法对比分析表　　　　　　　　　　　　　　表 3.5-8

组合关系	具体方案	试验照片	有效性	便利性	耐久性	对目标的影响	结论
移动管置内	分别在内、外管上设置指示标和刻度，并且外管上开槽，供指示标移动		根据指示标读数，较直观	圆管上开槽、设置指示标，加工工时 1h	刻度直接与外界接触，容易磨耗，不超过 3 个月	测量偏差 0mm	不采用
测量管置内	分别在内、外管上设置刻度和观察窗口		通过观察窗口读数，相对不够直观，但未影响读数	外管上设置窗口，加工工时 0.2h	刻度直接与外界隔离，不容易磨耗，可超过 12 个月	测量偏差 0mm	采用

制表人：×××　　　　　　　　　　　　　　　　　制表时间：××年××月××日

（3）计数方式

测量必须有刻度，以读取检测保护层厚度的数值。在内管上，刻度既可以外加钢尺提供，也可在内管上刻制。形成计数方式对比分析表，见表3.5-9。

计数方式对比分析表　　　　　　　　　　　　　表 3.5-9

测量刻度	具体方案	试验照片	有效性	便利性	耐久性	对目标的影响	结论
外附钢尺	在内管上安装钢尺		刻度精确，可准确测量厚度，刻度间隔1mm，刻线本身宽度0.1mm，因此误差＝1＋0.1/2＝1.05mm，符合目标要求	固定较麻烦，需要钻孔、铆钉，耗时30min	钢尺和钢管固定四角容易曲翘，时间不超过2个月	安装不稳，测量偏差5mm	不采用
自制刻度	在内管上激光刻出标准长度的刻度		刻度相对不精确，可准确测量厚度，刻度间隔1mm，刻线本身宽度0.2mm，因此误差＝1＋0.2/2＝1.1mm，符合目标要求	激光金属打印简便，一次性完成，耗时3min	激光打印深度可控，精确度有保障，时间可超过6个月	刻制精度测量偏差1mm	采用

制表人：×××　　　　　　　　　　　　　　制表时间：××年××月××日

（4）测量方法

测量位置包括起始端（模板）和终止端（钢筋骨架），由测量管和移动管对应相抵。形成测量方法对比分析表，见表3.5-10。

测量方法对比分析表　　　　　　　　　　　　　表 3.5-10

测量方式	移动管顶模板	移动管勾钢筋
具体方案	测量管底端垂直方向焊接一根直径6mm的钢条，在移动管对应位置沿长度方向开长度100mm的槽口，钢条可沿槽口上下移动。测量时，移动管顶住模板，拉住测量管露出移动管的管尾，带动钢条勾住钢筋	移动管底端垂直方向焊接一片长度不小于30mm的钢板，中间沿长度方向开长度100mm的条形槽口，测量管对应位置设置螺栓作为推移块。测量时，移动管勾住钢筋，通过推动螺栓使测量管顶住模板
现场试验照片		

续表

测量方式	移动管顶模板									移动管勾钢筋								
有效性	测量管的钢条勾住钢筋，移动管尾端顶住模板，两者距离即为钢筋保护层厚度；但钢条与钢筋的接触面积较小，特别在遇到钢筋月牙形肋条，存在倾斜问题而影响精度。经现场试验，误差值 1.4mm。 　　测量精度试验统计表（单位 mm）									移动管的底板勾住钢筋，测量管底端顶住模板，南都距离即为钢筋保护层厚度；底板宽度 30mm，与钢筋接触面积较大，检测人员能清楚检查底板与钢筋接触是否倾斜，从而提高精度。经现场试验，误差值 0.5mm。 　　测量精度试验统计表（单位 mm）								
	次数	1	2	3	4	5	6	7	8	平均	次数	1	2	3	4	5	6	7	8	平均
	误差	2	0	1	2	2	1	2	1	1.4	误差	0	1	0	1	0	0	1	1	0.5
便利性	加工方便，但操作相对复杂									加工相对复杂，但操作方便								
耐久性	移动管开槽口宽度为（钢条 6mm＋左右间隙 3mm）9mm，下端呈开放状态，严重降低移动管的刚度和强度，显著缩短使用寿命									推移螺栓的槽口宽度 6mm，且位于管中部，对移动管的破坏作用小，基本未影响使用寿命								
结论	不采用									采用								

制表人：×××　　　　　　　　　　　　　　　　　　　制表时间：××年××月××日

根据以上对比分析，绘制总体最佳方案分级树图，见图 3.5-8。

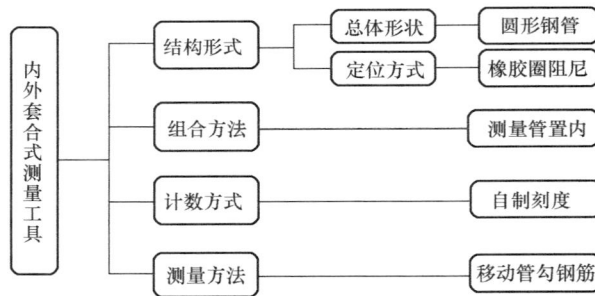

图 3.5-8　最佳方案分级树图

制图人：×××　　　　　　　　制图时间：××年××月××日

第六节　制　定　对　策

　　为了将确定的最佳方案付诸实施，QC 小组需要制定相应的对策，将最佳方案分解的末级方案，逐项纳入对策表。这是创新型课题活动计划（P）阶段的最后一个环节，为对策实施奠定基础。

　　本节介绍了制定对策表的相关要求和注意事项。

一、制定对策表

　　对策表需按"5W1H"来制定。创新型课题的 5W1H 表与问题解决型课题的要求一致，但部分项目所表达的含义有所不同。

对策表所列出的对策，是可实施的具体方案，每一条都要制定可测量、可检查的目标，以便于检验对策的实施效果。对策实施后，若达到了对策的目标，说明对策实施有效。若未达到目标，则说明制定的对策或措施缺少有效性，需要重新进行方案评价选择或修改措施。目标应尽可能量化，如果确实不能量化，要做到可以检查。

对策措施需有具体的步骤，能指导对策方案的实施。对策表前三项"对策""目标""措施"位置是固定的，有逻辑关系，不能变换。对策表内的时间用"年、月、日"表达，是对策的计划完成日期，制表时间必须在此时间之前，并留出足够的实施时间。

除了作为对策的各个分级方案列入对策表外，还应列入专项测试对策。这是针对形成的新产品、新技术、新系统等制定整体测试的对策，即"N＋1"（N是分级方案，1是测试对策），通过专项测试，可以检验由最佳方案形成的结果是否能正常投入使用或实施。机具类的创新应制定组装后的整体测试对策，方法类的创新需要根据生产现场所具备的条件，制定系统性的整合调优对策。如果专项测试结果未能达到相应目标，或存在安全、成本等方面不利影响，则应重新调整对策措施。

对策表的表头格式详见表3.6-1。

对策表　　　　　　　　　　　　　　　　　　　　　　表 3.6-1

序号	对策 （What）	目标 （Why）	措施 （How）	负责人 （Who）	地点 （Where）	时间 （When）

二、常见问题

1. 对策表内5W1H项目不全，存在漏项或者程序颠倒现象。有的对策表缺少措施或完成时间、完成地点，有的调换"对策""目标"和"措施"的位置。

2. "对策"和"措施"概念混淆。有的小组将对策与措施放在一起，对策与措施混为一谈，对策与措施内容不相关或者逻辑关系错乱。

3. "目标"栏中没有定量或可检查的目标值。有的对策表"目标"栏中只有定性的内容，没有定量的目标值。

4. 措施不够具体，可操作性不强，无法直接实施。

5. 未明确每项对策的具体完成时间。有的小组将"完成时间"填写为"全过程""两个月""××年××月"等，这些完成时间均不具备操作性。

6. 在对策表中使用抽象的词语，如"确保、稳定、力争、必须"等模糊不清的词语，根本无法表达具体的对策与措施。

三、制定对策举例

在《研制桩基水下混凝土超灌高度测量装置》课题中，小组除了将最佳方案列入对策表外，还将该测量装置的"组装调试"方案列入；目标针对对策，为量化的数据；措施有供对策实施的各个步骤，方便对策实施；制表时间为××年××月××日，离计划完成时间××年××月××日，有11天的可实施时间，对策表制定比较合理，具体详见表3.6-2。

[案例 3-17] 课题《研制桩基水下混凝土超灌高度测量装置》——对策表

对策表 表 3.6-2

序号	对策	目标	措施	地点	时间	负责人
1	内筒制作	内筒长度 140mm；顶板离内筒顶 20mm；拉环在顶板中心	1. 选择对应规格的镀锌钢管，切割长度 140mm； 2. 切割顶板圆形钢板； 3. 将圆钢板焊接在钢管上口； 4. 将拉环焊接在顶板中心	机修间	××年××月××日	×××
2	外筒制作	外筒长度 280mm；螺纹高度 15mm；取样口宽度 120.5mm、高度 100mm；下端外螺纹高度 15mm	1. 选择对应规格的镀锌钢管，切割长度 280mm； 2. 在下端加工连接螺纹； 3. 切割 3 条取样口； 4. 切割顶板圆形钢板，并钻孔； 5. 将圆形钢板焊接在钢管顶部； 6. 将连接螺母焊接在顶板中心	机修间、××机械加工厂	××年××月××日	×××
3	圆锥端制作	内螺纹高度 15mm，圆锥角 60°；竖向凹槽宽度 3mm	1. 选择相应规格的钢棒； 2. 在机床上按图加工成圆锥； 3. 在机床上加工螺纹和凹槽	××机械加工厂	××年××月××日	×××
4	操作杆制作	操作杆外径 21.5mm；下口螺纹高度 30mm；手柄长度 300mm、孔洞直径 15mm	1. 切割 2m、1m 长度的钢管； 2. 操作杆下口加工螺纹； 3. 加工手柄并割孔、焊接连接螺母； 4. 操作杆上端连接手柄	××机械加工厂、机修间	××年××月××日	×××
5	组装调试	拉紧操纵绳，取样口外露高度 100mm，放松操纵绳，内筒能下落，空隙为 0mm	1. 绘制组装流程图； 2. 按流程图组装； 3. 拉紧、放松操纵绳以调试	××工作室	××年××月××日	×××

制表人：×××　　　　　　　　　　　　　　　　　制表时间：××年××月××日

第七节　对　策　实　施

QC 小组在制定对策后，应严格按照对策表中的各项措施逐条实施，每条对策措施在实施完成后应依据目标，及时验证完成效果。如未达到对策目标要求，则应修改措施后再实施，直至达到目标为止。

本节介绍了创新型课题对策实施的要求和注意事项。

一、对策实施过程

对策表中的对策是按照最佳方案中各条可实施的末级方案逐条制定的，每条对策的实施过程就是末级方案逐条实施的过程，小组应根据对策表中的具体措施逐条实施。具体措施应符合对策的工艺流程或事物发展的客观规律，关键工序的实施过程应有现场记录。

二、实施效果验证

在对策实施阶段，要进行全程的同步观察和数据收集，每项对策实施完成后，采用数据与对策目标进行对比，及时验证对策表中对策目标的完成情况。如果小组验证实施完成后没有达成对策目标的，此时应调整或更换对策措施，按照新的对策措施重新实施，重新收集数据并确认效果，直至达到对策目标为止。

三、负面效果验证

因创新型课题往往会产生一个从未有过，不同于现有工艺、设备、施工方法的全新的产品，必要时，小组应根据该产品和对策实施工况的实际情况，验证对策实施结果在安全、质量、管理、成本、环保等方面的负面影响。

例如有的对策实施后，经过现场收集数据整理，确认对策目标完成，问题得到了有效解决，但该对策实施后，增加了污水排放量，影响了周围环境，这样的对策不宜采用，需要修订措施进行弥补，重新考虑更科学合理的对策。

验证时宜联合企业相关主管部门一同判断，必须用事实、数据等客观依据，不能泛泛而谈，做到客观地、毫无保留地呈现各种可能发生的不良现象。若确定可能造成负面影响时，应加以论证说明，以便小组重新优化对策或增加相应防治措施，最大程度的降低负面影响。

四、常见问题

1. 实施过程长篇文字描述，而现场实施过程的图片和收集数据的统计表不多。

2. 没有按照对策表逐条实施。

3. 实施过程只是将作业手册、操作规程等规范性文件的部分内容翻版化处理。

4. 每一项对策实施完成后，没有收集数据进行效果验证。

5. 效果验证缺少支持性文件说明，只是简单化、主观性的说明，缺少客观有依据性的数据支撑。

6. 对于某些可能存在负责影响的对策措施，在实施完成后，没有对相应的安全、环境、质量、成本、环保等方面进行检查确认。

五、对策实施举例

[案例 3-18] 课题《研制可调节高度的移动式爬梯》——对策实施

小组根据对策表，逐一组织实施。

实施一：主体骨架制作

实施过程如下：

1. 选择相应规格的槽钢

××月××日，×××通过建立 1：1 的主体结构骨架 ANSYS 有限元数值模型，详见图 3.7-1。

截面惯性矩 $I_x = 609.4 \text{cm}^4$，截面抗弯系数 $W_x = 217.6 \text{cm}^3$。经过数值模拟进行三维验算，14＃槽钢承压 520MPa，最大挠度 $f_{max} = 2\text{mm} < 6\text{mm}$，受力、变形均满足要求。

经过结构力学进行材料选取反算以及三维建模验算，最终确定移动平台骨架选用 14＃槽钢，可满足要求。

2. 切割成长度分别为 6.0m 和 2.2m 的各 2 条，对称焊接成矩形骨架。

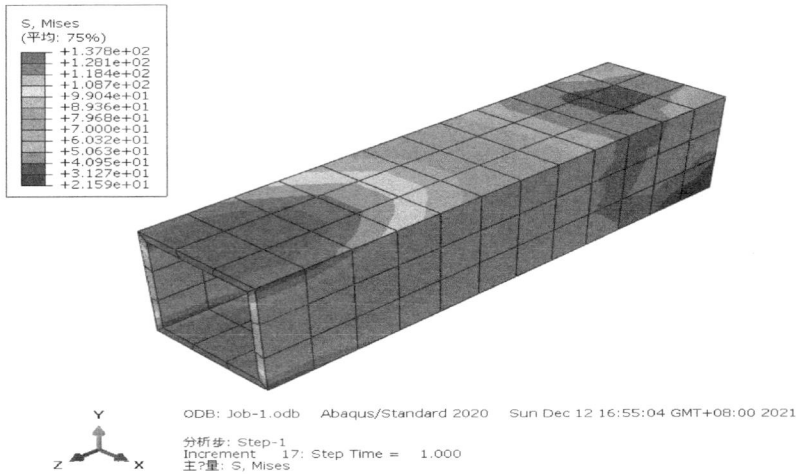

图 3.7-1 移动平台主体骨架有限元模型

建模人：×××　　　建模时间：××年××月××日

3 月 28 日，在项目部梯笼加工车间内，×××指导梯笼加工人员将 2 条定尺长度 9m 的 14#槽钢，分别切割成 6m 和 3m 长度各 2 条，再将 3m 槽钢切割成 2.2m 长度短槽钢；将 2 条 2.2m 的槽钢分别焊接于其中一条 6m 长度的槽钢两端，再将另外一条 6m 长度槽钢焊接于 2.2m 槽钢另一端，组成矩形骨架，见图 3.7-2。

图 3.7-2 主体骨架

实施效果：经检验，槽钢受力后 f_{max}＝2mm＜6mm；经钢尺量测，承重主体骨架长度 6.0m，宽度 2.2m。

实施结论：骨架尺寸符合对策目标。

实施二：聚氨酯轮推移

××月××日，×××采购直径 0.133cm（4 寸）带刹车的聚氨酯轮。在项目部梯笼加工车间内，×××指导加工人员现场依次进行加工。

1. 切割 8 段长度 0.15m 的 5♯ 方钢（边长 50mm），其中一个底面分别焊接连长 80mm、厚度 10mm 的钢板。

2. 将聚氨酯轮的支承面分别居中焊接到支腿底面。

3. 将支腿焊接到主体骨架支点下面对应位置。具体见图 3.7-3、图 3.7-4。

实施效果验证：采用钢尺测量，轮子直径为 0.133m；安装轮子后，骨架可轻松推移，踩下脚刹后，承重架移动位移量为 0m。

实施结论：轮子直径和刹车量均符合对策目标要求。

图 3.7-3 聚氨酯轮安装（一）

图 3.7-4 聚氨酯轮安装（二）

实施三：槽钢支承

实施过程如下：

1. 选择对应规格的槽钢

根据《建筑结构荷载规范》GB 50009—2012 与《钢结构设计标准》GB 50017—2017 的规定，梯梁挠度容许值分别为：$L/250$（永久荷载＋可变荷载标准值）、$L/300$（可变荷载标准值）。结合结构力学计算，××月××日，×××对结构的强度与材料选取进行设计。

斜梯水平长度 10m，垂直高度 10m，梯段宽度取 0.7m。通过计算确定单位面积永久荷载标准值在 0.5～0.6kN/m² 之间，单位面积荷载约为 0.5kN/m²。结构计算过程如下：

（1）荷载计算

作用于斜梁的恒荷载标准值：$G_k = 0.6 \times 0.4 + 0.24 = 0.49$kN/m

作用于斜梁的可变荷载标准值：$Q_k = 0.5 \times 0.4 = 0.2$kN/m

作用于斜梁的荷载设计值：$P = 1.2G_k + 1.4Q_k = 0.87$kN/m

（2）内力计算

斜梁跨中最大弯矩 $M_{max} = 1/8PL^2 = 10.85$kN/m

斜梁剪力 $V_{max} = 1/2PL\cos\alpha = 3.07$kN

（3）截面验算

20♯槽钢，材质：Q235，$I_x=2393.9cm^4$，$W_x=217.6cm^3$

$$W_t=24.99kg/m，t_w=7mm，k_x=127.6cm^3$$

$$\sigma=\frac{M_{max}}{\gamma_x W_x}=\frac{10.84\times10^6}{1.05\times217.6\times10^3}=47.48N/mm^2<f_v=215N/mm^2$$

$$\tau=\frac{V_{max}S_x}{I_x t_w}=\frac{3.06\times10^3\times127.6\times10^3}{2393.9\times10^4\times7}=2.34N/mm^2<f_v=125N/mm^2$$

$$f_{max}=\frac{5P_k L^4}{384EI_x}=\frac{5\times(0.48+0.2)\times cosa\times\left[\sqrt{10000^2+10000^2}\right]^4}{384\times206\times10^3\times2393.9\times10^4}=51.52mm$$

$$f_{max}/[v]=\frac{51.52}{\sqrt{10000^2+10000^2}}=1/274<1/250$$

因此，选择 20♯槽钢作为支撑主梁。

2. 加工支撑主梁

××月××日，在项目部梯笼加工车间内，×××指导梯笼加工人员切割加工两段长度为 14.2m 的 20♯槽钢，并将切割处打磨光滑，见图 3.7-5、图 3.7-6。

实施效果：经步骤 1 验算，20♯槽钢 $F_{max}/[v]=1/274<1/250$；经量测，支撑主梁长度为 14.2m。

实施结论：各项指标符合对策目标。

图 3.7-5　支撑主梁

图 3.7-6　切割支撑主梁

实施四：钢板铰接

实施过程如下：

××月××日，在项目部梯笼加工车间，×××负责指导加工人员依次实施。

1. 选择厚度为 10mm 的平面钢板。

2. 采用氧气焊在钢板上切割出 4 块直径为 0.15m 的扇形钢板与 4 块直角边长度均为 0.1m 的三角形钢板，作为平台与斜梯之间的连接板。

3. 采用氧气割刀在扇形钢板上切割出直径稍大于 M16 高强度螺栓的圆孔，作为平台与斜梯之间的连接固定孔。

4. 将扇形钢板分别焊接在斜梯端头两侧与平台两侧预留连接位置，在平台两侧预留连接位置的外侧，分别焊接 2 块三角板作为加强钢板；见图 3.7-7、图 3.7-8。

图 3.7-7　连接装置（平台侧）

图 3.7-8　连接装置（斜梯侧）

实施效果：经量测，扇形连接钢板直径 0.15m、三角形加强钢板长度 0.1m。

实施结论：各项指标符合对策目标。

实施五：折弯钢板

实施过程如下：

××月××日，×××采购 3mm 厚花纹螺纹钢折弯钢板，在项目部梯笼加工车间内，×××指导梯笼加工人员现场依次进行加工。

1. 选择相应规格的花纹螺纹钢钢板作为踏步板原材料。

2. 按照设计踏板间距，用水平尺在槽钢骨架上进行划线，将槽钢等间距分为 45 块，作为焊接踏板时的参照线。

3. 采用氧气焊将踏板按照已画好的参照线焊接于槽钢上，见图 3.7-9、图 3.7-10。

图 3.7-9　斜梯划线

图 3.7-10　踏步板焊接

实施效果：经量测，踏板与骨架间角度为 $45°$；斜梯踏板共 45 个，长度 0.65m，宽度 0.2m，踏板竖向间距 0.2m。

实施结论：各项指标符合对策目标。

实施六：分离式菱形护栏

实施过程如下：

1. 护栏型钢选择。××月××日，×××根据护栏的结构受力情况制作有限元数值模型图，经过三维验算，护栏各部件选用 $25mm×25mm$ 的方管，截面惯性矩 $I_x = 20.85cm^4$，截面抗弯系数 $W_x = 8.34cm^3$，承重 30MPa，最终最大挠度 $\gamma_{max} = 0.01m$，受力、变形均满足要求，见图 3.7-11。

2. ××月××日，在项目部梯笼加工车间内，×××指导梯笼加工人员截取 30 根长度为 1m 的型钢作为竖向护栏，截取 2 根长度为 10m 的方管作为斜梯上部横向护栏，截取 20 根长度为 0.8m 的型钢作为斜梯中部横向护栏，见图 3.7-12、图 3.7-13。

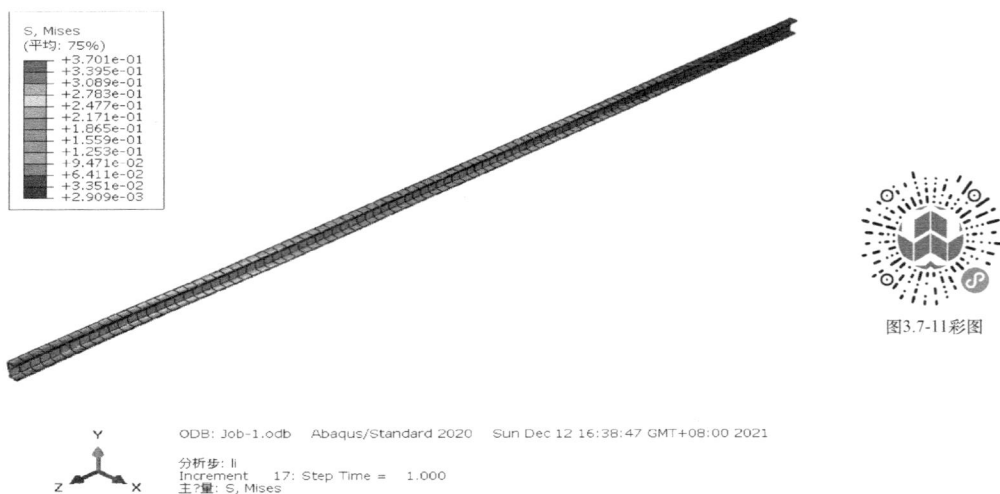

图 3.7-11彩图

图 3.7-11 护栏安全性数值模拟结果

建模人：××× 建模时间：××年××月××日

图 3.7-12 护栏加工制作

图 3.7-13 护栏打磨

3. 在已制作好的爬梯骨架上，采用氧气焊按照 0.8m 的间距焊接竖向护栏。

4. 将上部横向护栏水平放置在竖向护栏上，采用氧气焊进行焊接。

5. 在斜梯骨架与上部护栏的中间部位，逐个焊接中部横向护栏。

施工过程见图 3.7-13～图 3.7-15。

图 3.7-14　焊接竖向护栏

图 3.7-15　焊接水平护栏

实施效果：经量测，竖向护栏高度 1m，安装间距 0.8m；上部横向护栏长度 10m；中部护栏长度 0.8m。

实施结论：各项指标符合对策目标。

实施七：刚性门架。

实施过程：

××月××日，在项目部梯笼加工车间，×××指导加工人员依次实施。

1. 根据实施一的主体结构骨架 ANSYS 有限元数值模型，选定 6#槽钢作为门架骨架。

2. 切割槽钢为长度 4m 的 2 段和 0.6m 的 1 段，将切割处打磨光滑，并逐一进行焊接，形成门架结构。

3. 切割 4 段长度为 0.3m 的 $\phi16mm$ 钢筋弯制成"∪"形状，并将平直部分焊接在起吊架上部内外两侧中部。

施工过程见图 3.7-18。

实施效果：经量测，起吊架高度 4m，宽度 0.8m。

实施结论：各项指标符合对策目标。

实施八：手拉葫芦锁链收放。

1. 根据对策目标，×××对应选择 HS2-C 型、额定起重量 2t，起重最大高度 4.5m>4m 的手拉葫芦，见表 3.7-1。

图 3.7-18　刚性门架

手拉葫芦参数

表 3.7-1

品名	规格	起重量	起重最大高度
手拉葫芦	HS2-C 型	2t	4.5m

制表人：×××　　　　　　　　　　　　　　制表时间：××年××月××日

××月××日，×××采购 1 台 HS2-C 型手拉葫芦。经检验调试，质量符合要求。

2. 将手拉葫芦上端锁链钩悬挂于承重架，拨转葫芦转盘，以便于拉动锁链。

3. 将手拉葫芦下端锁链钩钩住门架吊钩，使上下吊钩处于同一铅垂线，锁链无扭结。

实施效果：经核对，手拉葫芦起吊重量 2t；经量测，手拉葫芦锁链长度 5m，两端吊钩转动部分总长度 0.5m，最大升降高度为 4.5m＞4m。

实施结论：各项指标符合对策目标。

实施九：组装调试。

××月××日，移动爬梯各部件制作完成后，×××组织人员将部件运至慈东高架 2 号桥 299#孔拼装、测试。

1. 将加工好的移动平台与楼梯骨架运送至指定位置。

2. 利用汽车起重机将移动平台投放于桥梁左右幅之间。

3. 吊起楼梯骨架，安装楼梯骨架与移动平台之间的铰接。

4. 安装手拉葫芦连接移动平台与刚性门架。

5. 测试爬梯移动性能及高度调节性能。

从 9：20 开始，到 10：35 结束，各部件拼装完成。

×××组织 2 名施工人员推动移动爬梯向前移动，测试爬梯移动过程中的通行性能；再由 1 名施工人员拉动倒链，调节爬梯高度，测试爬梯可调节高度范围。详见图 3.7-19～图 3.7-24。

图 3.7-19　爬梯运输　　　　　　　图 3.7-20　斜梯起吊

图 3.7-21　斜梯投放

图 3.7-22　斜梯连接

图 3.7-23　爬梯现场通行测试

图 3.7-24　爬梯现场通行测试

实施效果：经试验，2 名施工人员可轻松推动爬梯移动；爬梯上下可调节高度范围为 10 ± 2.0m。

实施结论：各项指标符合对策目标。

第八节　效　果　检　查

QC 小组在对策实施后，应收集整体效果数据，与课题目标对比检查验证。如果没有达到课题目标，需要从计划阶段（P 阶段）逐步查找原因并作出调整，进行新一轮的 PDCA 循环。

本节介绍了创新型课题对效果检查的要求和注意事项。

一、检查课题的完成情况

对策实施完成后，小组成员必须在现场收集数据，应用统计方法进行整理分析。运用数据将最终效果与课题目标、活动前的需求对比，以判断课题目标是否完成。

效果检查时机和检查项目，应根据对策实施情况，结合课题目标而定。如果检查数据表明，达到了小组制定的目标，说明问题已得到解决，就可进入下一步骤，将成果标准化，防止问题的再发生。如果未达到小组制定的目标，需及时分析原因，一般是由以下情况造成：一是所制定的对策，不足以使该对策实现受控状态，或对策制订的无问题，但实施时不尽如人意，没有达到对策的目标；二是提出的方案不够全面，分级方案评价不充分，形成有缺陷的最佳方案，导致对策实施效果差。

如果未达到预定目标，就要回到 P 阶段，评估课题的可行性，或调整目标，更广泛地进行借鉴，提出合理的方案，直至达到目标。

二、效益检查

必要时，QC 小组应确认活动产生的经济效益和社会效益。一般来说小组只能计算活动期间所产生的效益，而不能将预期效益作为经济效益。小组计算经济效益时应扣除投入的费用，实际效益＝产生的效益－投入的费用。

有的小组活动创造了一定的经济效益，而有的小组活动虽然经济效益不明显，但其产生了良好的社会效益。例如托儿所、敬老院、学校及一些绿化、环保项目，投入的是金钱，提供的是服务，得到的是造福人类、造福社会的效益。

小组活动如果产生了社会效益，宜提供相关支持性证明文件。

三、常见问题

1. 对策实施后的数据未与实施前的需求及小组制定的目标对比检查。

2. 无限夸大效果。例如，有一个小组课题是《解决混凝土外观质量》，在效果总结中写到"除了完成课题目标，还实现了安全生产、降低成本 50 万元、实现利润 12 万元、节省工期 7 天、队伍素质也得到了提高等成果"，效果总结部分显得不够真实。

3. 未能提供有关单位及部门的证明文件。

4. 无检查过程，欠缺检查图表、数据等。

四、效果检查举例

[案例 3-19] 课题《研制钢筋保护层厚度测量工具》——效果检查

1. 活动效果

××月××日开始，小组将其应用于整孔预制箱梁施工现场。小组成员×××按设计步骤进行测量：

（1）将测量工具推移螺栓逆时针拧松，并推移到底。

（2）测量工具伸入钢筋骨架内，测量管顶住模板，移动管勾住钢筋。

（3）读取测量管上的数值。

××月××日，小组成员×××对 7 片梁板的端部进行对比测量，并计算误差。对比测量范围包括翼缘板、腹板、底板共 108 个点。

测量过程详见图 3.8-1～图 3.8-4，并形成统计表，见表 3.8-1。

图 3.8-1　现场测量过程 1

图 3.8-2　现场测量过程 2

图 3.8-3　现场测量过程 3

图 3.8-4　现场测量过程 4

测量误差统计表（单位：mm）　　　　　　　　　　　　表 3.8-1

检测梁号	1	2	3	4	5	6	7	8
L296#东端	1	2	1	0	2	1	2	1
L296#西端	0	1	2	2	1	2	1	1
R296#东端	1	3	0	0	0	1	0	1
R296#西端	2	2	1	2	2	0	0	0
L295#东端	1	1	1	0	0	1	1	1
L295#西端	0	1	1	3	1	1	0	1
R295#东端	0	2	2	1	1	2	2	0
R295#西端	2	1	2	2	0	0	1	1
L294#东端	1	2	0	1	2	1	0	0
L294#西端	2	1	1	2	1	0	2	2
R294#东端	1	2	4	1	1	1	1	0
R294#西端	2	1	2	1	2	2	1	0
L293#东端	1	2	1	3	1	3	0	1
L293#西端	4	0	2	1				

制表人：×××　　　　　　　　　　　　　　　　制表时间：××年××月××日

将上述各误差值逐一输入 Minitab 统计分析软件，生成质量控制分析报告，形成直方图 3.8-5。

根据过程能力分析，误差控制过程能力指数 $C_{pk}=1.39$，$1.33<C_{pk}<1.67$，过程能力

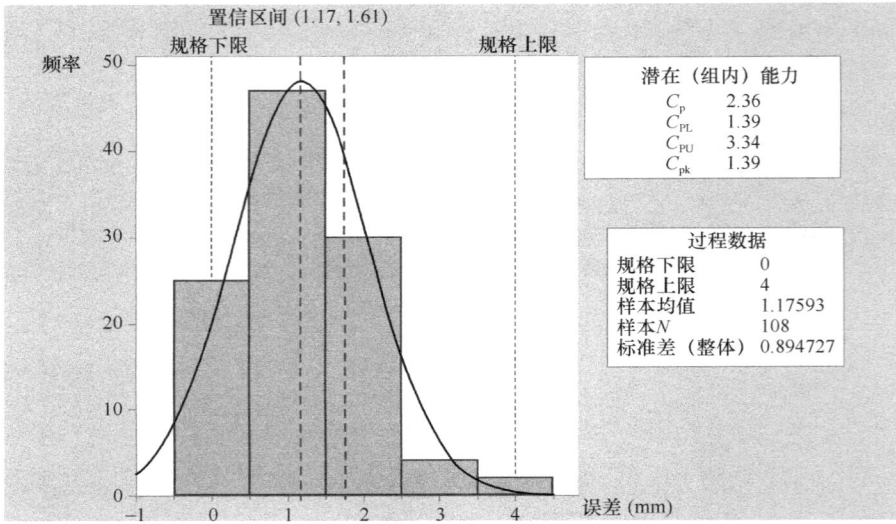

图 3.8-5　测量误差控制过程能力分析直方图

制图人：×××　　　　　　　　制图时间：××年××月××日

充分，状态稳定，说明误差控制能力很好。

测量误差平均 1.2mm＜课题目标值 3mm，满足课题目标和相关方及顾客需求，说明本次活动的目标达到了，详见图 3.8-6。

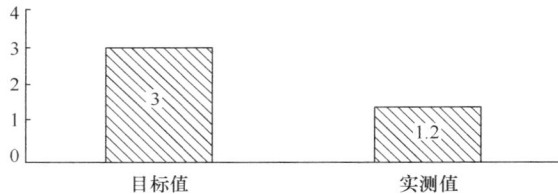

图 3.8-6　课题目标对比柱状图

制图人：×××　　　　　　　　制图时间：××年××月××日

2. 经济效益

对比借鉴的××节段梁预制厂 QC 小组成果，小组计算每片整孔预制箱梁节约费用，见表 3.8-2。

整孔预制箱梁增加垫块处理费用计算　　　　　　　　　　　表 3.8-2

项目名称	单位	单价（元）	数量	金额（元）
垫块	块	0.2	825×4	660
配套钢筋	根	0.12×0.617×4	825×4	977
安装费用	工时	320	2	640
观测费用	工时	300	3	900
每片整孔预制箱梁节约费用合计				3177

制表人：×××　　　　　　　　　　　　　制表时间：××年××月××日

根据现场实测数据记录比较，通过 QC 活动，检测工具平均误差小于 3mm，达到了课题目标，产生经济效益见表 3.8-3。

QC 活动经济效益计算　　　　　　　　　　　　　　　表 3.8-3

项目名称	单位	单价（元）	数量	金额（元）
整孔预制箱梁	片	3177	7	22239
检测工具制作费用	项	－350	1	－350
本次活动节约费用合计				21889

制表人：×××　　　　　　　　　　　　　　　　制表时间：××年××月××日

经公司财务部计算核实，活动期间的 7 片整孔预制箱梁共节约费用 21889 元。

3. 社会效益

浙江省××管理中心、×××高速公路有限公司等省内外 21 个专业单位、463 人次前来参观交流，对本小组活动成果大加赞扬；××市××中心等行业管理部门专门发布《关于召开结构物钢筋保护层厚度控制交流会的通知》，推广应用此成果，社会效益显著。

第九节　标　准　化

创新型课题经过效果检查并实现预期目标后即进入标准化阶段。《标准化工作指南第 1 部分：标准化和相关活动的通用术语》GB/T 20000.1—2014 对"标准化"的定义为"为了在既定范围内获得最佳秩序、促进共同效益，对现实问题或潜在问题确立共同使用和重复使用的条款以及编制，发布和应用文件的活动"。创新成果应经过标准化巩固后形成可参照执行的标准化文件，在今后施工生产中推广应用，从而产生源源不断的效益。

本章节介绍了创新型课题标准化的要求和注意事项。

一、推广应用价值评价

QC 小组进行标准化前，首先应评价对策（方案）和措施等创新成果是否具有推广应用价值。根据价值工程理论等依据，对于能解决实际问题，功能效果稳定，负面因素不足以影响整体实施效果、可以在类似工程中重复应用的活动成果，应评价为具有推广和应用价值。小组如有评价能力，可进行自我评价，如果不具备评价能力，可以聘请外部专家进行评价，并提供相关证明。

二、标准化

标准化工作中的"标准"为广义的标准，对于有推广应用价值的创新成果，若为新工具、新设备的应形成相应的工艺图纸、技术说明书、使用说明书、作业指导书等，若为新技术、新方法的则应形成相应的作业指导书、工艺卡片、施工工法等；若为系统开发、管理方法类的则应形成相应的系统说明书、测评标准、管理制度等。此类标准化文件形成后，方便在后续类似工程施工和管理中推广应用。

有些创新成果是针对不具有普遍性的特定项目，是专项或一次性的成果，只有在特定条件或环境下才能采用，推广价值不大，对于此类成果应将活动中相关资料整理归档，以备今后需要时查阅借鉴。

三、常见问题

1. 创新成果形成标准化前，未进行推广应用价值的评价。

2. 标准化形式不具体，未将创新成果形成具体可执行的技术标准；有的标准未经过上级主管部门的审批，无确认的文件名称、批准文号等信息。

3. 将专利、论文、获奖的科技成果作为标准化的内容。

四、标准化举例

在《研制钢筋保护层厚度检测工具》课题中，小组在标准化前，由公司总工审核后召开专家论证会，进行推广应用价值评价。在明确创新成果具有推广应用价值后，再形成标准图纸和作业指导书等标准化文件，并明确推广应用的适用对象。

[案例 3-20] 课题《研制钢筋保护层厚度检测工具》——标准化

1. 通过多次实践验证，证明本成果检测误差小于 3mm，为整孔预制箱梁钢筋保护层厚度合格率提供了坚实的基础；公司总工程师于××月××日在杭州组织内部专家进行此创新成果推广应用价值评价，结论为：检测方便、准确，具有较好的推广价值。

2. 小组由×××负责，将该检测工具的制作标准图纸及其应用方法等内容编制成《钢筋保护层厚度检测作业指导书》，经公司总工核准，于××年××月××日起正式执行、推广；详见表 3.9-1、图 3.9-1、图 3.9-2。

标准化情况统计表　　　　　　　　　　表 3.9-1

序号	标准化形式	文件名称	适用对象	编号	执行日期
1	标准图纸	钢筋保护层厚度测量工具	项目施工人员	××××-PZT-03-2020	××××-××-××
2	作业指导书	钢筋保护层厚度检测作业指导书	项目施工人员	××××-ZYZDS-02-2020	××××-××-××

制表人：×××　　　　　　　　　　　　　　　　　制表时间：××年××月××日

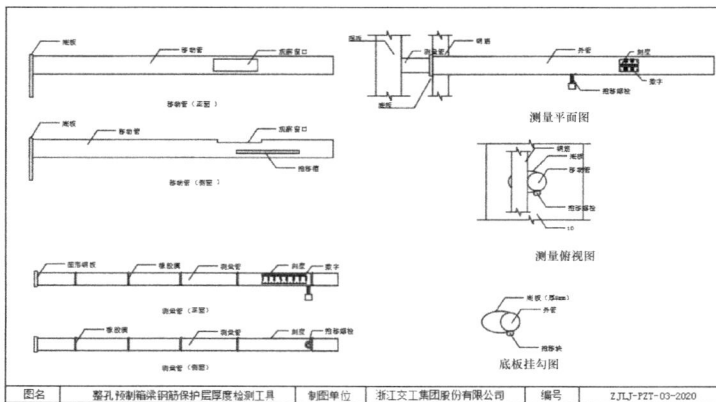

图 3.9-1　钢筋保护层厚度测量工具制作标准图纸　　　图 3.9-2　作业指导书

制图人：×××　　　　制图时间：××年××月××日

第十节　总结和下一步打算

总结和下一步打算是创新型课题的最后一个步骤。QC 小组活动过程是获取新知识的过程，小组成员从借鉴到创新，从创新到创造，掌握了质量科学管理的路径。在结束了一个创新课题之后需要在创新角度对活动全过程进行回顾和总结，并提出今后打算。

本章节介绍了创新型课题总结和提出下一步打算的要求和注意事项。

一、总结

小组在本次活动即将结束前，应从创新角度对专业技术、管理方法和小组成员综合素质等方面进行全面的回顾，总结小组活动的创新特色与不足。

1. 专业技术

专业技术总结是小组开展创新型课题活动过程中，对涉及专业技术方面的各种情况从创新角度进行回顾与分析，特别是在选择课题、设定目标及目标可行性论证、提出方案并确定最佳方案、制定对策阶段，找出活动中的特色与不足，可以采用文字、表格等方式进行总结，可以申请专利和软件著作权、发表论文等形式表现。

2. 管理方法

管理方法总结包括程序步骤情况、基于客观事实、统计方法运用等，是小组在开展创新型活动课题过程中，对是否依据现行的《质量管理小组活动准则》开展活动的回顾与分析。应对照准则要求对创新型课题活动过程一个步骤一个步骤地检查。检查是否遵循 PDCA 循环，检查各步骤是否都能以客观事实和数据作为依据进行论证与决策，检查统计方法运用是否适宜、正确。小组成员应多角度去思考科学管理对提高质量、创新产品、提升效益的价值与意义，对于做得好的特点、优点进行巩固和保持，对于存在的欠缺需要自省和给出今后努力方向。

3. 小组综合素质

小组成员综合素质总结是结合本次活动课题，实事求是地对小组成员各方面知识、能力、意识、工作态度、信心等方面进行活动前后的客观评价，指出哪些方面有明显进步，哪些方面还有不足，且评价要有评价依据。

二、下一步打算

由于创新型课题活动是一种从无到有的开创性的过程，限于小组活动资源、现场环境和条件等因素，形成的创新成果可能会在应用一定时间后暴露出一些不足或不适用之处，需要小组进一步研究，形成新的课题予以克服、解决。新的活动课题既可以是围绕着现有成果的改进提高，也可以进一步开拓创新，设定一个新的起点。例如针对本次活动成果质量得到提高，但是发现不必要成本也随之提高了，下一个课题就可以选择围绕降低成本的课题。在本次 QC 小组活动过程中，发现了新的问题或需求，也可以直接选择围绕新问题和新需求的课题开展活动。

三、总结和下一步打算的举例

[案例 3-21] 课题《研制钢筋保护层厚度检测工具》——总结和下一步打算

1. 活动总结

（1）专业技术总结

通过本次活动，小组成员对钢筋保护层厚度检测原理有了更深切的理解，并且通过查询借鉴，进一步拓宽了思路，小组成员的专业技术水平得到较大提升。主要体现在：

1）钢筋保护层检测时，视线受影响而导致保护层厚度读数小于实际值。

2）钢筋保护层厚度可以通过一定的工具传递到便于观察的地方。

3）钢筋保护层通过垫块来控制，可以采用本成果进行有效检测。

同时，理论总结能力有了显著提高，小组成员将钢筋保护层厚度测量工具及其使用方法申报了实用新型专利和发明专利；见表3.10-1。

专业技术总结情况统计表
表 3.10-1

序号	专业技术总结类型	文件名称	编号
1	实用新型专利申报	钢筋保护层厚度检测尺	专利申请号 ZL202022555762.1
2	发明专利申报	钢筋保护层厚度检测尺及其检测方法	专利申请号 ZL202011228470.5

制表人：×××　　　　　　　　　　　　　　　　　　制表时间：××年××月××日

（2）管理方法总结

1）程序步骤方面。在本次QC活动中，小组遵循PDCA活动流程，特别在课题提出阶段查阅了大量资料进行广泛借鉴，为提出方案提供了思路，同时在方案选择阶段，借助BIM技术逐级进行了3次对比、分析，为活动的最终成功奠定了坚实的基础，也体现了本次活动的创新特色。

2）数据说话方面。小组在方案比较和爬梯制作、效果检查等活动过程中，采用大量数据比选和计算等定量方法，整个活动期间，采用了多达85张图片、32张表格，充分体现了以事实为依据、用数据说话的原则。

3）统计方法方面。小组在活动中采用饼分图、散点图、树图、矩阵表和流程图、直方图和过程能力分析等统计方法，但对其他统计方法有待进一步学习、应用，详见表3.10-2。

管理方法总结情况统计表
表 3.10-2

序号	活动内容	主要优点	数据应用	统计方法应用	存在不足	今后努力方向
1	选择课题	需求及选题来源分析充分，现有做法与需求的对比分析明确	能够利用数据图表形式分析现有做法的不足	简易图表	无	学习QC知识，吸收其他QC小组经验
2	目标设定及可行性论证	能够对借鉴数据进行两个层次的分析，结合目标进行对比，目标可行性论证理由充分	能够利用推演数据与目标值进行对比分析	简易图表	借鉴数据不够丰富	加强对技术、原理的学习，加强推演能力，拓展查询渠道
3	提出方案并确定最佳方案	能够对2个总体方案进行创新性和独立性分析，总体方案内容丰富，两者对比分析细致明确	方案比对中数据内容丰富	简易图表、树图	部分对比内容较粗	加强分析统计方法应用

续表

序号	活动内容	主要优点	数据应用	统计方法应用	存在不足	今后努力方向
4	制定对策	对策增加了"N＋1"调试运行	对策目标值都能数据量化	简易图表	无	加强对策的可操作性，做好实施人交底
5	对策实施	解决措施为对策中措施的具体落实与实施	对策实施过程明确图纸数据	简易图表、流程图	缺少过程图片的收集	加强数据、影响资料等证明的收集
6	效果检查	准确有效地确认实施效果	效果进行了数据对比分析	简易图表、直方图、过程能力分析	无	持续改进，加强数据的整理和表示
7	标准化	标准化内容丰富，专业技术强硬	加工尺寸等数据归纳至作业指导书等标准化文件当中	简易图表	无	继续加强程序学习

制表人：×××　　　　　　　　　　　　　　　　　　制表时间：××年××月××日

（3）小组成员综合素质总结

小组成员在本次活动中，运用了科学方法、开拓了思维模式，进一步增强了小组成员的创新能力与信心，也提高了团队凝聚力及个人解决问题能力；详见表 3.10-3 和图 3.10-1。

活动前后小组成员综合素质评价表　　　　　表 3.10-3

序号	项目	自我评价			
		活动前		活动后	
		具体情况	得分	具体情况	得分
1	借鉴能力	对查询的资料缺少系统性的整理和归纳能力，借鉴水平较低	7	能有针对性地对查询资料进行整理和归纳，并提炼借鉴思路	8
2	团队精神	各岗位人员工作比较积极，但联系不够紧密	8	增强了成员之间的协作性，为课题目标的完成而共同努力	9
3	质量意识	对质量控制比较重视，不允许质量问题的反复出现	8	重视质量控制，对出现的质量问题能认真查找原因，制订控制并实施措施，防止再次出现	9
4	创新意识	大多靠个人的主观能动性和经验进行创新	7	遵照创新程序和要求，提出 3 种相对独立和创新的方案并进行比选	9
5	工作干劲	能服从领导的工作安排，认真完成任务	7	能按照总体目标要求，主动开展工作	8
6	个人解决问题能力	凭借个人经验和知识	6	能运用 QC 知识发现和解决问题	8

制表人：×××　　　　　　　　　　　　　　　　　　制表时间：××年××月××日

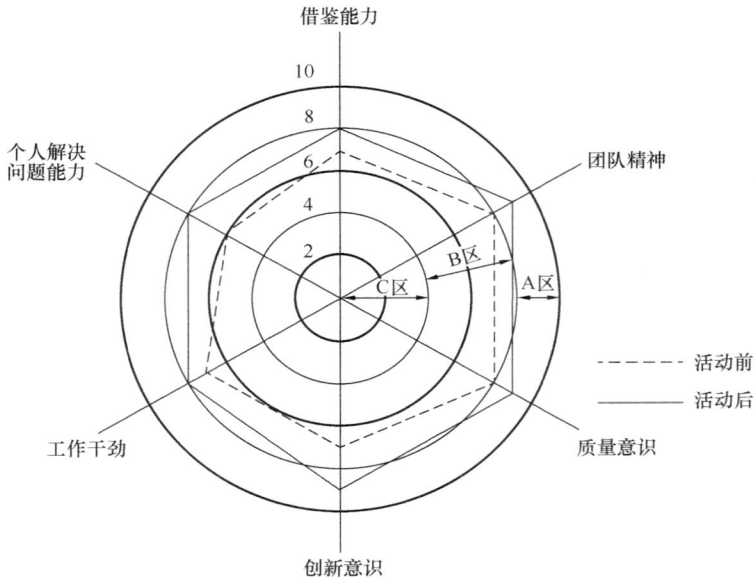

图 3.10-1 小组成员综合素质评价雷达图

制图人：×××   制图时间：××年××月××日

2. 下一步打算

本次 QC 活动，成功研制了钢筋保护层检测工具，为精确控制整孔预制箱梁的钢筋保护层厚度提供了坚实的物资基础，下一步本小组将以《提高整孔预制箱梁的钢筋保护层厚度合格率》为课题，开展新一轮的 QC 活动。

第四章　常用统计方法

本章简要介绍统计方法的基础知识、分类、性质、用途及使用的要求，主要讲解常用统计方法的概念、应用步骤及注意事项。根据课题的特点和特色，在每一步活动中选择适宜的统计方法，使 QC 小组成员能用数据、事实说话，增加课题活动的效果，体现"小、实、活、新"的特色。

第一节　常用统计方法简介

一、统计方法的基本概念

1. 统计方法的概述

统计方法是指有关收集、整理、分析和解释统计数据，并对其所反映的问题作出一定结论的方法。统计方法是适用于工程建设所有专业的通用数据分析方法，只要有数据的地方就会用到统计方法。

在质量管理和 QC 小组活动中，要收集、整理和分析大量的数据，运用概率论和数理统计方法，从中找出规律、发现问题，从而产生了分层法、排列图、因果图等图表。而后，随着运筹学、系统工程等现代管理技术引入质量管理，从而产生了树图、关联图、矩阵图等图表，这些图表和分析方法逐渐成为质量管理和 QC 小组活动的重要方法和基本工具。详见表 4.1-1 及图 4.1-1。

各类常用统计方法　　　　　　　　　　　　　　　　表 4.1-1

调查表	亲和图	头脑风暴法
分层法	树图	流程图
排列图	关联图	水平对比法
因果图	PDPC 法	正交试验设计法
直方图	矩阵图	回归分析法
散布图	矩阵数据分析法	雷达图
控制图	箭条图	简易图表

注：简易图表包含折线图、柱状图、饼分图、甘特图等。

2. 统计方法的基本概念

统计是一种对客观现象总体数量方面进行数据搜集、处理、分析的调查研究活动。为了顺利达到 QC 小组活动的目标，首先要清楚地理解统计方法的基本概念。

统计就是通过收集、整理数据，根据其出现频率及影响程度，分析问题，从而及时采取对策措施，改进和解决问题（图 4.1-2）。

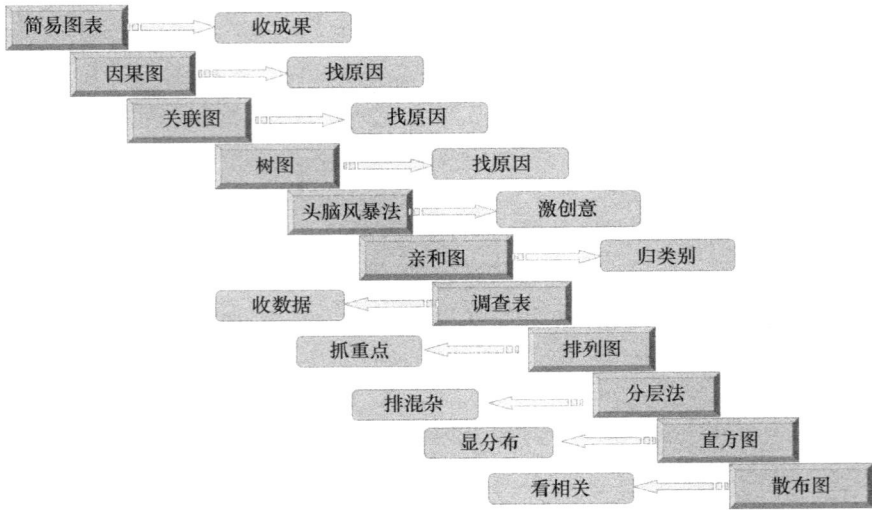

图 4.1-1 各类统计方法作用图

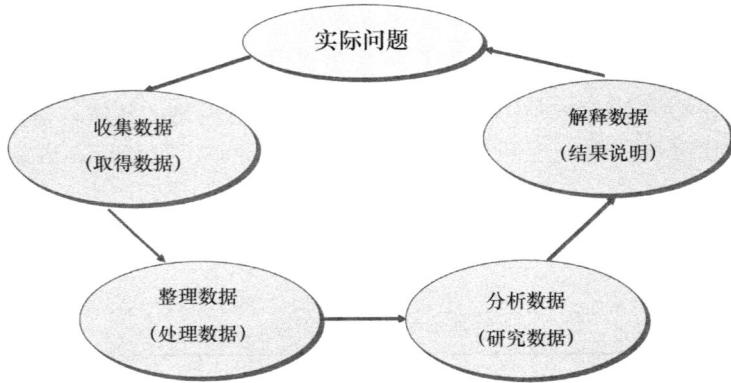

图 4.1-2 统计的逻辑过程

（1）统计数据及分类

统计数据可分为数值数据和非数值数据。数值数据是按数字尺度测量的观察值，它是以自然或度量衡单位对事物进行测量的结果。非数值数据是指除数值数据之外的数据。详见图 4.1-3。

1）数值数据：表示数量，由数字、小数点、正负号和表示乘幂的字母 E 组成。数值数据不能包含文本，必须是数值。

2）非数值数据：如文字、图像、声音等计算机应用领域。如方案拟定、查新检索、数字建造、BIM 技术辅助等。

统计数据按不同的分类规则可分为不同的类型，这里主要按三种分类规则分类：

1）按照所采用的计量尺度不同，可以将统计数据分为分类数据、顺序数据和数值型数据。分类数据是指只能归于某一类别的非数字型数据，比如性别中的男女就是分类数据；顺序数据是只能归于某一有序类别的非数字型数据，比如产品的等级；数值型数据是按数字尺度测量的观察值，它是以自然或度量衡单位对事物进行测量的结果。

2）按照统计数据的收集方法，可以将其分为观测数据和实验数据。观测数据是通过调查或观测而收集到的数据，它是在没有对事物进行人为控制的条件下得到的，有关社会经济现象的统计数据几乎都是观测数据；在实验中控制实验对象而收集到的数据则称为实验数据。

图 4.1-3　统计数据及分类图

3）按照被描述的对象所对应数据与时间的关系，可以将统计数据分为截面数据和时间序列数据。在相同或近似相同的时间点上收集到的数据称为截面数据；在不同时间上收集到的数据，称为时间序列数据。

统计数据的类型如下：

1）计量数据资料（定量数据资料，Quantitative Data）：可连续取值，可测量出小数点以下，有单位的数据。例如：身高（cm）、体重（kg）、血压值（mmHg）等。

对这类数据资料通常是先计算百分比或百分率等相对数，需要时作百分比或百分率之间的比较，也可作两事物之间的相关分析。

2）计数数据资料（定性数据资料，Categorical Data）：不能连续取值，即使使用测量工具，也得不到小数点以下的数据，而只能得到 0 或 1，2，3 等自然数。例如：返修数、频发数、不合格数等。

对这类数据资料通常先计算平均数与标准差等指标，需要时作各均数之间的比较或各变量之间的分析。

（2）统计主要内容

统计的主要内容有母体、子样、母体与子样及数据的关系、随机现象、随机事件、随机事件的频率。

1）母体：又称总体、检验批或批，分为"有限母体（有一定数量表现，如有一批同牌号、同规格的型材和水泥）"和"无限母体（没有一定数量表现，如一个流程、一道工序）"。

2）子样：又称为试样或样本。指从母体中取出来的部分个体。分为"随机取样"（用于产品验收，即母体内各个体都有相同的机会或有可能被抽取）和"系统抽样"（用于工序的控制，即每隔一段时间，连续抽取若干产品作为子样，以代表当时的生产情况）。

3）母体与子样及数据的关系：在产品生产过程中，子样所属的一批产品（有限母体）或工序（无限母体）的质量状态和特性值，可从子样取得的数据来推测和判断。

4）随机现象：在产品生产过程中，在基本条件不变的情况下，出现一些不确定情况的现象。例如：商品混凝土工厂生产商品混凝土时，同样的配比，同样的设备，同样的生产条件，商品混凝土的抗压强度可能偏高，也可能偏低的现象。

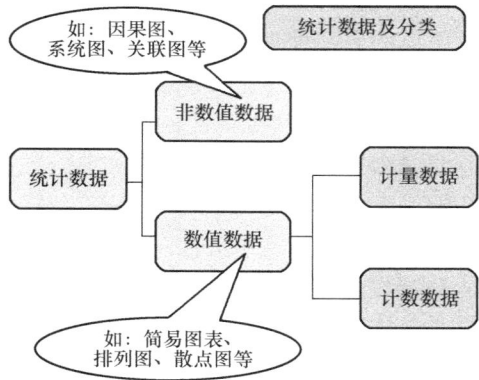

107

5）随机事件：要仔细考察一个随机事件，就需要分析这个现象的各种表现。人们把随机现象的每一种表现或结果称为随机事件。例如，钢结构现场施工时，水平构件与竖向构件焊接连接的质量，可以表现为合格，也可以表现为不合格。"钢构焊接连接合格"和"钢构焊接连接不合格"就是随机现象中的两个随机事件。

6）随机事件的频率：是衡量随机事件发生可能性大小的一种数量标志。在试验数据中，随机事件发生的次数叫"频数"，它与数据总数的比值叫"频率"。

（3）质量统计收集方法

1）全数检验：全数检验是对总体中的全部个体逐一观察、测量、计数、登记，从而获得对总体质量水平评价结论的方法。

2）随机抽样检验：抽样检验是按照随机抽样的原则，从总体中抽取部分个体组成样本，根据对样品进行检测的结果，推断总体质量水平的方法。

抽样检验抽取样品不受检验人员主观意愿的支配，每一个体被抽中的概率都相同，从而保证了样本在总体中的分布比较均匀，具有代表性；同时它还有节省人力、物力、财力、时间等优点；它又可用于破坏性检验和生产过程的质量监控，完成全数检测无法进行的检测项目，具有广泛的应用空间。

抽样的具体方法分两大类：单阶段抽样和多阶段抽样。

1）单阶段抽样，分为以下四种类型：

① 简单随机抽样：又称单纯随机抽样、完全随机抽样，是对总体不进行任何加工，直接进行随机抽样，获取样本的方法。

② 分层抽样：又称分类或分组抽样，是将总体按与研究目的有关的某一特性分为若干组，然后在每组内随机抽取样品组成样本的方法。

③ 等距抽样：又称机械抽样、系统抽样，是将个体按某一特性排队编号后均分为 n 组，这时每组有 $K = N/n$ 个个体，然后在第一组内随机抽取第一件样品，以后每隔一定距离（K 号）抽选出其余样品组成样本的方法。例如，在钢筋焊接中，每完成 300 件钢筋焊接接头抽出一个试件做样品，直到抽出 n 个试件组成样本。

④ 整群抽样：一般是将总体按自然存在的状态分为若干群，并从中抽取样品群组成样本，然后在中选群内进行全数检验的方法。如对安装产品质量进行检测，如插座，可按插座的批、次为群随机抽取，对中选批、次作全数检验；每隔一定时间抽出一批材料进行全数检验等。由于随机性表现在群间，样品集中，分布不均匀，代表性差，产生的抽样误差也大，同时在有周期性变动时，也应注意避免系统偏差。

2）多阶段抽样：又称多级抽样。上述抽样方法的共同特点是整个过程中只有一次随机抽样，因而统称为单阶段抽样。但是当总体很大时，很难一次抽样完成预定的目标。多阶段抽样是将各种单阶段抽样方法结合使用，通过多次随机抽样来实现的抽样方法。如检验钢材、水泥等质量时，可以对总体按不同批次分为 R 群，从中随机抽取 r 群，而后在中选的 r 群中的 M 个个体中随机抽取 m 个个体，这就是整群抽样与分层抽样相结合的两阶段抽样，它的随机性表现在群间和群内有两次抽样。

（4）质量波动

1）正常波动

正常波动是由随机原因引起的产品质量波动；仅有正常波动的生产过程称为处于统计

控制状态，简称为控制状态或稳定状态。

2）异常波动

异常波动是由系统原因引起的产品质量波动；有异常波动的生产过程称为处于非统计控制状态，简称为失控状态或不稳定状态。引起产品异常波动的原因主要来自六个方面（5M1E）：

① 人（Man）：操作者的质量意识、技术水平、文化素养、熟练程度、身体素质等；

② 机器（Machine）：机器设备、工夹具的精度、维护保养状况等；

③ 材料（Material）：材料的化学成分、物理性能和外观质量等；

④ 方法（Method）：加工工艺、操作规程和作业指导书的正确程度等；

⑤ 测量（Measure）：测量设备、试验手段和测试方法等；

⑥ 环境（Environment）：工作场地的温度、湿度、含尘度、照明、噪声、振动等。

二、统计方法的分类、性质及用途

1. 统计方法的分类

统计技术指收集、整理、分析数据变异并进行推论的技术。具体的方法称作统计方法，简化的方法称作统计工具。

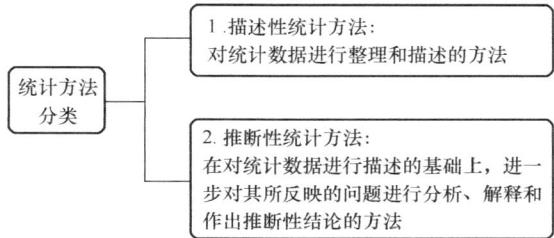

图 4.1-4　统计方法分类对应图

统计方法一般分为描述性统计方法和推断性统计方法，详见图 4.1-4。

2. 统计方法的性质

统计方法的性质主要分为描述性、推断性、风险性三大类（表 4.1-2）。

统计方法的性质　　　　　　　　　　　　　　　　表 4.1-2

1	描述性	利用统计方法对统计数据进行整理及描述，以便展示统计数据的规律； 统计数据可用数量值加以度量，如平均数、中位数、级差和标准差等，亦可用统计图表予以显示，如条形图、折线图、饼分图、直方图、频数曲线等
2	推断性	统计方法都要通过详细研究样本来达到了解、推测总体状况的目的，因此它具有由局部推断整体的性质
3	风险性	统计方法既然要用部分推断整体，那么这种由推断而得出的结论就不会是百分之百正确，即可能有错误。犯错误就要担风险

3. 统计方法的用途

质量管理中统计方法的用途一般包括：提供特征数据、比较差异、分析影响因素、分析相关关系、确定试验方案、发现问题、描述质量形成过程七个方面，具体情况见图 4.1-5。

统计方法可以预防不合格产品的生成，控制和监督生产过程，为质量管理者衡量质量状态提供了量化的参数指标，为质量管理人员提供了直观的管理工具。

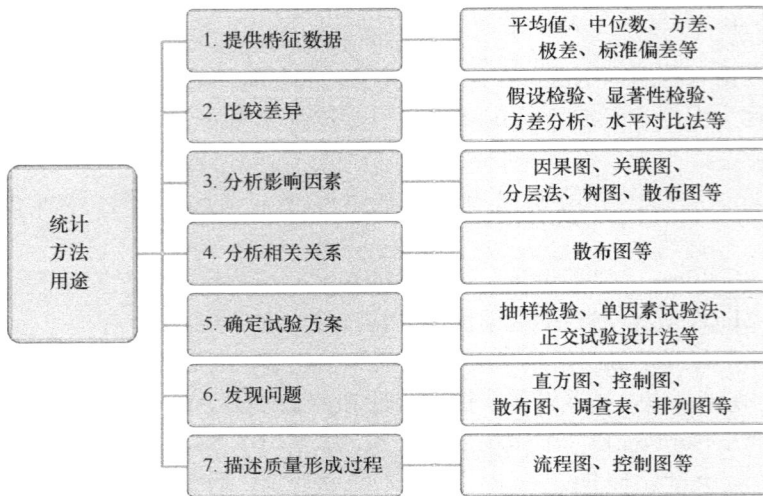

图 4.1-5　统计方法用途对应图

三、统计方法的运用要求

现有的统计方法在 20 种以上，各种方法都有它适用的范围，合理地运用统计方法一直是质量小组活动的一个重难点，不应以使用难度、复杂程度作为统计方法运用的标准，而应在适用的条件下真实、正确、有效地去使用。

1. 统计方法的运用要求

（1）适宜：该用什么统计方法就用什么统计方法。

（2）正确：对所选择的统计方法，不错用。

2. 统计方法运用的注意事项

（1）统计方法运用中，错误地认为 QC 小组活动的 PDCA 每个阶段、每个步骤都要应用统计方法，统计方法越多越好、越难越好。复杂、不理解的也去用，不考虑适用不适用。

（2）统计方法应选用适宜的、正确的，简单的不一定是不适用的，简单的不代表 QC 小组能力水平低，能清晰、准确地记录和反映 QC 小组的活动过程，就是有效的统计方法。

（3）统计方法应用的基础是统计数据，统计数据应在小组活动前，确定收集的范围、深度、广度，获取数据需准确、真实；可先通过调查表进行列表，明确数据的特征值及获取数据的方式，再进行现场数据的收集。

（4）PDCA 各阶段应选用适宜的统计方法，统计方法作为分析问题和改进质量的手段，应科学合理，在理解各个统计方法的应用范围后，合理地安排到各个步骤中解决相关的质量问题。

3. 常用统计方法应用选择

常用统计方法参考中国质量协会根据《质量管理小组活动准则》整理的"工程建设 QC 小组活动常用统计方法汇总表"进行应用选择，具体详见表 4.1-3。

工程建设 QC 小组活动常用统计方法汇总表　　　　表 4.1-3

序号	活动程序	分层法	调查表	排列图	头脑风暴法	亲和图	因果图	树图	关联图	水平对比法	流程图	PDPC法	简易图表	直方图	散布图	控制图	优选法	正交试验设计法	矩阵图	箭条图
1	选择课题	●	●	●	○	○				○	○		●		○	○				○
2	现状调查（自定目标课题）	●	●	●						○			●	○	○					
3	设定目标		○							●			●							
4	目标可行性论证（指令性目标课题）	●	●	●						○			●							
5	原因分析				○		●	●	●											
6	确定主要原因		○										●	○	●					
7	制订对策	○			○	○			○								○	○	○	
8	对策实施																			
9	效果检查	●	○	●						○			●			○				
10	制订巩固措施		○									○	●			○				
11	总结和下一步打算	○								○			●							

注：1. ●表示经常用，○表示可用。

　　2. 简易图表包括：折线图、柱状图、饼分图、甘特图、雷达图。

第二节　调查表、分层法与排列图

一、调查表

1. 调查表的概念

调查表（Data Collection Form）又称检查表、核对表、统计分析表，是一种用来系统收集资料和积累数据，确认事实并对数据进行粗略整理和分析的统计表。它能够促使我们按统一的方式收集资料，便于分析，广泛应用在 QC 小组活动中。

2. 调查表的主要用途

调查表的主要用途是收集数据，数据作为一切调查分析的源头，必须采用合理的方式、合理的采集标准去规范，这样才能确保后续的质量活动能准确地开展。

3. 调查表的应用步骤

质量管理小组活动应用调查表的步骤如下：

（1）根据 QC 小组活动的目标，设定收集资料的目的。

（2）根据收集资料的目的，确定需收集资料的范畴，主要包括类别、范围等，且应考虑收集数据的深度和总数量。

（3）落实收集数据的人员及方法，根据收集资料的目的和范畴，绘制调查表的表格样式，设计完成的表格应包括收集数据的类别、范围。

（4）对收集完成的数据进行整理和初筛，将收集的数据资料填入设计完成的调查表内，检查该调查表样式是否合理。

（5）对调查表进行合理性评审，满足要求时直接使用，基本满足要求时优化后使用，不能满足要求时重新进行表格设计。

调查表完成后应对填入的数据进行复核，确保数据的准确性，不在源头出现失误，影响 QC 小组的后续活动。

4. 调查表的注意事项

（1）表格设定自由

调查表无固定的格式，是根据调查内容自行设计。不要将调查表的格式固定化考虑，应根据收集资料的目的进行表格的绘制，每一次调查表的应用都可以是不同的，或者说每一个调查表考虑的是在不同层面、不同深度上进行的数据收集及分析。

（2）原始数据妥善保存

调查表的用途和目的就是为了原始数据的收集，原始数据具有时间性，是对质量改进过程中各个阶段的相同调查对象的数据的收集，调查表是原始数据留存的最好载体；当然，调查表也可以是对初步分析后的数据进行收集，这期间原始数据不能在调查表上直接了解，原始数据的保管不当将直接影响后续的小组活动，故需对原始数据进行专人编写，且做好原始数据手稿的留存，并将原始数据手稿作为 QC 小组活动的资料妥善保存。

（3）表格设计应简明，记录的数据应有延续性

调查表使用时应简便，便于数据的记录，这也对表格设计提出了要求，要求表头格式清晰明了，数据归类合理等。

数据具有时效性和延续性的多重特点，在特定的时间段内收集合理的数据，且应注意数据的各异性，对突变的数据进行分析和处理；收集的数据必须真实，避免惰性和人为的抵触而产生伪数据和假数据。

（4）与其他统计方法结合应用应合理

调查表完成后往往会与排列图或饼分图等进行同步使用，但调查表收集数据的数量是选用何种统计方法的关键，切勿胡乱使用，造成统计方法使用不合理；调查表收集数据少于 50 个时，应配合使用饼状图，调查表收集数据不少于 50 个时，应配合使用排列图。

（5）收集数据具有客观性、全面性、时效性、可比性

不应把原因当成调查的问题（不合格项）。

5. 调查表的应用案例

（1）数字型调查表

数字型调查表是用数值型数据对项目进行调查、分析及记录，根据调查的结果进行统计分析，形成频数、频率及累计频率等分析数据，从数据上印证调查的结果，找出主要的质量问题，明确质量活动的症结所在。

数字型调查表通常与排列图、饼分图同步使用，排列图、饼分图上能更好地找出主要的质量问题。

[数字型调查表应用案例]

本数字型调查表在"选择课题"和"现状调查"中结合呈现，具体详见以下案例。

选择课题

××年××月××日，项目部质量验收组对照《建筑装饰装修工程质量验收标准》GB 50210—2018要求对1#宿舍首层部位异形幕墙的安装进行了检验批的初验，验收结果见表4.2-1。

1#宿舍底层异形幕墙一般项目抽查结果统计表 表 4.2-1

序号	检查部位	检查点数（处）	合格点数（处）	不合格点数（处）	合格率	平均合格率
1	东立面	150	125	25	83.3%	
2	西立面	150	130	20	86.7%	83.4%
3	南立面	100	79	21	79.0%	
4	北立面	100	83	17	83.0%	

调查人：×××　　　　　　　　　　　　　　　　制表时间：××年××月××日

现状调查

首先小组对不批次进场的材料展开了调查，发现本次安装的板材于××月××日及××月××日两个批次进场，对两批次材料对应的质量问题进行统计，详见表4.2-2。

不同进场时间异形幕墙质量问题统计表 表 4.2-2

序号	进场时间	频数	累计频数	频率	累计频率
1	××月××日	43	43	51.8%	51.8%
2	××月××日	40	83	49.2%	100%

调查人：×××　　　　　　　　　　　　　　　　制表时间：××年××月××日

随后小组对本次施工的工人工龄展开了调查，参与施工的12名工人，1～3年工龄、3～5年工龄、5年以上工龄各4名，结合安装工人的工龄对相应的质量问题进行统计，详见表4.2-3。

不同工龄安装工异形幕墙质量问题统计表 表 4.2-3

序号	工龄	频数	累计频数	频率	累计频率
1	1～3年	27	27	32.5%	32.5%
2	3～5年	27	54	32.5%	65%
3	5年以上	29	83	35.0%	100%

制表人：×××　　　　　　　　　　　　　　　　制表时间：××年××月××日

最后小组对不同安装部位的质量问题进行统计，结合安装方式及部位，由分类统计表和饼分图可以看出，安装情况较为复杂的柱饰面安装质量问题比例高达90.3%，详见表4.2-4。

不同部位异形幕墙质量问题统计表 表 4.2-4

序号	检查部位	频数	累计频数	频率	累计频率
1	吊顶饰面	3	3	3.7%	3.7%
2	墙饰面	5	8	6.0%	9.7%
3	柱饰面	75	83	90.3%	100%

制表人：×××　　　　　　　　　　　　　　　　制表时间：××年××月××日

通过三个不同切入点的调查，以及相关调查结果的分类统计可以看出，材料进场时间、工人工龄对应的质量问题占比差异并不大，而施工部位不同对应的质量问题占比有明显的差异，尤其是"柱饰面"部位发现的质量问题占到全部质量问题的90.3%。接下来小组针对该部位的板块安装问题继续进行下一步的分析。

小组成员对"柱饰面"部位存在缺陷的异形幕墙安装质量进行归类，对接缝高低差大、幕墙平面度不平整、竖缝及墙面垂直度不合格、横缝直线度差、缝宽度不合格、两相邻面板之间接缝高低差大等质量缺陷进行了分层归类。各类缺陷统计分析总结见表4.2-5。

异形幕墙安装质量缺陷统计表　　　　　　　　表4.2-5

序号	缺陷名称	频数（点）	累计频数（点）	频率	累计频率
1	接缝高低差大	29	29	38.7%	38.7%
2	幕墙平面度差	22	51	29.3%	68.0%
3	竖缝及墙面垂直度不合格	7	58	9.3%	77.3%
4	横缝直线度差	6	64	8.0%	85.3%
5	缝宽度不合格	6	70	8.0%	93.3%
6	两相邻面板之间接缝高低差	5	75	6.7%	100%

制表人：×××　　　　　　　　　　　　　　　　制表时间：××年××月××日

（2）非数字型调查表

非数字型调查表是通过数据的分布情况、表内出现的频次来确定主要的质量问题，明确质量活动的症结所在。

[非数字型调查表应用案例]

信息化软件使用情况调查表　　　　　　　　表4.2-6

日期 / 职务	××年××月									
	1日上午	1日下午	2日上午	2日下午	3日上午	3日下午	4日上午	4日下午	5日上午	5日下午
项目经理	☆□★	★■	■▲★	□★☆	▲☆★	□☆★	☆★☆	☆□★	■□★	★☆■
生产经理	★▲★	■★☆	★▲□	★☆★	★□☆	■★▲	★☆★	★□☆☆	□▲★	★■☆▲
技术负责人	▲△△△	△△★ △△	■■★	■△△△	■△△△	▲★★	■★	△△△	■▲★★	■△△
BIM专员	■□□ ■■▲	■□□◆ □▲■▲	■■▲▲ □■□☆	■□□ ▲□◆	■□ ■□☆	□□ ■▲▲	■□□◆ ▲▲☆☆	■□□ ▲▲▲☆	■□◆■ ■□□	■□□▲
质量员	◇●●	◇	●●●	◇		●	◇●●	◇●	●●●●	◇
安全员	△◇★★	□△△△	□△★★	△△△	□△☆ ◇△△	△△△	□	△△△	△◇△	□△◇△
施工员			★		□	★		□	□	★
资料员	◇◇△◇☆	◇★☆◇	◇◇◇	◇◇◇★	◇★★	◇◇☆	◇◇◇☆	◇★☆	◇◇◇	◇★◇☆

调查人：×××　　　　　　■建模类软件　　□场布类软件　　▲动画制作类软件
项目名称：×××　　　　　△安全计算软件　　◆BIM脚模软件　　◇资料软件
时间：×××　　　　　　　●实测实量软件　　★智慧工地平台　　☆BIM类平台

制表人：×××　　　　　　　　　　　　　　　　制表时间：××年××月××日

结论：从表4.2-6中可以看出，项目信息化软件主要使用BIM类软件、场布类软件，且应用的人群较为广泛，各专业人员对本职能范围内的专业软件的使用频率较高，且使用的时长较长，项目的管理层如项目经理、生产经理对智慧工地和BIM的平台依赖度较大。

二、分层法

1. 分层法的概念

分层法（Stratification）又称分类法、分组法，指按照一定标志将收集到的大量有关某一特定主题的统计数据加以归类、整理和汇总的一种方法。

2. 分层法的主要用途

（1）提高数据的使用价值。

（2）便于找出主要问题和采取有效措施。

（3）为使用其他工具创造条件。

分层的目的是将杂乱无章和错综复杂的数据根据不同的目的、特征加以归类汇总，使之准确无误地反映客观事实。

从分层的目的可以看出收集的数据具有综合多样性和错综复杂性，在质量小组活动中应根据数据的来源、性质等应用分层法对收集的质量数据进行归类汇总、梳理分析，找出影响质量波动的原因和规律。

3. 分层法的应用步骤

QC小组活动应用分层法的步骤如下：明确数据需求→选择分层标志→收集数据资料→进行数据分层→按层归类并绘制分层归类图→数据再分析。

（1）明确数据需求：明确需要解决的问题，并确定数据资料的方向。

（2）选择分层标志：根据质量问题自身的特性，正确选择并确定数据分层标志，常用分层标志详见表4.2-7，以表4.2-7进行分层标志分层，仅是粗线条的分层，还需根据自身的特点进行阶梯分层或交叉分层，分层的方式方法多种多样，应灵活运用，主要目的是找出质量问题。

常用分层标志表   表 4.2-7

分层标志	项目
人员	可按班组、年龄、性别、学历、熟练程度、岗位、职务、操作法等分层
机具	可按类型、编号机型、年代、工具、新旧程度、工夹具类型等分层
材料	可按产地、批号、制造厂商、规格、成分、等级等分层
方法	可按不同的工艺要求、操作参数、操作方法、施工进度等分层
环境	可按照明度、清洁度、温度、湿度等分层
测量	可按测量设备、实测精度、测量方法、测量人员、测量取样方法和环境条件等分层
时间	可按小时、天、旬、月、季、年等分层
其他	可按地区、使用条件、缺陷部位、缺陷内容、合格与不合格、包装类别、吊装、搬运方法等分层

（3）收集数据资料：收集的数据资料能反映质量问题，数据应充足且维度不同。

（4）进行数据分层：根据采集数据的情况及对质量问题的分析，采用分层标志进行数据分层。

（5）按层归类并绘制分层归类图：将分层后的数据按层归类并绘制出分层归类图。

（6）数据再分析：对分层后的数据进行进一步的分析。

4. 分层法的注意事项

（1）分层法应在数据收集前使用

收集数据应以解决问题为主要目的，与解决问题无关联那么数据收集工作就没有意义。故在收集数据之前应先应用分层法，明确分层标志，这样才能得到细致、准确的数据。

（2）正确地确定分层标志，多角度、多层面地进行分层

分层法重点在看分层标志，分层标志的准确、细化是分层的关键点，应多角度、多层面地尝试进行分层，不能片面地、极端地看待问题，造成数据的不准确。

（3）表格设计应简单，数据前后应一致

数据收集时表格应简单，能够表现解决的问题即可，综合性的数据进行再次分层时，应注意前后数据的一致性，避免因为数据的不统一被误认为是伪数据、假数据。

（4）与其他统计方法结合使用应合理

分层法一般不单独使用，往往与其他统计方法结合后一起使用。结合应用后产生的是更为实用的 QC 小组活动技术方法，如分层排列图法、分层直方图法、分层控制图法、分层因果图法和分层散布图法等。

5. 分层法的应用案例

（1）分层法（阶梯分层）应用案例

××工程 QC 小组在现状调查时应用阶梯分层法，寻找问题的症结所在。针对首次使用的花篮螺杆上拉杆件式侧壁悬挑外脚手架搭设时间过长（已影响整体工程进度）进行现状调查，首先对花篮螺杆上拉杆件式侧壁悬挑外脚手架施工各环节用时进行统计，并形成了统计表（表 4.2-8）。

花篮螺杆上拉杆件式侧壁悬挑外脚手架施工各环节用时频率表　　表 4.2-8

序号	花篮悬挑外架施工各环节	平均时长（h）	频率	累计频率
1	悬挑架体材料制作	50	58.80%	58.80%
2	安装悬挑工字钢挑梁	10	11.80%	70.60%
3	上部脚手架搭设	9	10.60%	81.20%
4	悬挑架体材料检查	6	7.00%	88.20%
5	外框梁（墙）埋设套管	3	3.50%	91.70%
6	安装花篮斜拉杆	3	3.50%	95.20%
7	拧紧花篮，调整悬挑梁端头高度	2.5	3.00%	98.20%
8	悬挑架验收	1.5	1.80%	100.00%
	合计	85	100.00%	—

制表人：×××　　　　　　　　　　　　　　　　制表时间：××年××月××日

在花篮螺杆上拉杆件式侧壁悬挑外脚手架施工各环节用时调查分析中，悬挑架体材料制作时间占 58.80%。为此小组再进一步对悬挑架体材料制作各环节用时进行现状调查，统计后形成了统计表（表 4.2-9）。

悬挑架体材料制作各环节用时频率表 表 4.2-9

序号	悬挑架体材料制作各环节	平均时长（h）	频率	累计频率
1	转角位置工字钢挑梁制作	16	32.00%	32.00%
2	平直段工字钢挑梁制作	14	28.00%	60.00%
3	异形位置工字钢挑梁制作	9	18.00%	78.00%
4	斜拉杆制作	6.5	13.00%	91.00%
5	上连接耳板及预埋件制作	4.5	9.00%	100.00%
	合计	50		

制表人：×××   制表时间：××年××月××日

在悬挑架体材料制作各环节用时调查分析中，转角位置工字钢挑梁制作时间占总时长的 32.00%，根据以上情况 QC 小组成员再一次进行现状调查，对转角位置工字钢挑梁制作各环节用时进一步分层，形成了统计表，见表 4.2-10。

转角位置工字钢挑梁制作各环节用时频率表 表 4.2-10

序号	转角工字挑梁制作各环节	平均时长（min）	频率	累计频率
1	工字钢下料制作	360	37.50%	37.50%
2	底部托板下料制作	270	28.12%	65.62%
3	连接耳板下料制作	180	18.75%	84.37%
4	焊接施工	120	12.50%	96.87%
5	底座托板开孔	30	3.13%	100.00%
	合计	960		

制表人：×××   制表时间：××年××月××日

在转角位置工字钢挑梁制作各环节用时调查分析中，"工字钢下料制作"和"底部托板下料制作"用时在各环节中占大头，合计用时 630min，所用时间占转角位置工字钢挑梁制作总时长的 65.62%。因此，该两项制作环节用时长是造成花篮螺杆上拉杆件式侧壁悬挑外脚手架搭设时间过长的症结所在。

（2）分层法（交叉分层）应用案例

表 4.2-11 所示是××工程在解决成片平板钢筋绑扎质量问题时所形成的分层表。

××工程成片平板钢筋绑扎质量情况交叉分层表 表 4.2-11

施工班组	施工完成情况	绑扎工具		合计
		扎钩	电动钢筋绑扎机	
A区 钢筋班	不牢固、漏扎	8	2	10
	间距过大	5	6	11
	合格	7	12	19
C区 钢筋班	不牢固、漏扎	6	3	9
	间距过大	6	4	10
	合格	8	13	21

续表

施工班组	施工完成情况	绑扎工具		合计
		扎钩	电动钢筋绑扎机	
D区 钢筋班	不牢固、漏扎	3	0	3
	间距过大	2	0	2
	合格	15	20	35
共计		60	60	120

制表人：×××   制表时间：××年××月××日

表 4.2-11 是一个典型的交叉分层表，从表中可以分析出很多成片钢筋绑扎质量改进和提升的信息，小组成员对绑扎工具的不同进行对比试验，对比是对三个班组和两种绑扎工具进行分层试验。分层时采用交叉分层法，既对三个钢筋班组进行分析，又对两种钢筋绑扎工具进行分层。

采用分层法进行分析时，应结合其他的统计方法协同完成，在出现分层后的数据仍带有综合性时，应再次进行分层，直至找到问题的症结所在。分层的次数根据实际数据而定，没有具体的限定条件。

三、排列图

1. 排列图的概念

排列图又称帕累托图（Pareto Diagram），它是将质量改进项目从最重要到最次要顺序排列而采用的一种图表。排列图建立在帕累托原理的基础上。帕累托原理是意大利经济学家帕累托在分析意大利社会财富分布状况时得到的"关键的少数和次要的多数"的结论。

美国质量管理专家朱兰讲过，"任何事物都遵循'少数关键多数次要'的客观规律。如果找到了关键的所在，质量改进的目标就会一目了然"。其基本观点是"寻找关键的少数，忽略次要的多数"，少数的关键项目在事物的发展中往往起着决定性的作用，而多数次要项目并不对事物的发展产生很大的影响。

从图 4.2-1 中可见，在众多的不合格项目中存在着关键的少数项目，它们所占不合格

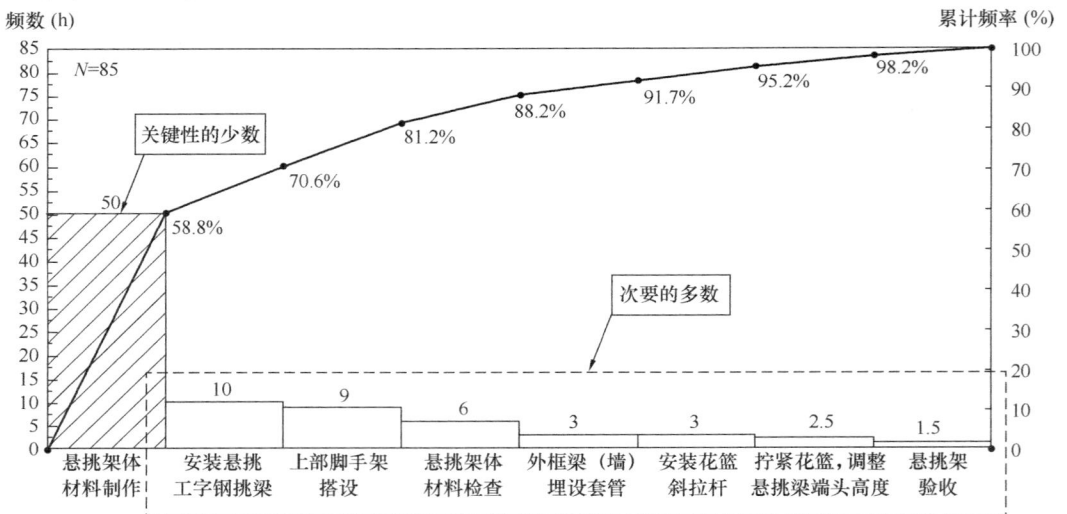

图 4.2-1 排列图"关键""次要"区分图

的频数多，影响大。如果把这些关键少数项选择为小组课题，把它们的不合格率降下来，整体不合格率就会明显下降。

2. 排列图的主要用途

（1）按重要性顺序显示每个质量改进项目对整体质量问题的作用。

（2）识别质量改进机会。

（3）检查改进效果。

3. 排列图的应用步骤

QC小组活动应用排列图的步骤如下：选择分析的项目→选择度量单位→选择分析周期→绘制横坐标→绘制纵坐标→画矩形→画累积频率曲线→标注数据→确定结论。

（1）选择分析的项目：选择要进行质量分析的项目（或质量问题）。

（2）选择度量单位：选择用来进行质量分析的度量单位。

（3）选择分析周期：选择进行质量分析的数据的时间间隔。

（4）绘制横坐标：按度量单位量值递减的顺序自左至右在横坐标上列出项目，将量值最小的几项归并成"其他"项，放在最右端。

（5）绘制纵坐标：在横坐标两端画两个纵坐标，左边纵坐标为频数坐标，高度按度量单位标定，其高度必须与所有项目的量值和相等；右边的纵坐标应与左边的纵坐标高相等并从0～100％进行标定。

（6）画矩形：在每个项目上画矩形，它的高度表示该项目度量单位的量值，显示出每个项目的影响大小。

（7）画累积频率曲线：由左至右累加每个项目的量值（以％表示），并画出累计频率曲线（帕累托曲线），用来表示各个项目的累计影响。

（8）标注数据。

（9）确定结论：利用排列图确定对质量改进最为重要的项目（关键的少数项目）。

排列图画法详见图4.2-2。

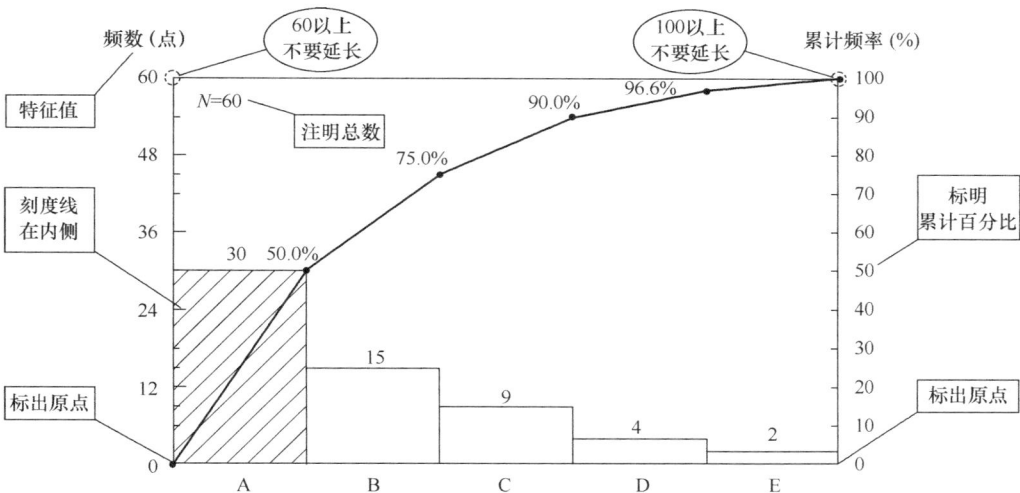

图4.2-2　质量问题排列图

制图人：×××　　　　　制图时间：××年××月××日

4．排列图的注意事项

（1）排列图基本注意点

1）排列图不能去寻找发生问题的原因，不能用于确定主要的原因。

2）不在同一层次或计量单位不同，不可以在同一个排列图中出现。

3）排列图的数据应不少于 50 个，数据少，就没有了排列分析的意义。

4）"关键的少数项"一般以 1～2 项为宜，如找不到，则应重新考虑数据的分类或分层。

5）项目不应少于 3 项，不宜超过 8 项。少于 3 项时，应采用简易图表表示；不太主要的项目很多时，可以把次要的几个项目合并为其他项。

6）量值很小的项目较多时，可合并为"其他"项，排在横轴最后，"其他"项不能为"1"。

（2）排列图绘制注意点

1）排列图必须完整、正确。频数宽度要一致，项目高度由高到低排列；左边顶部频数高度最大值应与注明总数数字一致；图内数字应与调查表内数据一致。

2）左边上方频数的计量/计数单位和右边上方累计频率不要忘记，按对应百分率计算。

3）左边下方、右边下方原点（"0"点）交汇位置应用加粗的圆点来标出，右边上方累计频率 100% 交汇位置及各项问题的累计频率折点位置都同样应用加粗的圆点标出；其中原点及累计频率 100% 交汇位置的标记点容易忘记，应在绘图完成后着重进行检查。

4）排列图名称应标在图的下方，并要写全称。

5）制图人和制图时间要填上，制图时间应与调查分析的时间相符。

6）最后得出问题的主要症结，一定要用数据表明其结论。

5．排列图的应用案例

根据表 4.2-5 绘制图 4.2-3 异形幕墙安装质量缺陷排列图。

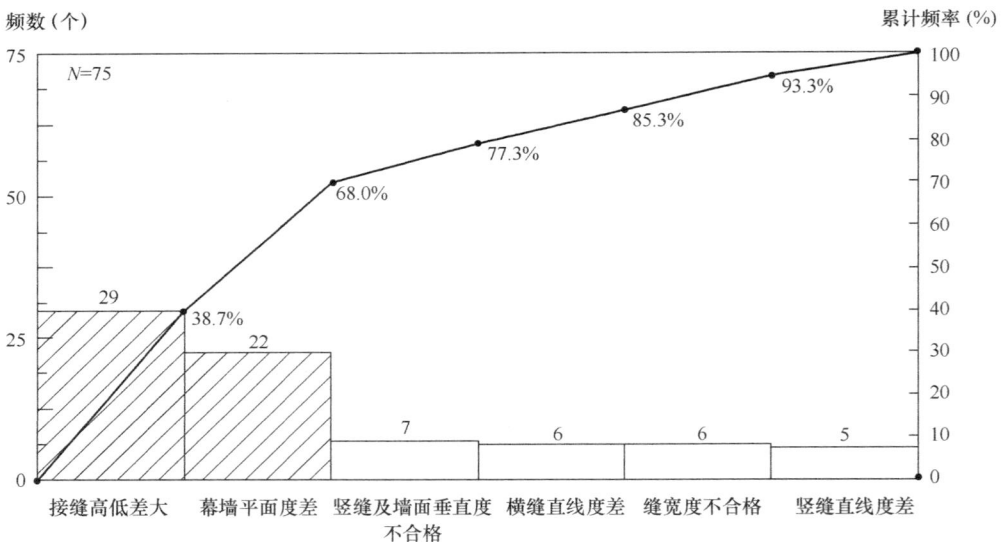

图 4.2-3　异形幕墙安装质量缺陷排列图

制图人：×××　　　　　　　制图时间：××年××月××日

从排列图中可以看出"接缝高低差大"及"幕墙平面度差"两项缺陷累计频率达到68.0％，是造成异形幕墙安装质量低的主要缺陷，也是当前QC小组应优先解决的问题。

第三节　头脑风暴法及亲和图

一、头脑风暴法

1. 头脑风暴法的概念

头脑风暴法（Brain Storming）又称畅谈法、集思法、脑力激荡法，是采用会议的方式，引导每个参会人员围绕着某个中心议题广开言路，激发灵感、畅所欲言地发表独立见解的一种集体创造思维方法。

头脑风暴法由亚历克斯·奥斯本首创，该方法由QC小组成员在融洽和不受限的气氛下以会议形式进行讨论、座谈，打破常规，积极思考，畅所欲言。

在群体决策时群体成员易屈于权者或多数人意见，形成"群体思维"。群体思维削弱了群体批判精神和创造能力，损伤了决策的整体质量。为了增强群体决策的创造能力，提升决策的综合质量，技术方法上衍生出了一些改善群体决策的方法，较为典型的就是头脑风暴法。

2. 头脑风暴法的主要用途

头脑风暴法基于无限制的自由联想和讨论，其主要用途在于产生新观念或激发创新设想。应用绘制树图、亲和图等统计方法收集相应的信息资料。

3. 头脑风暴法的形式及原则

（1）组织形式及会议类型

1）组织形式

参与人数应由不同专业或不同岗位层级的人组成；会议时长在半小时以上，两小时以内；设主持人1名，主持人只主持会议，对设想不作评论。设记录专员，需将QC小组成员的设想都完整地进行记录。

2）会议类型

① 设想开发型：为获取丰富的设想，为课题寻找多样化、多层次解决方法、措施及思路召开的会议，要求参会的QC小组成员善于思考、多角度设想，语言表达能力强等。

② 设想论证型：将大量的设想归纳转换成实用方案召开的会议，要求参会的QC小组成员具备归纳和分析判断能力。

（2）原则

1）庭外判决原则（延迟评判原则）：评判须放到最后阶段，此前不对设想提出评判。认真对待任何一种设想，不论是否适当和可行。

2）自由畅想原则：各抒己见，营造自由、活跃的气氛，激发小组成员各种大胆的想法，思想放松是智力激励法的关键所在。

3）以量求质原则：设想多多益善，以数量来保证后期的质量。

4）综合改善原则：探索取长补短和改进办法。

5）突出求异创新原则：是智力激励法的宗旨所在。

6）限时限人原则。

4. 头脑风暴法的应用步骤

（1）准备工作

应先对议题进行研究，弄清问题的本质，找出问题的关键，设定解决问题需达到的目标。拟定参会的人员，数量不宜太多。然后将会议通知进行发布（其中应包含会议地点、时间、需解决的问题、参考的资料和想法、需达到的目标等），参会人员提前做好准备工作。

（2）会议热身，轻松地带出议题

该阶段主要为了营造一种自由、宽松、祥和的氛围，使参会人得以放松，进入无拘无束的状态。宣布会议开始后，说明会议规则，然后以有趣的话题/问题起头，让参会人思维处于轻松、活跃的环境下。若所提问题与会议主题有联系，人们便会更轻松自如地导入会议议题中，自然效果更为理想。

（3）明确问题

主持人简明扼要地介绍待解决的问题。介绍时应简明，不要以过多的信息来限制参会人的思维，干扰创新。

（4）重新表述问题

经过讨论后，参会人已对问题有了深度的理解，此时主持人要求参会人重新表述个人设想，记录专员注意记录所有发言，并对发言进行整理和归纳，找出有创新性的设想及有启发性的表述，为下一阶段畅谈提供参考。

（5）畅谈

头脑风暴法的创意阶段是畅谈阶段。

为能畅所欲言，要求如下：①不私下交谈，减少注意力分散；②不妨碍、不评论他人发言，只谈自己的设想；③发言做到简明扼要，一次发言一种见解。

主持人宣布畅谈要求后，导引参会人自由想象，自由发言，以此相互启发，相互补充，真正做到畅所欲言，最后整理会议发言纪要。

（6）筛选形成最优方案

会议结束后，主持人再次向参会人了解会后的新思路和新设想，并对会议记录进行补充。将会议记录的想法整理成若干方案，根据一般标准、要求进行筛选（如可识别性、创新性、可实施性等）。经过多轮反复对比，优中选优，最终确定1~3个最优方案。这些最优方案一般是多种创意的强强组合，是集体智慧综合应用的结晶。

头脑风暴法的正确运用，可以有效地发挥集体的智慧，这远比单人的设想更富有创意。

5. 头脑风暴法的注意事项

一次成功的头脑风暴除程序要求外，更关键的是探讨方式，心态上的转变，即充分的、非评价性的、无偏见的交流（表4.3-1）。

头脑风暴法的注意事项   表 4.3-1

畅谈自由	参会小组人员不应受任何框架的限制，应放松思考，让思维自由。从不同角度、层次、方位，大胆地展开想象，尽其所能地标新立异、与众不同，提出独创性的想法

续表

延后评判	头脑风暴时当场不得对设想作出任何评价。既不肯定，也不否定，不发表评论性意见。评价和判断都应延迟到会议结束后才可进行。 此举措主要是为了防止评判约束参会人员的积极思考，破坏自由畅谈的有利气氛；为了集中精力开发设想，确保能产出更多的创造性设想
严禁批评	禁止批评是应该遵循的重要原则。 参会人不得对任何的设想提出批评意见，任何批评都会抑制创新思维的产出，对量产设想起反作用。同时提出设想时不得自谦，不作自我批评，不破坏气氛，不影响畅想
追求量产	组织头脑风暴会议的首要目的是获取尽量多的设想，追求多产出，量产化创新设想。 参会人都应多思考、多提议，设想的质量问题在会后处理阶段去解决。 从某种意义上来看，设想的质量和数量是密切相关的，产生的设想越多，其中出现创新型设想的概率也将越大

6. 头脑风暴法的应用案例

以"如何开展好 QC 小组活动"进行头脑风暴，通过头脑风暴法的应用，充分调动了 QC 小组成员，打开了开展好 QC 活动的思路，得到了开展好 QC 活动需"领导重视支持、创造学习机会、推进者积极指导、激励到位、齐心协力进取"等多层面的思路。

设想一，领导重视支持。包含三个子设想：尽量在工作时间活动、领导参加发表会、把 QC 小组活动纳入本单位计划。

设想二，创造学习机会。包含三个子设想：组织单位内成果发表、发表后要讲评、送小组骨干参加上级组织的培训。

设想三，推进者积极指导。包含四个子设想：让大家理解 QC 小组是怎么回事、教大家知道应该怎样开展活动、掌握一些常用的活动方法、会灵活运用常用方法。

设想四，激励到位。包含三个子设想：成果与评职称挂钩、成果与评先进挂钩、奖励制度化。

设想五，齐心协力进取。包含三组七个子设想：①小组成员能一齐使劲、选题要是小组成员都能干的、确定可能达到的目标；②要主动进取、要有自主性（不依赖别人）、要经常保持进取精神；③小组内不能有人先说不干，有人只干不说。

二、亲和图

1. 亲和图的概念

亲和图（Affinity-Diagram）又称 A 型图解，是 K-J Method（简称为 KJ，KJ 是川田喜二郎的姓名缩写，KJ 法泛指利用卡片对语言资料进行归纳整理的方法，它包括亲和图、分层图等多种方法）的一种。它是将收集到的大量有关某一特定主题的意见、观点、想法和问题归纳、整理，按它们之间的互相亲密程度加以整理、归类、汇总的一种图示技术。

在 QC 小组活动中，亲和图常用于创新型课题，用头脑风暴法归纳、整理产生各种想法、观点等语言材料。亲和图的一般形式和案例详见图 4.3-1、图 4.3-2。

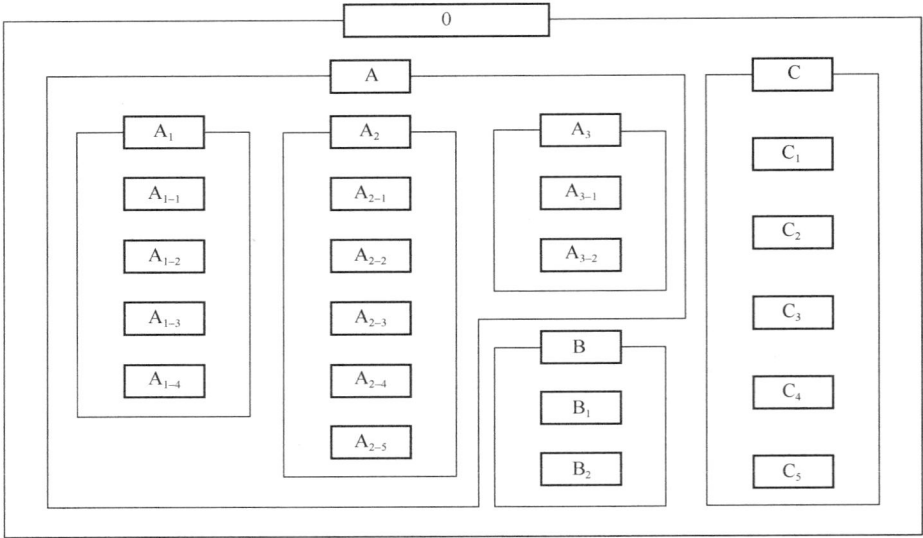

图 4.3-1　亲和图的一般形式

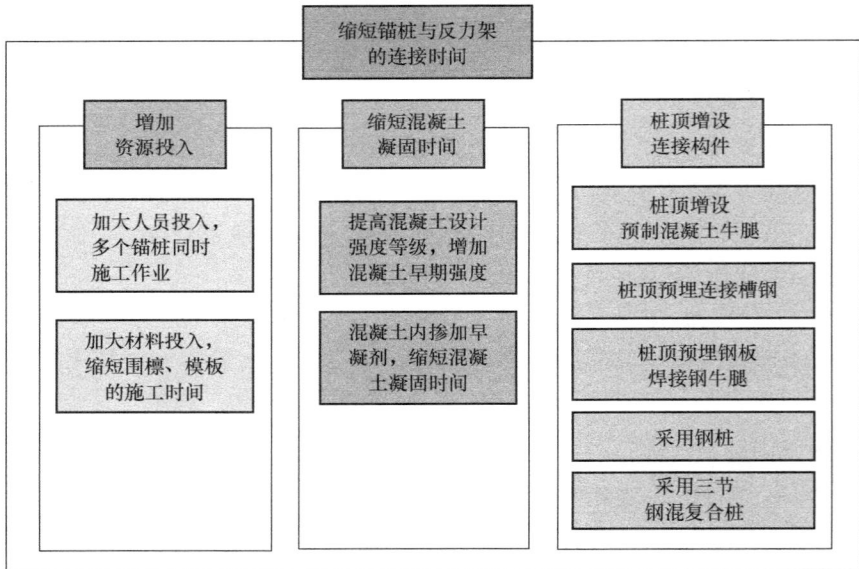

图 4.3-2　缩短锚桩与反力架的连接时间亲和图

2. 亲和图的主要用途

（1）制定和贯彻质量方针和目标。

（2）构思和制定解决某一个质量或其他问题的方案和行动计划。

（3）统一和协调不同部门的意见和工作。

（4）制订新技术、新工艺和新设备的研究、开发方案。

（5）新技术、工艺及设备开发与试点。

3．亲和图的应用步骤

（1）确定主题。

（2）收集语言资料。

（3）形成语言资料卡片。

（4）汇总整理卡片。

（5）制作标签卡片。

（6）画出亲和图。

（7）分析报告，输出书面报告。

4．亲和图的注意事项

（1）运用范畴应正确且清晰；亲和图立足亲和，不能用于原因分析，可用于现状调查。

（2）当亲和图转化成树图时，可以用于原因分析。

（3）应用亲和图不能使问题复杂化。

（4）整理卡片时不能用逻辑思维进行整理画成关联图，关联图用逻辑思维来明确因果关系，亲和图则按情理归类。

5．亲和图的应用案例

结合本节"一、头脑风暴法"案例，根据五大设想及子设想形成"如何开展好QC小组活动"的亲和图，详见图4.3-3。

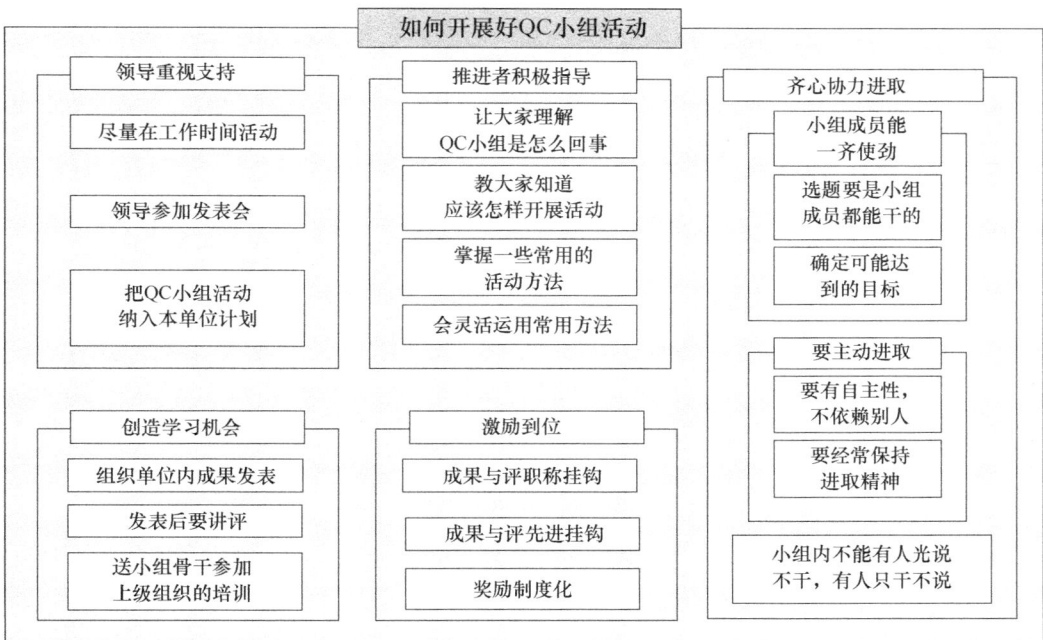

图 4.3-3　"如何开展好 QC 小组活动"头脑风暴后形成的亲和图

制图人：×××　　　　　　制图时间：××年××月××日

第四节 因果图、树图与关联图

一、因果图

1. 因果图的概念

因果图（Cause & Effect Diagram）又称特性要因图，因其形状如鱼骨刺结构，也称鱼骨刺图，又因其是日本石川馨博士首先用于质量问题的原因分析，故也称石川图。它是表示质量特性波动与其潜在（隐含）原因的关系，即表达和分析因果关系的一种图表。如现状调查时我们找到问题的症结，而这些症结的特性总是受到一些原因的影响，所以需要到现场去查找症结的成因，按照作业流程和专业知识，按照能收集数据的原则一步步分析，找出影响症结的各种原因，并将它们按照对症结影响的逻辑关系（因果关系或包含关系）整理成层次分明、条理清楚的图形，就是因果图。

2. 因果图的一般形式（图 4.4-1）

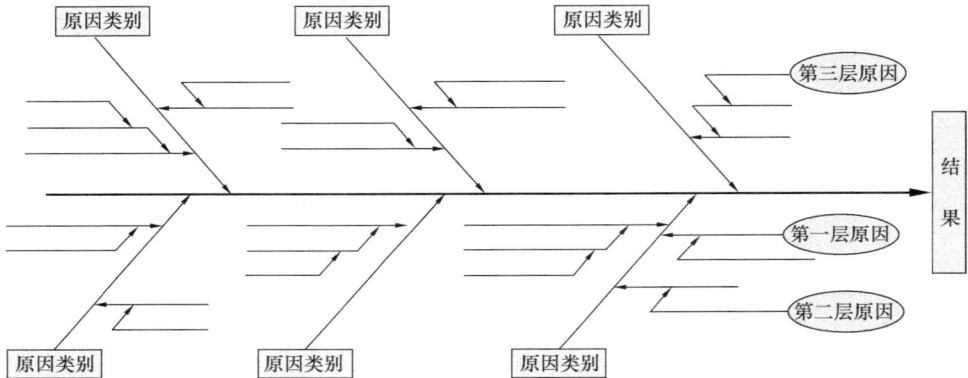

图 4.4-1 因果图的一般形式

3. 因果图的应用步骤

（1）简明扼要地确定结果，即确定需要解决的问题。

（2）规定可能影响问题发生的原因类别。可以从以下几个方面考虑原因类别：人员（Man）、机器设备（Machine）、材料（Material）、方法（Method）、环境（Environment）、测量（Measurement）等，通常简称为 5M1E。

（3）开始画图。把"结果"画在主干线箭条指向的矩形框中（鱼头），然后把确定的各类原因放在主干线的两侧，作为"结果"框的输入。

（4）寻找所有下一个层次的原因，按照类别不同分别画在相应的枝上；然后按照原因之间的逻辑关系逐层深入展开下去。

4. 因果图的注意事项

（1）画因果图时，不能看到问题或症结就想当然地认为是什么原因，一定要结合现场的实际情况，找到可能导致问题发生的原因，把每条原因都一一记录下来。

（2）因果图中"结果"框显示的内容，一定是小组现状调查找到的症结或目标可行性论证中为达到指令性目标必须解决的具体问题，不能笼统、含糊，针对性要强。一张因果图只能针对一个具体问题分析原因，两个不同的问题就要用两张因果图来分析。因此，在"结果"框内不应写入两个问题，这是因果图上较容易出现的错误，也是没有理解"一个问题作一张因果图，分析其影响原因"的基本要求。

（3）进行原因分析时，要充分考虑到人、机、料、法、环、测（5M1E）等原因类别的影响，但小组在现场实际分析原因时，有些原因类别并不存在，可以不予考虑。原因分析应充分展开，不能靠少数人"闭门造车"。

（4）因果图由结果开始分析原因，原因与结果之间的逻辑关系一定要清晰、紧密，不能因果关系颠倒或将没有因果关系的内容用箭线连接起来，也不能将两个有因果关系的原因放在一个层级上表示。

（5）因果图"三不能"原则：不能越过中间环节，不能分析到末端还不停止，不能到了末端还继续分析。

（6）各个原因之间没有交叉，有了交叉这个因果图就是错误的。

（7）箭头要从原因指向结果，末端原因才是可能影响结果的具体原因。末端原因应分析到可直接实施对策的程度。

（8）所有的末端原因都应在"要因确认计划表"上出现，现常有的错误是因果图上末端原因数与"要因确认计划表"上末端原因数不对应，有个数的不对应，也有内容的不对应，因此在实际整理时，应做好前后呼应，不应缺项。

5. 因果图的应用案例

QC 小组成员组织现场调查和专题会议，针对现场"螺栓定位偏差"的问题，进行多轮讨论，并广泛收集现场工人、班组长、质量员、各级工程技术人员的意见，集思广益，得出图 4.4-2 所示的因果图。

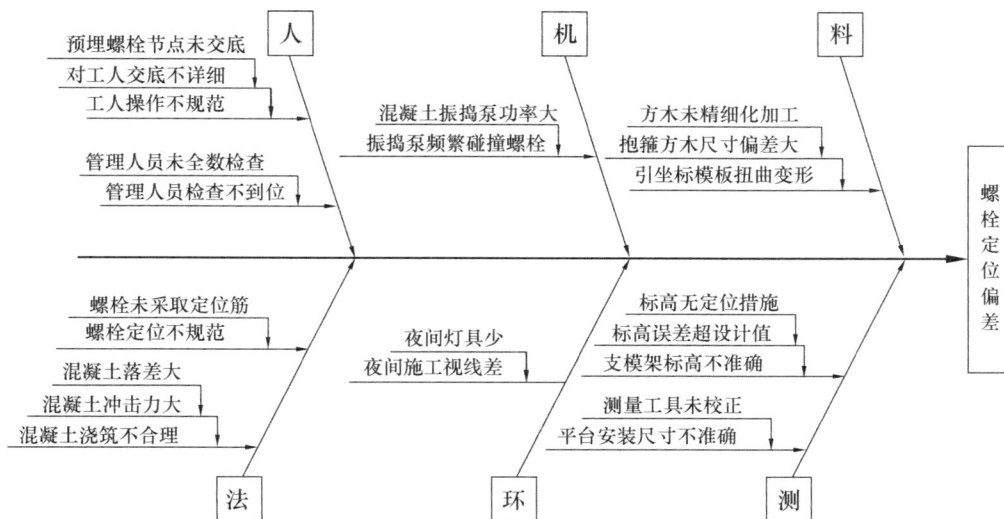

图 4.4-2　螺栓定位偏差因果图

制图人：×××　　　　　　制图时间：××年××月××日

图 4.4-2 充分考虑了 5M1E 的各项原因类别，对"螺栓定位偏差"问题进行了全面分析，得出了 9 条末端原因，后续确定主要原因时，应逐一对以上 9 条末端原因进行确认，

根据末端原因对问题或症结的影响程度大小来确定主要原因。

二、树图

1. 树图的概念

树图（Tree Diagram）又称系统图，是一种单目标展开的表示某一问题各要素间逻辑关系的图。在质量管理里，可利用树图把某项质量问题分解成若干项组成要素，根据因果关系进行排列，用来显示问题与要素、要素与子要素之间的逻辑和顺序关系，从而明确问题的重点和解决问题的关键（末端子要素应充分，并能实施）。

2. 树图的基本形式

树图一般均自左至右（或自上而下）展开作图，形成两种形式，如表 4.4-1、图 4.4-3、图 4.4-4 所示。

树图基本形式　　　　　　　　　　　　　　　　　　　表 4.4-1

宝塔型树图（结构型树图）	侧向型树图（单向展开型树图）
垂直向下展开，表示它们之间的结构包容关系	向右方展开，表示它们之间的因果关系、目的手段之间的层层保证关系

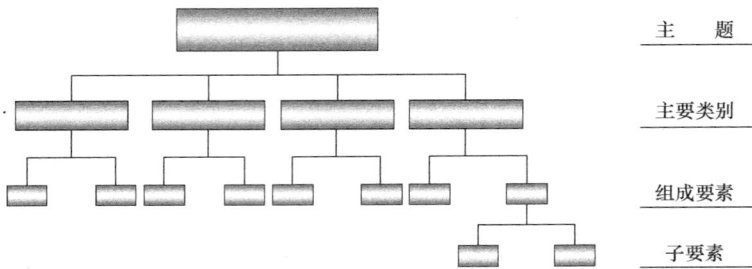

图 4.4-3　宝塔型树图

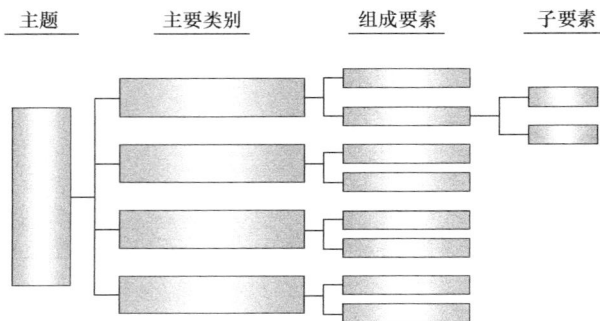

图 4.4-4　侧向型树图

3. 树图的主要用途

（1）主要用途

1）用于对问题或症结的原因分析。

2）创新型课题中的总体方案及其分级方案的展开。

3）为确定质量保证活动而进行的保证质量要素（质量方针、目标及责任制）的展开。

4）为解决质量、成本、产量等问题所采取的对策、措施的展开。

5）在新产品开发中进行质量设计的展开。

6）工序分析中对质量特性进行主导因素的展开。

7）探求明确部门职能、管理职能和提高效率的方法。

8）可以像因果图、关联图一样用来进行原因分析，即可作为多层次的因果关系分析方法使用。

9）可用于安全和故障分析。

（2）适用场合（表 4.4-2）

树图适用场合

表 4.4-2

课题类型	适用的活动程序	使用情况说明
问题解决型课题	原因分析	可使用侧向型树图作因果的逻辑分析展开
创新型课题	提出方案 并确定最佳方案	可使用树图建立设计树（确定方案）

4. 树图的应用步骤

（1）简明扼要地描述要研究的主题（质量主要问题、症结或总体方案）。

（2）确定主题的主要类别，即主要的层次（如原因类别或总体方案的组成部分）。

（3）构造树图。把主题放在左边的方框内（或上面），把主要类别或组成部分放在右边的方框内（或者放到主题下面一层）。

（4）针对这个主要类别确定其组成要素和子要素（不同层级的原因或分级方案）。

（5）把针对每个主要类别的组成要素、其子要素以其层级关系分列在主要类别右边（或下面）相应的方框内，树图中主题、主要类型、组成要素和子要素之间连线不应出现箭头。

（6）评审画出的树图，确保无论在顺序上或逻辑上都没有差错。

对单一问题进行原因分析时，树图与因果图通常是可以互换的，因此可根据自己对两种统计方法的熟悉程度和习惯选用。

5. 树图的注意事项

（1）用于因果分析的树图常为单目标展开，故一个问题应该是一张图（此类同于因果图）。

（2）树图中的主要类别可不以"5M1E"为原因类别，而是根据实际情况按照逻辑关系进行选取。

（3）用树图进行原因分析应逐层展开分析到末端，末端原因应该是能够直接实施的对策。

（4）树图和因果图可以直接转换，当用因果图进行原因分析层次过多（如超过四层）或原因类别过少不方便展开时，可以转换为树图（因果图因密度限制，一般最多分析到第四层，而树图没有图形密度限制，因此可以分析到更多层）。

6. 树图的应用案例

（1）问题解决型课题树图案例

QC 小组对"膏面色泽不均匀"的主要问题进行原因分析，形成侧向型树图，详见图 4.4-5。

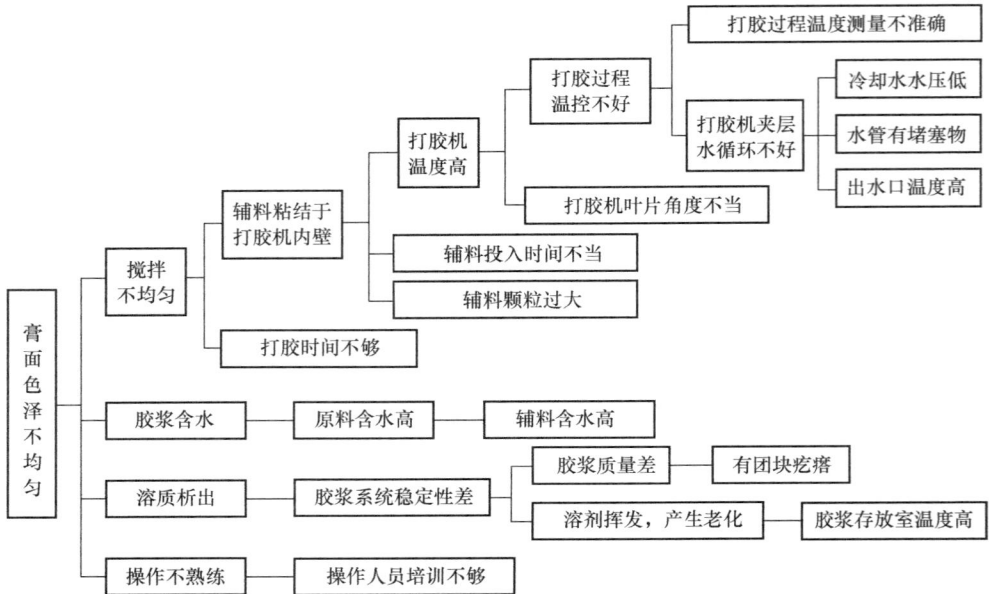

图 4.4-5　"膏面色泽不均匀"原因分析树图

制图人：×××　　　　　　制图时间：××年××月××日

（2）创新型课题树图案例

QC 活动小组展开专题讨论，对"贝雷桁架平台体系"进行分级分解，并参考相关内容及创新优化，提出研制该高空停机坪大悬挑结构支模平台体系，4 个分项要素，8 个子项方案，方案分解树图见图 4.4-6。

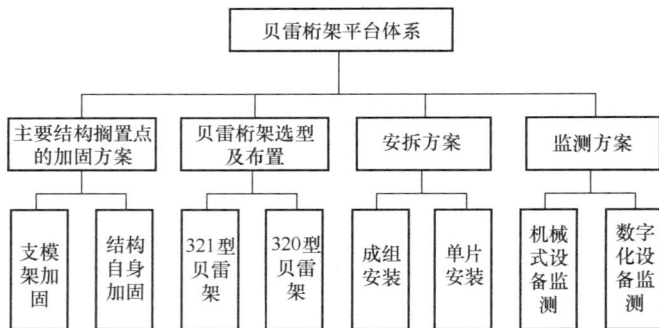

图 4.4-6　贝雷桁架平台体系方案树图

制图人：×××　　　　　　制图时间：××年××月××日

三、关联图

1. 关联图的概念

关联图（Relation Diagram）又称关系图，由日本庆应大学的千竹镇雄教授开发，原名为"管理指标间的关联关系"。关联图是把要分析的问题和涉及这些问题的影响原因之间极为复杂的因果关系用箭线连接起来表示的一种图形。它是根据逻辑关系理清复杂问题、整理语言文字资料的一种方法。它分析的问题可以不止一个。

小组针对一个问题分析原因时用关联图，是因为导致这个问题的两个上一层原因有共同的下一层原因（即交叉影响）；针对两个以上问题时用关联图，则是因为这两个以上问题有共同的原因（无论是在哪个层级）。

2. 关联图的基本形式

关联图有中央集中型和单侧汇集型两种形式。

（1）中央集中型关联图

把要分析的问题放在图的中央位置，把与"问题"发生关联的原因逐层排列在其周围，如图 4.4-7 所示。

（2）单侧汇集型关联图

把要分析的问题放在右（或左）侧，与其发生关联的原因从右（左）向左（右）逐层排列，如图 4.4-8 所示。

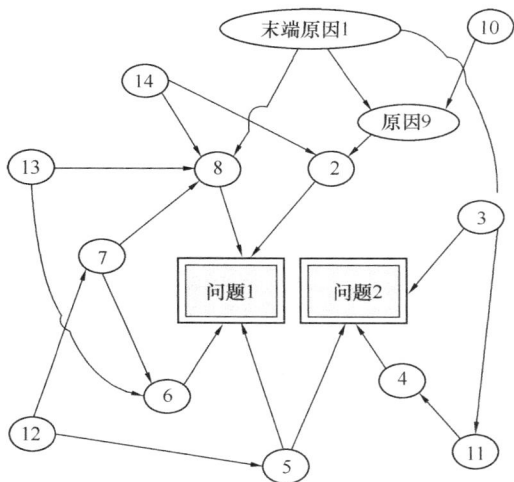

图 4.4-7 中央集中型关联图　　　图 4.4-8 单侧汇集型关联图

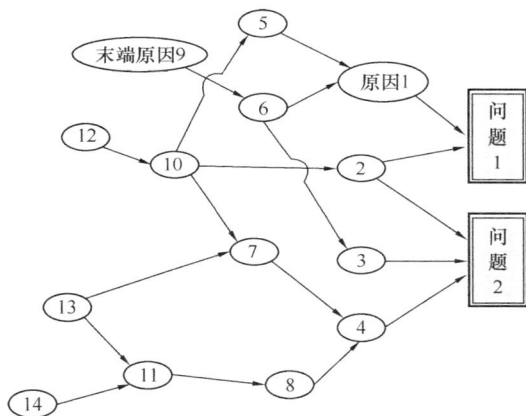

　　注：1. 图中图示"双线方框"为"问题"，"椭圆"为"原因"；

　　　　2. "箭头只进不出"说明只有别的原因影响它，而它不影响别的原因，它就是
　　　　　　需要分析的"问题"；

　　　　3. "箭头有进有出"说明它不是具体的末端原因，只是"中间原因"；

　　　　4. "箭头只出不进"表示它只影响别的原因，而无别的原因影响它，说明它就
　　　　　　是"末端原因"。

3. 关联图的主要用途

（1）针对问题进行原因分析。

（2）制订质量方针及全面质量管理计划。

（3）制订生产过程的质量改进措施。

（4）推进构配件的质量管理工作。

（5）制订 QC 小组活动规划与目标。

（6）解决工期、工序管理上的问题。

（7）改进职能部门的工作。

关联图适用于较复杂的问题解决型课题，用于对原因之间相互影响、缠绕在一起的问题进行原因分析，理出头绪。在原因分析时结合头脑风暴法用关联图整理语言资料。

4. 关联图的应用步骤

（1）简明扼要地确定要分析的"问题"。一个问题放入一个双线方框中。"问题"识别标识是连接它的箭线"箭头只进不出"。

（2）用箭线表示原因与结果的关系；箭头指向是：原因→问题。

（3）原因应逐层深入地分析，直至找出末端原因。末端原因是可以直接采取对策的原因，它的识别标志是：连接它的箭线"箭头只出不进"。

（4）一边记录一边绘制，并反复修改关联图。

（5）评审修改后的关联图，根据实际情况进行修正，形成最终版关联图。

5. 关联图的注意事项

（1）针对一个问题分析原因时，若原因之间没有交叉影响，不宜用关联图。

（2）分析两个或两个以上问题的原因时，若没有原因（不论在哪个层级上）将两个以上的问题纠缠在一起，不应用一张关联图表示。

（3）逐层深入分析后形成的末端原因，应充分且便于实施，问题解决型课题的主要原因必定是对每条末端原因逐条确定而来的。

6. 关联图的应用案例

针对"层间竖向砖体灰缝顺直度较差"和"大面横向砖体平整度较差"两个问题，QC小组召开头脑风暴会议，集思广益，从人、机、料、法、环、测六个方面进行讨论分析，经调查确认后将确实存在的原因进行归纳整理，并制作了以下两种关联图，具体见图 4.4-9、图 4.4-10。

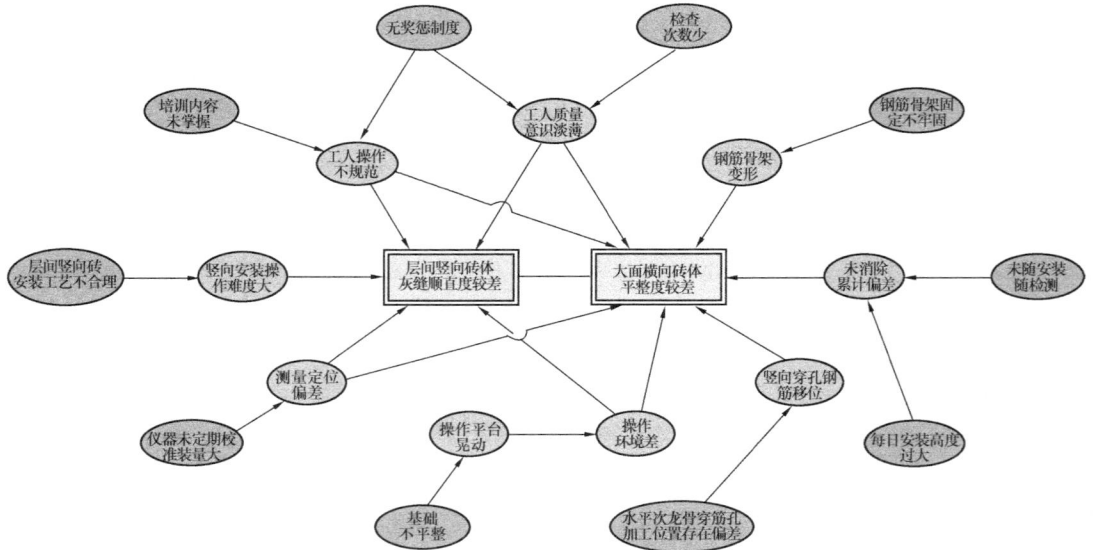

制图人：×××　　　　　　　制图时间：××年××月××日

图 4.4-9　中央集中型关联图

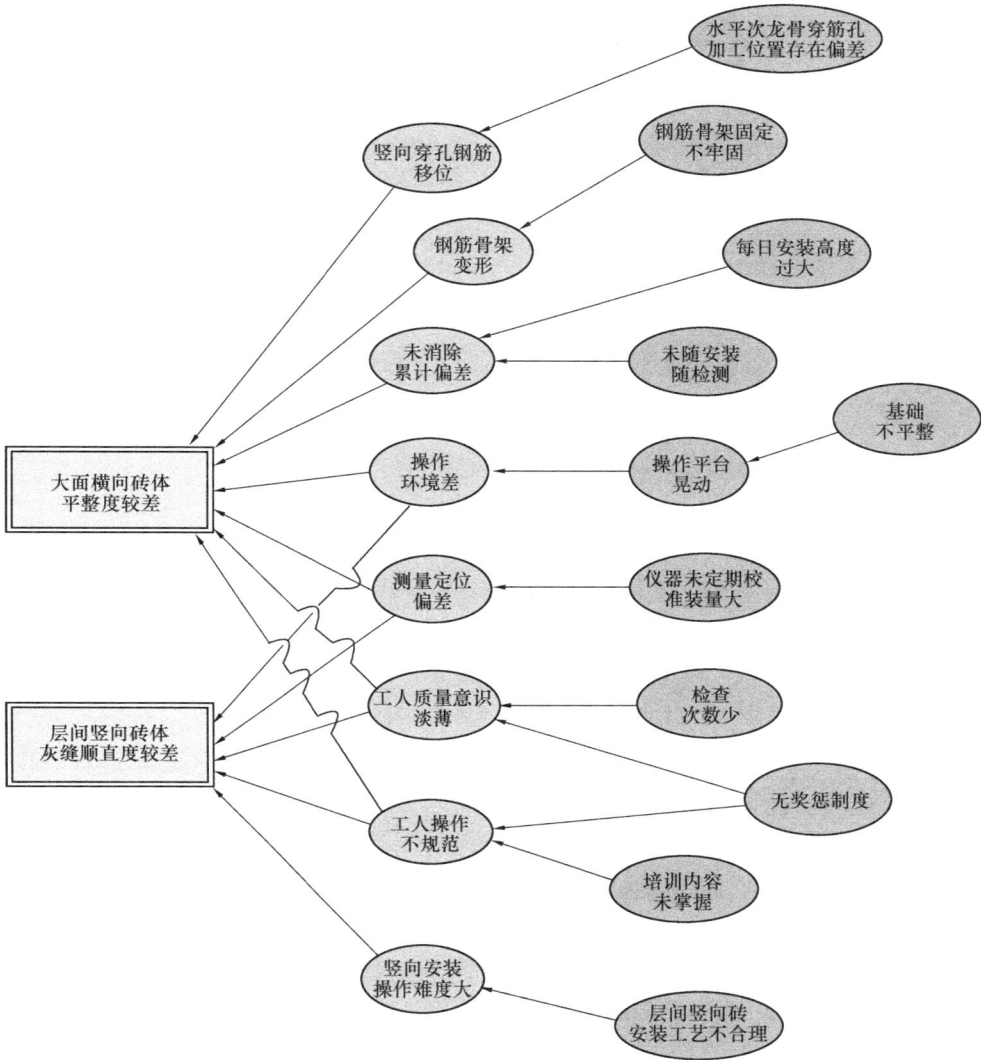

制图人：×××　　　　　　　制图时间：××年××月××日

图 4.4-10　单侧汇集型关联图

第五节　直方图、散布图、控制图

一、直方图

1. 直方图的概念

直方图（Histogram）是频数直方图的简称。它是用一系列宽度相等、高度不等的长方形表示数据分布的图形。长方形的宽度表示数据范围的间隔，长方形的高度表示在给定间隔内的数据频数。它是一种用图形直观形象地把质量分布规律表示出来，根据其分布形态，分析判断过程质量是否稳定的统计方法。见图 4.5-1。

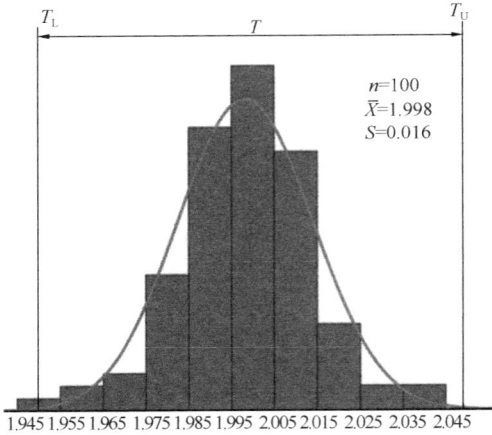

图 4.5-1　直方图

在实际应用过程中（如生产过程中），虽生产过程工艺条件一样，但输出的产品质量不会完全一样，是在一定范围内进行波动，这种波动是否正常，是小组希望了解和掌控的。用直方图可以根据数据分布的形状，判别问题的可能原因或改进方向，方便小组作出准确判断，查找出质量问题，制订好改进措施。

2. 直方图的主要用途

（1）显示质量波动或数据分布的状态。

（2）较直观地传递有关过程的质量状况。

（3）通过对直方图的分析判断，确定质量改进工作的重点。

3. 直方图的应用步骤

直方图将收集的数据按取值范围分成多个组（区间），再用紧密排列的等宽（组距）柱状图呈现出每个组（区间）中样本的频数。在直方图中横轴代表数据的取值范围及分组和组距，纵轴则是每个组（区间）对应数据的频次。

（1）收集数据。

作直方图的数据不宜少于 50 个。如果数据太少，所作出的直方图将不能科学反映分布的形态，数据标准偏差 s 的精度也会降低很多。

（2）确定数据的极差（R）。

数据的最大值减去最小值的差。

（3）确定组距（h）。

先依据组数选用表（表 4.5-1）确定直方图的组数（k），然后用极差（R）除以该组数（k），可得出直方图的每组宽度（组距）。组距常选取测量单位的整数倍。组数的确定应适当，组数较少，将引起较大计算误差；组数较多，将影响数据分组规律的显著性。

直方图组数选用表　　　　　　　　　　　　　　　　　表 4.5-1

编号	观测次数（次）	推荐组数 k（组）
1	20～50	6
2	51～100	7
3	101～200	8
4	201～500	9
5	501～1000	10
6	大于 1000	11～20

（4）确定各组的界限值。

（5）编制频数的分布表。

（6）按数据值比例绘制横坐标。

（7）按频数值比例绘制纵坐标。

（8）绘制长方形高度，完成直方图，标注规格上限、规格下限、公差中心等。

（9）相关参数：

① 组数 k 的确定：$k=\sqrt{\text{数据的个数}}=\sqrt{n}$；

② 组距 h 的确定：$h=R/k$，其中 R 为极差（max－min）；

③ 确定各组边界：

第一组左边界＝最小值－最小测量单位的一半；

第一组右边界＝第一组左边界＋组距；

依次类推。

注：max 为全体最大值；min 为全体最小值。

4. 直方图形状和规格界限的比较分析

对直方图的分析可从形状分析判断和与规格界限的比较分析两个方面入手。

（1）形状分析判断

观察分析直方图整个图形的形状是否属于正常分布，分析过程是否处于稳定状态，判断其产生异常的原因。总体形状分析主要分为正常型和异常型两类，常见直方图形状见图 4.5-2。

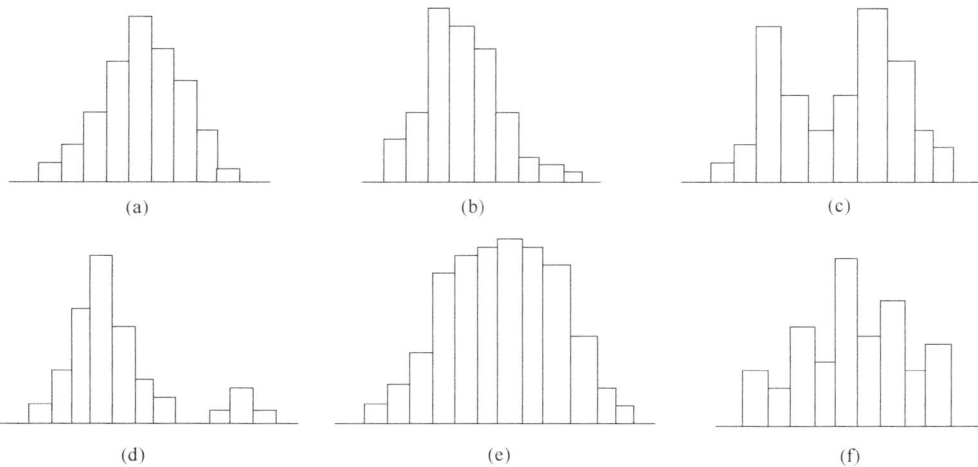

图 4.5-2　常见直方图形态

（a）正常型；（b）偏向型；（c）双峰型；（d）孤岛型；（e）平顶型；（f）锯齿型

（2）与规格界限的比较分析

当直方图形状呈正常型时，即工序处于稳定状态时，还需要进一步将直方图同规格界限（即公差）进行比较，以分析判断工序满足公差要求的程度（表 4.5-2）。

图例

表 4.5-2

图例			
	(a) 理想型	(b) 偏心型	(c) 无富余型
调整要点	图形对称分布，且两边都有一定余量，属于理想状态，此时，应采取控制和监督办法	调整样本均值 $\bar{x}$，使样本均值 $\bar{x}$ 与公差中心 M 重合	采取措施，减少标准偏差 s

图例		
	(d) 能力富余型	(e) 能力不足型
调整要点	过程能力出现过剩，经济性差。可考虑改变工艺，放宽加工精度或减少检验频次，以降低成本	易出现不合格品，应多方面采取措施，减少标准差 s 或放宽过严的公差范围

注：T_L 为规格下偏差；M 为公差中心值；T_U 为规格上偏差。

5. 直方图的注意事项

（1）收集的数据或抽取的样本数量过小，将会产生较大误差。因此，样本数不宜少于 50 个，最好为 100 个；数据量过少不宜使用直方图。

（2）直方图一般适用于客观的计量值数据，但在某些情况下也适用于计数值数据，这要结合绘制直方图的目的来确定。

（3）合理确定组数 k。组数 k 选用不当（偏大或偏小），都会对分布状态造成影响。

（4）直方图应标注齐全。应标注抽样数 n、规格上限 T_u、规格下限 T_L、公差中心 M、样本均值（样本分布中心）$\bar{x}$、标准偏差 s。

（5）对直方图进行分析时，要注意结合事实情况对图形的类别和原因进行分析、判断，原因会是多种多样，采取措施也要慎重并加以论证和验证，避免盲目放宽控制界限，造成不合格品被放行。

6. 直方图的应用案例

某桩基班组对高架桥桩基超灌控制的活动效果进行验证，利用直方图快速、准确、形象地分析出其桩基超灌质量控制的情况。

取样器调试完成后，QC 小组将其应用于本项目××互通高架桥桩基施工现场。小组成员×××指导现场工人按超灌高度 1.0m 控制，取样器在 1.0m 位置进行取样，以区别于混凝土或沉渣，具体详见图 4.5-3、图 4.5-4。

图 4.5-3 现场取样过程

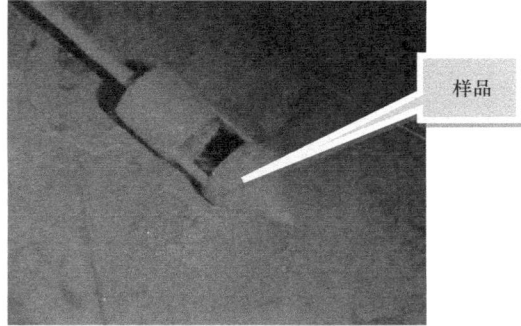

图 4.5-4 现场取样结果

（1）××月××日～××月××日，小组跟踪对开挖的 16＃～19＃墩、61＃～72＃双幅墩共 32 个承台的 128 根桩基进行超灌高度检测验证，收集数据 80 个，即 $n=80$，超灌高度和检测误差统计如表 4.5-3、表 4.5-4 所示。

超灌高度统计表（mm） 表 4.5-3

墩号	16＃～17＃	18＃～19＃	61＃～62＃	63＃～64＃	65＃～66＃	67＃～68＃	69＃～70＃	71＃～72＃
超灌高度（mm）	1007	994	983	1006	959	971	962	1001
	989	1022	959	1019	982	1025	994	991
	1032	984	990	971	1023	977	984	999
	988	989	960	998	983	1005	973	976
	999	1020	963	960	1005	989	993	1009
	984	1019	995	996	996	1029	993	966
	982	998	954	1021	970	1020	971	960
	991	985	982	1000	1037	984	977	994
	1014	1030	956	1003	965	974	952	985
	1005	979	1012	1003	965	973	942	1021
	1006	1037	1033	997	1039	1026	1033	1031
	983	993	992	1007	1011	999	1017	977
	995	988	974	987	996	944	997	1009
	1021	979	1007	1019	1004	993	953	998
	1005	1007	985	1033	996	997	993	980
	1007	942	1012	956	948	1004	964	1010

制表人：×××   制表时间：××年××月××日

超灌高度控制误差统计表（mm）　　　　　　　　　　　　　　表 4.5-4

墩号	16#～17#	18#～19#	61#～62#	63#～64#	65#～66#	67#～68#	69#～70#	71#～72#
控制误差（mm）	7	−6	−17	6	−41	−29	−38	1
	−11	22	−41	19	−18	25	−6	−9
	32	−16	−10	−29	23	−23	−16	−1
	−12	−11	−40	−2	−17	5	−27	−24
	−1	20	−37	−40	5	−11	−7	9
	−16	19	−5	−4	−4	29	−7	−34
	−18	−2	−46	21	−30	20	−29	−40
	−9	−15	−18	0	37	−16	−23	−6
	14	30	−44	3	−35	−26	−48	−15
	5	−21	12	3	−35	−27	−58	21
	6	37	33	−3	39	26	33	31
	−17	−7	−8	7	11	−1	17	−23
	−5	−12	−26	−13	−4	−56	−3	9
	21	−21	7	19	4	−7	−47	−2
	5	7	−15	33	−4	−3	−7	−20
	7	−58	12	−44	−52	4	−36	10

制表人：×××　　　　　　　　　　　　　　　　制表日期：××年××月××日

（2）绘制直方图及分析直方图：

将上述实测值输入 Minitab 统计分析软件，生成超灌高度控制直方图（图 4.5-5）。

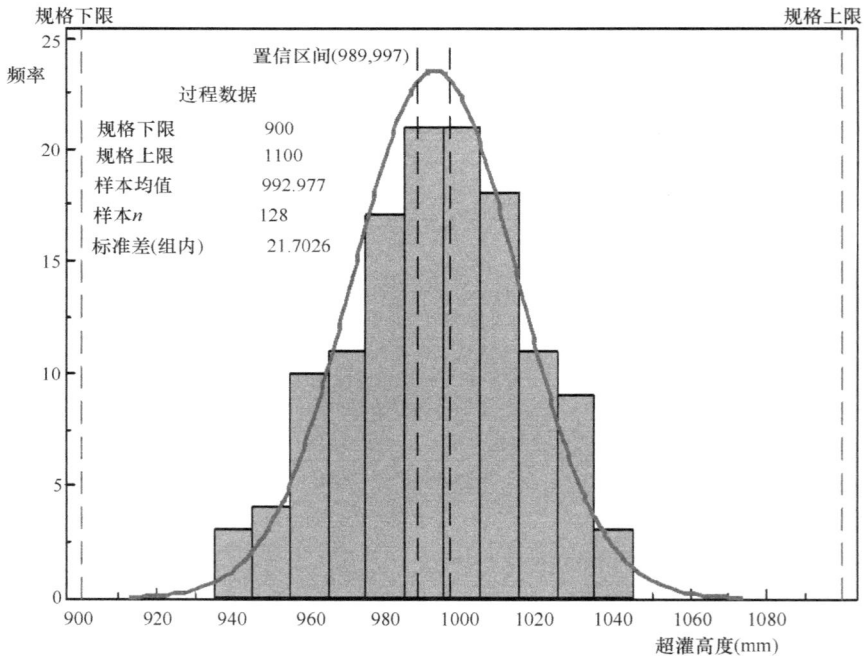

图 4.5-5　超灌高度控制直方图

制图人：×××　　　　　　制图时间：××年××月××日

（3）直方图分析结论：

根据超灌高度控制直方图形状分析，呈正常型，工序处于稳定状态，说明超灌控制能力较好。从工序满足公差要求的程度分析确定为偏心型，需调整样本均值 $\bar{x}$，使样本均值

$\overline{x}$ 与公差中心 M 尽量重合。

二、散布图

1. 散布图的概念

散布图（Scatter Diagram），又叫散点图或相关图，是研究成对出现的两组相关数据之间相关关系的简单图示技术。散布图是用图示的方式来辨认某现象的测量值与可能的原因或因素之间的关系。

用来绘制散布图的数据必须是成对的（X，Y）。通常用水平轴表示自变量 X，用垂直轴表示应变量 Y。

2. 散布图的主要用途

制作散布图的目的是辨认一个品质特征和一个可能原因或因素之间的联系。

散布图可应用于小组活动选择课题、现状调查（自定目标课题）、目标可行性论证（指令性目标课题）及确定主要原因的步骤中。

3. 散布图的应用步骤

（1）收集成对数据（X，Y），数据不应少于 30 对。

（2）标明 X 轴和 Y 轴。

（3）统计 X 和 Y 的最大值和最小值，并用这两组数值分别标注横轴 X 和纵轴 Y。两个轴的长度应大致相等。

（4）描点。将各组之数据的点绘于坐标上，如有 2 点重复时以小号⊙表示，如有 3 点重复时以大号⊙表示。

（5）判断。分析研究绘制出的点子云的分布状况，确定相关关系的类型。

4. 散布图的分析与判断

（1）对照典型图例判断法

把实际绘制的散布图与典型模式进行对照，就可以得到两个变量之间是否相关及相关程度的结论，具体详见图 4.5-6。

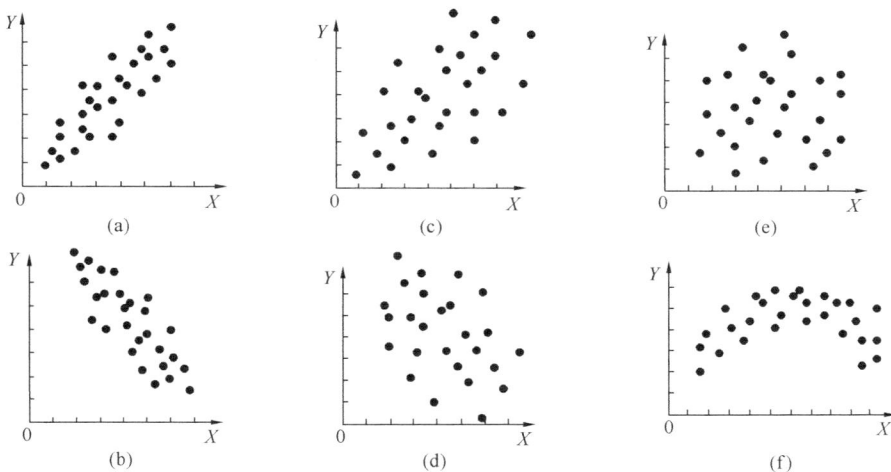

图 4.5-6　散布图的点子云形状（典型图例）

（a）强正相关——X 增加 Y 也增加，点子分布呈带状；（b）强负相关——X 增加 Y 减少，点子分布呈带状；
（c）弱正相关——X 增加 Y 也增加，点子分布呈橄榄核状；（d）弱负相关——X 增加 Y 减少，点子分布呈橄榄核状；
（e）不相关——X 增加 Y 可能增加，也可能减少，点子分布呈团状；（f）非线性相关——点子分布没有线性规律。

（2）简单象限判断法

1）在图上分别画一条平行于 Y 轴的 P 线和一条平行于 X 轴的 Q 线，分别使 P 线左右两边的点子数相等或大致相等，并且使 Q 线上下两侧的点子数相等或大致相等。

2）P、Q 两条直线把图形分成 4 个象限区域，分别计算每个象限区域内的点子数（落在线上的点子不计）。

3）分别计算对角象限区域内的点数：$n_I + n_{III}$，$n_{II} + n_{IV}$。

4）根据判断规则进行判断：

当 $n_I + n_{III} > n_{II} + n_{IV}$ 时，为正相关。

当 $n_I + n_{III} < n_{II} + n_{IV}$ 时，为负相关。

当 $n_I + n_{III} = n_{II} + n_{IV}$ 时，为不相关。

5. 散布图的注意事项

（1）收集的成对出现的数据应是同一总体的，而且不应少于 30 对数据。

（2）散布图中出现的个别偏离分布趋势的异常点，应当查明原因，予以剔除。

（3）确定要因时，不能只分析相关性而不分析末端原因对问题或症结的影响程度。

（4）在使用散布图调查 X、Y 两个因素之间的关系时，尽可能固定对 X、Y 因素有影响的其他因素，尽量减少其他因素对散布图形态的影响。

（5）在对照典型图例判断法已得出结论或可以得出结论时，就不必再套用相关系数判断法等进行判断。

三、控制图

1. 控制图的概念

控制图（Control Chart）又称管理图、休哈特图。它是分析和控制过程波动，即区分由系统原因引起的异常波动，或是由过程固有的随机原因引起的正常波动，并判断过程是否处于统计控制状态的一种图示技术（《控制图　第 2 部分：常规控制图》GB/T 17989.2—2020）。正常波动一般在预计的界限内随机重复，是由过程固有的随机原因引起的；异常波动是由系统原因引起的，这些系统因素不常存在，但是一旦出现，对过程、结果影响显著，需要对其影响因素加以判断、调查，采取措施消除，使过程处于受控状态。

2. 控制图的种类及形式

（1）控制图的种类

控制图分为分析用控制图和控制用控制图两种。

分析用控制图主要用来调查过程是否处于控制状态，何处发生了异常以及能否消除这种异常以改进过程的稳定状况，即将一个不稳定的过程逐步调整为稳定的过程。

控制用控制图主要用来控制过程，使之经常保持在统计控制状态下，即稳定的过程。

当根据分析用控制图判明生产过程已处于统计控制状态，而且过程能力满足技术标准的要求时，就可以用控制图对过程进行控制。

（2）控制图的形式

控制图是建立在数理统计学基础上，由美国贝尔电话公司的休哈特工程师发明的一种非常实用的控制方法，他把统计学中的"发现异常"作为控制生产过程中的一种工具。

控制图通过中心线 C_L、上控制界限 U_{CL}（$C_L + 3\sigma$）（σ 为标准偏差）、下控制界限 L_{CL}（$C_L - 3\sigma$）三条控制线来区分过程的正常波动与异常波动；如果控制图中的数值点超出

U_{CL} 或 L_{CL}，或排列不随机，则表明过程中出现了异常。

控制图的形式见图 4.5-7。横坐标是抽样时间（控制用控制图）或样本序号（分析用控制图），纵坐标是质量特性值的坐标。图中的三条水平线，上面一条和下面一条分别是上控制界限 U_{CL} 和下控制界限 L_{CL}，都用虚线表示，中间一条是控制中心线，用细实线或点划线表示。

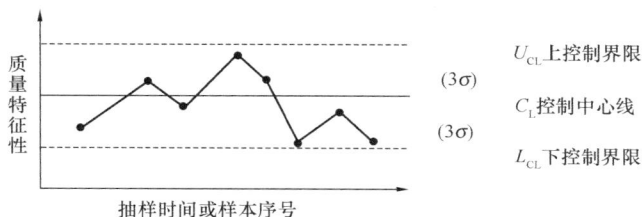

图 4.5-7 控制图的形式

3. 控制图的主要用途

（1）质量诊断

质量诊断时，可用来度量过程的稳定性，就是过程是否处于统计控制状态，一旦出现失控状态便及时采取措施，从而起到预防作用。

（2）质量控制

质量控制时，可用来确定什么时候需要对过程加以调整，而什么时候则需使过程保持相应的稳定状态。

（3）质量改进

质量改进时，可用来确认某过程是否得到了改进。

4. 控制图的应用步骤

（1）选定对象

选取控制图拟控制的质量特性，如重量、不合格品数等。

（2）确定用图类型

选用适合的控制图种类。

（3）确定样本容量及抽样间隔

在样本中，假设波动只是由随机原因所引起。

（4）收集数据

收集并记录至少 20～25 个样本的数据，或使用以前记录的数据。

（5）数据稳定性判断

绘制直方图或计算过程能力，确定数据稳定后方可应用控制图。

（6）计算

计算各个样本的统计量，如样本平均值、样本极差和样本标准偏差等。

（7）确定控制界限

计算各统计量的控制界限。

（8）绘图

画控制图并标出各样本的统计量。

（9）分析判断

观察有无在控制界限以外的点子；观察在控制界限内有无排列有缺陷的点子；如果已知有的数据存在特殊状况或异常原因，要在图中标注明确；判断过程的控制状态。

（10）决定下一步行动

根据判断的结果确定下一步具体的行动。

5. 控制图的分析与判断

应用控制图的目的，就是要及时发现过程中出现的异常，判断异常的原则就是出现了"小概率事件"。为此，判断准则有两类：越出控制界限和在控制界限内（形状有缺陷）。

《控制图　第2部分：常规控制图》GB/T 17989.2—2020 对控制图的评判提供了8种检验模式，检验1为第一类，检验2~8为第二类。

（1）越出控制界限

第一类：点子越出控制界限，详见图4.5-8。

检验模式1：在稳定状态下，点子越出界限的概率为0.27%。

（2）在控制界限内（形状有缺陷）

第二类：点子虽在控制界限内，但排列的形状有缺陷，详见图4.5-9。

检验模式2：连续9点落在中心线同一侧（发生概率0.0038，与检验模式1发生概率 $\alpha=0.0027$ 非常接近）

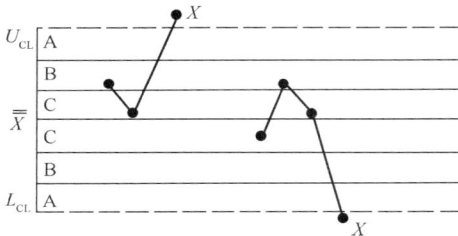

图 4.5-8　检验模式1：1个点
落在 A 区以外

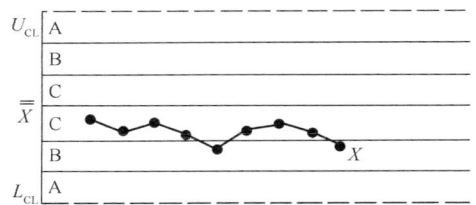

图 4.5-9　检验模式2：连续9点
落在中心线同一侧

检验模式3：连续6点递增或递减，详图4.5-10（发生概率0.00273）

检验模式4：连续14点中相邻点子上下交替，详图4.5-11（可能存在两个总体）

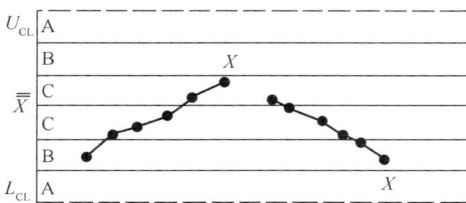

图 4.5-10　检验模式3：连续6点
递增或递减

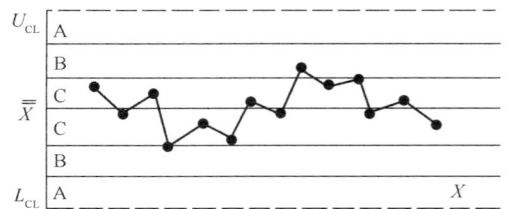

图 4.5-11　检验模式4：连续14点
中相邻点子上下交替

检验模式5：连续3点中有2点落在中心线同一侧的B区以外，详见图4.5-12（出现概率0.0006585）

检验模式 6：连续 5 点中 4 点落在中心线同一侧的 C 区以外，详见图 4.5-13（出现概率 0.0021）

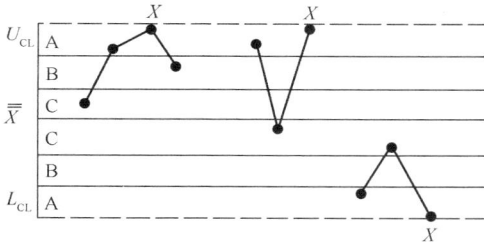

图 4.5-12　检验模式 5：连续 3 点中
有 2 点落在中心线同一侧的 B 区以外

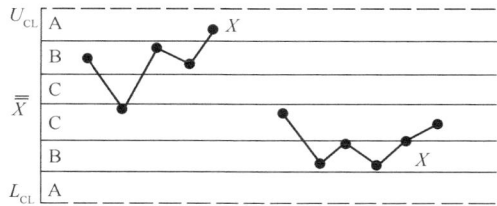

图 4.5-13　检验模式 6：连续 5 点中
4 点落在中心线同一侧的 C 区以外

检验模式 7：连续 15 点落在中心线两侧的 C 区之内，详见图 4.5-14（出现概率 0.003255）

检验模式 8：连续 8 点落在中心线两侧且无 1 点在 C 区内，详见图 4.5-15（出现概率 0.000096）

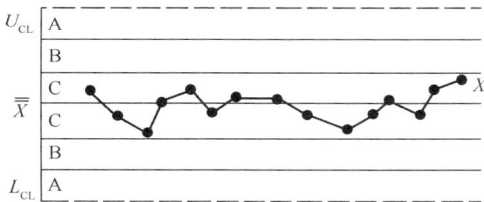

图 4.5-14　检验模式 7：连续 15 点
落在中心线两侧的 C 区之内

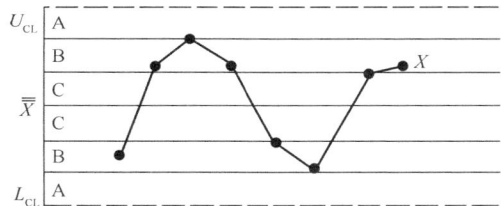

图 4.5-15　检验模式 8：连续 8 点
落在中心线两侧且无 1 点在 C 区内

6. 控制图的注意事项

（1）以下几种情况一般不适宜使用控制图：

1	对 5M1E 因素未进行控制，过程处于不定状态
2	过程能力不足，即在 $C_p < 1$ 或 $C_{pk} < 1.33$ 等情况下就使用控制图管理过程
3	无量化指标的过程
4	所控的对象不具重复性、一次性或仅少数几次重复性（单件、小批量生产）的生产过程

（2）选择控制对象时，一般选择需严格控制的质量特性值——A 类特性值和部分 B 类特性值。当一个过程需控制的质量特性值较多时，则应选择能真正代表该过程主要状况的特性值。必要时应进行分层控制，如不同队伍或不同型号等。

（3）对制图标准严格要求，避免因画法不规范或不完整导致图示错误；避免使用公差线代替控制线（控制线应通过计算得出）；当"5M1E"发生变化时应及时调整控制线。

同时也应避免实际实施过程中，常因忙碌等原因不及时打"点"，无法及时发现过程异常；在研究分析使用控制图期间，对已弄清有系统原因的异常在原因消除后，要及时剔除异常点的数据，并在图中标注清楚，避免影响正确的分析和判断。

（4）应根据打"点"结果进行分析和判断，只绘图而不分析就失去控制图的报警作用。

第六节　PDPC法、网络图

一、PDPC法

1. PDPC法的概念

PDPC法（Process Decision Program Chart）也称过程决策程序图法，源于运筹学和系统理论的思想方法，是为了完成某个任务或达到某个目标，在制订行动计划或进行方案设计时，预测可能出现的各种问题及产生的后果，并相应地提出多种应对措施的方法。

PDPC法作为质量管理的一种方法，除了具有预见性和随机性外，还具有以下几个特点：

（1）PDPC法对整个系统进行全局上的处理，可从全局上查明所研究的对象有无重大问题或找出重大问题所在，但不适宜于用来网罗每个具体问题；

（2）运用PDPC法能够按时间顺序掌握系统状态的变化情况；

（3）能够以系统为中心，掌握系统的输入输出关系，提出"问题症结"并找出其发生的原因。由于该法以事件或现象为中心，所以只要对系统有个基本构想，就能很方便地使用这种方法。

PDPC法一般有两种思维法：顺向思维法和逆向思维法。

（1）顺向思维法

顺向思维法是确定一个需要实现的目标，然后选择拟采取的行动、措施、方法等，按计划组织实施以确保达到目标。

如图 4.6-1 所示，一个新项目在确定实施方案时，从初始状态 A_0 出发到达目标状态 Z 的所有可能的进展过程，展开成 PDPC 图。图中 A 方案是从 A_0 出发，A_0、A_1、A_2、A_3……A_n 到 Z，A 方案是达成目标的最佳方案，但有可能 A_2 在技术上实现难度较大，如果不能顺利实施则改用 B 方案；B 方案是从 B_1、B_2、B_3……B_n 到 Z，但有可能 B_3 实施起来预算超支，如果不能顺利实施则改用 C 方案；C 方案是 C_1、C_2……C_n 到 Z，但有可能 C 方案实施周期超出客户要求；最后需从多个方面综合评估，确定新项目的最佳方案。如果

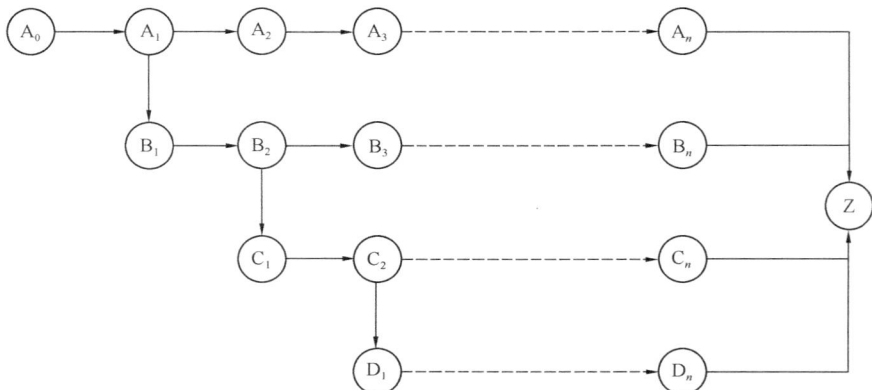

图 4.6-1　顺向思维法示意图

已确定 A 方案为最佳方案，在项目具体实施过程中，B 方案和 C 方案都有可能成为备用方案。A 方案从 A_1 进行到 A_2 的时候发生问题，这个时候就可以切换到方案 B；进行到 B_2 的时候发现方案 B 也有问题，那么就必须切换到方案 C 继续实施。总而言之，最后必须让一个方案完全可行。但是这个方案并不是在实施中发现问题后再重新作出选择，而是在图上预先就估测到可能发生的各种问题，而且各种问题都必须有解决方案，从而能最终到达目标状态。

（2）逆向思维法

顺向思维与逆向思维是相对而言的。顺向思维一般指沿着人们习惯性的思路去思考，而逆向思维则是指违背人们的习惯去思考。如图 4.6-2 所示，从要实现的目标状态 Z 出发，逆向思考，考虑要实现目标状态 Z 的前提是什么，要达到这个前提又需要满足什么要求，一步一步的倒推回来，一直推到能和初始状态 A_0 联系起来，然后详细研究其过程并作出决策，从而找到最佳方案，这就是 PDPC 法的逆向思维。

通过顺向、逆向两方面的思考，逆向走得通，顺向也可以走通，这就是 PDPC 法正确的思考办法。

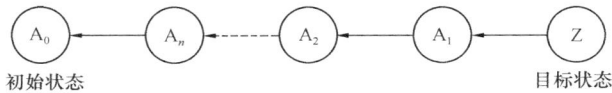

图 4.6-2　逆向思维法示意图

2. PDPC 法的用途

（1）制订目标管理中间的实施计划，怎样在实施过程中解决各种困难和问题。

（2）制订科研项目的实施计划。

（3）对整个系统的重大事故进行预测。

（4）制订工序控制的一些措施。

（5）选择处理纠纷的各种方案。

实际上 PDPC 法的用途远远不止以上这五个。如果能把事情可能失败的因素提前都找出来，制订出一系列的对策措施，就能够稳步地、轻松地达成目的。

在 QC 小组活动中，PDPC 法主要用于制订对策程序步骤中。

3. PDPC 法的应用步骤

PDPC 法将过程、风险和对策都展示在图形中，可以非常直观地掌控全局，并随时根据实际情况进行应对和调整，应用简单且效果明显。

应用 PDPC 法时应以事实为依据，提出和采取的措施必须基于事实，不可以个人所想或推测来表示，否则将会使制成的 PDPC 图毫无用处。

（1）召集所有相关人员（要求尽可能广泛地参加）讨论所要解决的课题。

（2）从自由讨论中提出达到目标状态的手段、措施等。

（3）对提出的手段和措施，要列举出预测的结果，以及提出的措施方案行不通或难以实施时，可替换的措施和方案。

（4）将各措施按紧迫程度、所需工时、实施的可能性及难易程度予以分类，特别是对当前要着手推行的措施，应根据预测的结果，明确首先应该做什么，并用箭条向目标状态方向连接起来。

（5）进一步确定各项措施实施的先后顺序，从一条线路得到的情况，要研究它对其他线路是否有影响。

（6）落实实施负责人及实施期限。

（7）不断修订 PDPC 图。按绘制的 PDPC 图实施，在实施过程中可能会出现新的情况和问题，需定期召开会议，检查 PDPC 图的执行情况，并按照新的情况和问题，重新修改 PDPC 图，直至实现预定目标。

4. PDPC 法应用注意事项

（1）在实践中，PDPC 法的图形形式并没有严格限定，可以是纵向的图形，也可以是横向的图形，根据实际情况决定。

（2）PDPC 法的本质是对项目执行过程中可能出现的各种障碍作出预测，并提出相应的应对措施。PDPC 法的过程并不是走一步算一步，而是预先计划好的。

（3）实践过程中，PDPC 法不管是使用顺向思维法还是逆向思维法，一般采用"否定式"提问法完善和优化程序。

（4）采用 PDPC 法去实现目标状态，最终实施的方案为众多方案中的一个。采用顺向思维法动态管理时，是实施一个可行方案；采用逆向思维法完善思维时，是实施一个最佳方案。

（5）使用 PDPC 法进行动态管理时，应做好各种方案的资源配置，力争实现第一方案。

（6）课题组长应始终在指挥位置上组织方案实施。

5. PDPC 法应用举例

某工程因恶劣天气影响，导致无法按原进度计划完成施工任务，现项目部要求班组增加施工人员，以确保按期完成施工，如图 4.6-3 所示。

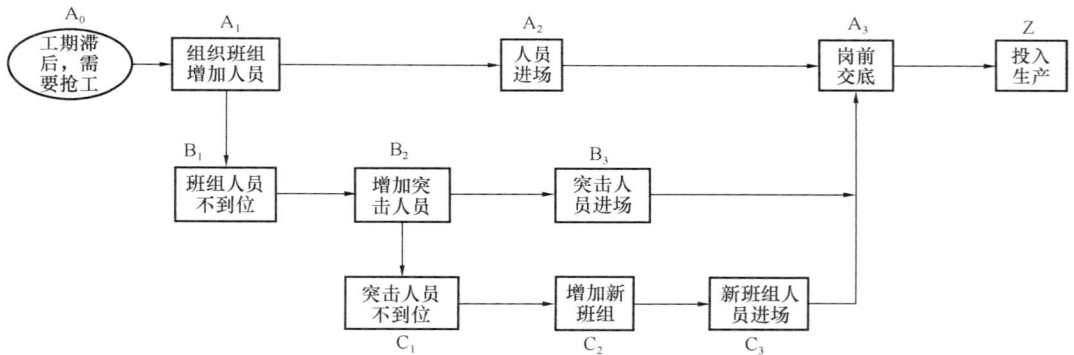

图 4.6-3 某项目增加施工人员的 PDPC 法图

从上图可以看出，从 A_1 考虑增加施工人员可能会遇到一些影响因素，所以预先制定了 3 条实施路线，即：

第一条：$A_0 \rightarrow A_1 \rightarrow A_2 \rightarrow A_3 \rightarrow Z$。

第二条：$A_0 \rightarrow A_1 \rightarrow B_1 \rightarrow B_2 \rightarrow B_3 \rightarrow A_3 \rightarrow Z$。

第三条：$A_0 \rightarrow A_1 \rightarrow B_1 \rightarrow B_2 \rightarrow C_1 \rightarrow C_2 \rightarrow A_3 \rightarrow Z$。

二、网络图

1. 网络图的概念

网络图（Network Planning）又称箭条图、矢线图等，是源于统筹法的网络计划技术，为克服进度计划横道图在计划安排上的不足而发展起来的一种图示技术。下面以双代号网络图为例进行介绍。

2. 网络图的一般形式

网络图由箭线、节点、线路和必要的标注等组成，如图 4.6-4 所示。

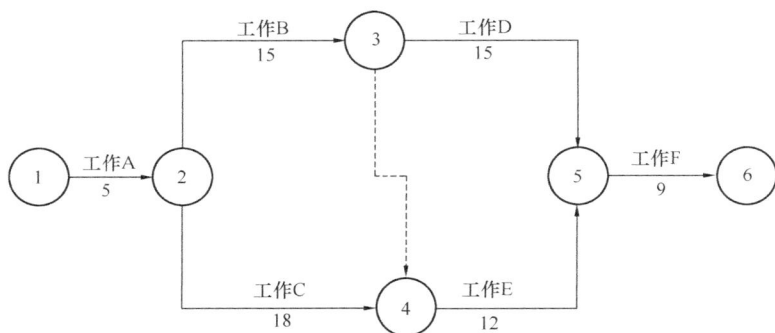

图 4.6-4　双代号网络图

3. 网络图的用途

（1）网络图可以把整个计划任务按照生产的客观规律严密地组织起来。同一个时间段里使生产计划的制订和贯彻执行建立在科学计算和综合平衡的基础上，能预见计划实施过程中的重点所在。

（2）通过网络图，可以看出各工序之间的相互关系，管理人员可了解生产的进度安排和生产对自己工作的要求，工人可清楚地了解自己在全局中所处的地位和作用。

（3）通过网络时间的计算，可帮助领导作出有科学依据的决策，防止盲目指挥；可以发挥各项工作在时间配合上的潜力，为合理调配资源和缩短工期提供科学依据。

（4）通过网络计划的优化，可以从多种计划方案中择取最优方案，保证时间与资源、时间与成本的最佳结合。

（5）网络计划在实施过程中，某项工作提前或拖后完成时，可以通过计算测定其对整个进度计划的影响并通过信息反馈，迅速作出判断和必要的调整，始终对计划实行有效的监督与控制。

在 QC 小组活动中，网络图可用于制订对策、对策实施等程序步骤中。

4. 网络图的绘制规则及注意事项

（1）不允许出现代号相同的箭线：

一项工作应只有唯一的一条箭线和相应的一对节点编号。

（2）双代号网络图中不允许出现一个以上的起始节点或终点节点。

（3）在网络图中严禁出现循环回路。所谓循环回路是指从网络图中某一个节点出发，顺着箭线方向又回到了原来出发点的线路。

（4）双代号网络图中，在节点之间严禁出现双向箭线、无箭头箭线和无箭头（或箭尾）节点的箭线。

（5）网络图中节点编号顺序应从小到大，可不连续（非连续编号可利于以后的修改），但严禁重复。

（6）绘制网络图时，宜避免箭线交叉。当箭线交叉不可避免时，应采用正确的表示方法（过桥法、指向法）。

（7）双代号网络图应条理清楚，逻辑正确，布局合理。例如，网络图中的工作箭线不应画成任意方向或曲线形状，尽可能用水平线或斜线；关键线路、关键工作安排在图面中心位置，其他工作分散在两边；避免倒回箭头等。

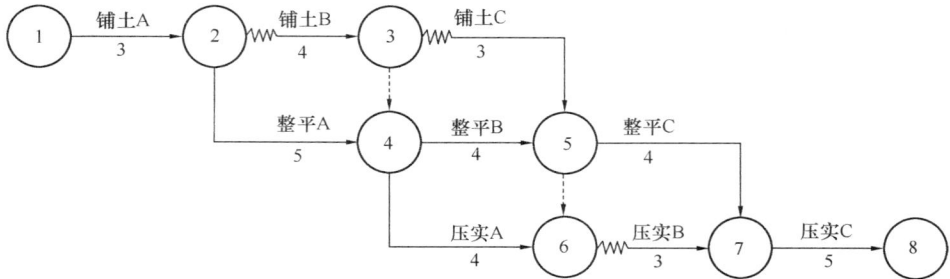

图 4.6-5　某项目土方回填施工进度网络图

5. 网络图应用举例

由图 4.6-5 可以看出，在该网络计划中的所有路线中，线路①→②→④→⑤→⑦→⑧的各工作日总时差最小，该路线持续时间为 21d，为所有线路中持续时间最长的线路，所以，线路①→②→④→⑤→⑦→⑧为关键线路。

第七节　流　程　图

一、流程图概念

流程图（Flow Chart）就是将完成一个过程（如工艺过程、检验过程、管理过程、质量改进过程等）的步骤用特定的图形符号加上说明表达出来。流程图也称作输入—输出图。

流程图由一系列容易识别的标志构成，各类常用标志如下。

1. 开始与结束

椭圆符号（分两种），用来表示一个过程的开始或结束。"开始"或"结束"标在符号内（图 4.7-1）。

2. 活动、处理进程

矩形符号，用来表示过程中的一个单独步骤，活动的简要说明写在矩形内（图 4.7-2）。

图 4.7-1　流程图"开始"
与"结束"符号

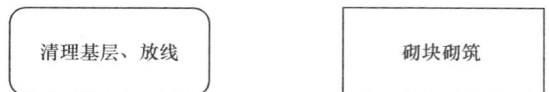

图 4.7-2　流程图"活动、
处理进程"符号

3. 判断、判定

菱形符号，用来表示过程中一项判定或一个分岔点，判定或分岔的说明写在菱形内，常以问题的形式出现。对该问题的回答决定了判定符号之外引出的路线，每条路线标上相应的回答（图 4.7-3）。

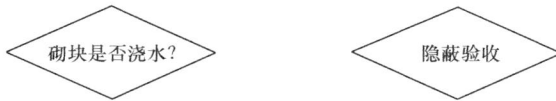

图 4.7-3　流程图"判断、判定"符号

4. 流程线

一般是箭线符号，用来表示步骤在顺序中的进展，箭头表示一个过程的流程方向（图 4.7-4）。

图 4.7-4　流程图"流程线"符号

5. 文档或者文件

用来表示属于该过程的书面信息，文件的题目或说明写在符号内（图 4.7-5）。

6. 输入/输出

一般用平行四边形符号，表示数据的输入或者输出（图 4.7-6）。

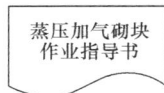

图 4.7-5　流程图
"文档、文件"符号

图 4.7-6　流程图"输入、
输出"符号

二、流程图用途

流程图作为一种直观而通俗地展示复杂过程的工具，可以将工作过程的复杂性、有问题的地方、重复部分、多余环节以及可以简化和标准化的地方都显示出来；将实际的和想象的流程进行比较和对照，以便寻求改进过程的机会。在 QC 小组活动中，流程图可用于课题选择、现状调查、目标可行性论证、制订对策、对策实施、制订巩固措施等程序步骤中。

三、流程图应用步骤

1. 描述和分析现有过程

（1）判别过程的开始和结束。

（2）观察从开始到结束的整个过程。

（3）规定该过程的程序（输入、活动、判定、决定、输出）。

（4）画出表示该过程的流程草图。

（5）与该过程所涉及的有关人员共同评审该草图。

（6）根据评审结果改进流程草图。

（7）与实际过程比较，验证改进后的流程图。

（8）注明正式流程图的形成日期，以备将来使用和参考（可用于过程实际运行的记录，亦可用于判别质量改进的时机）。

2. 设计新过程

（1）判别过程的开始和结束。

（2）使这个新过程中将要形成的程序（输入、活动、判断、决定、输出）形象化。

（3）确定该过程的程序（输入、活动、判断、决定、输出）。

（4）画出表示该过程的草图。

（5）与该过程所涉及的人员共同评审该草图。

（6）根据评审结果改进流程草图。

（7）注明正式流程图的形成日期，以备将来使用和参考（可用于过程实际运行的记录，亦可用于判别质量改进的时机）。

四、流程图应用注意事项

（1）流程线符号标准流向：从左到右，从上到下；符号内的说明文字，也应该从左到右，从上到下。

（2）流程图必须有开始符号和结束符号，且开始符号只能出现一次，而结束符号可以出现多次。若流程足够清晰，可省略开始、结束符号。

（3）过程符号应为单一入口，单一出口；同一个流向流入过程符号的，用一个箭头即可，无需多个箭头。

（4）若两个决策为平行关系，可以放在同一高度。

（5）颜色区分。对于需要强调的部分，可以用不同的颜色进行强调。

（6）必要的时候，使用标注，以更清晰地说明流程。

五、流程图应用举例

某项目部多跑楼梯支模方法创新连接器组合安装工艺流程图，如图 4.7-7 所示。

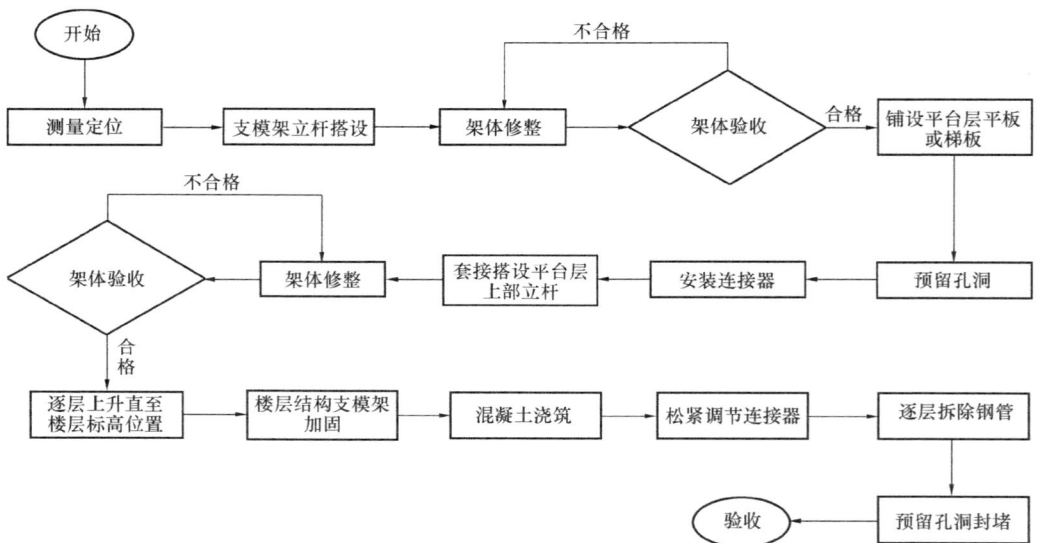

图 4.7-7　多跑楼梯支模方法创新连接器组合安装工艺流程图

第八节 矩 阵 图

一、矩阵图概念

矩阵图（Matrix Chart）是以矩阵的形式分析问题与因素、因素与因素、现象与因素间的相互关系。即从问题事项中找出成对的因素群，分别排列成行和列，找出其中行与列的相关性或相关程度大小的一种方法。常用的相关程度符号有：

△表示不相关；○表示弱相关；◎表示强相关。

矩阵图的特点是：

（1）透过矩阵图的制作与使用，可以累积众人的经验，在短时间内整理出问题的头绪或决策的重点，可以发挥像数据般的效果。

（2）各种要素之间的关系非常明确，能够使我们掌握到全部要素的关系。

（3）矩阵图可采取多次元方式的观察，使潜伏在内的各项因素显示出来。

（4）矩阵图从行、列要素分析，可避免一边表现得太抽象而另一边又太详细的情形发生。

二、矩阵图用途

矩阵图法的用途十分广泛，在质量管理中，常用矩阵图法解决以下问题：

（1）把系列产品中的硬件功能和软件功能相对应，并要从中找出研制新产品或改进老产品的切入点；

（2）明确应保证的产品质量特性及其与管理机构或保证部门的关系，使质量保证体系更可靠；

（3）明确产品的质量特性与试验测定项目、试验测定仪器之间的关系，力求强化质量评价体制或使之效率提高；

（4）当生产工序中存在多种不良现象，且它们具有若干个共同的原因时，通过搞清这些不良现象及其产生原因之间的相互关系，而把这些不良现象一并消除；

（5）进行多变量分析，研究从何处入手以及以什么方式收集数据。

在 QC 小组活动中，矩阵图可用于课题选择、制订对策、对策实施等程序步骤中。

三、矩阵图分类

矩阵图大体分为 L 型、T 型、Y 型、X 型、C 型五种。其中，L 型是基本型，其他都是在 L 型的基础上进行叠加和组合。在质量管理和 QC 小组活动中使用得最多的是 L 型和 T 型。C 型、X 型、Y 型不常用。

1. L 型矩阵图

L 型矩阵图是矩阵图中最基本的形式。一般是将两个对应事项 A 与 B 的元素，分别按行和列排列成一个矩阵，并在行列的交叉点上标明 A 与 B 元素间的关系，如图 4.8-1 所示。L 型矩阵图常用于分析若干个目的（或问题）与为实现这些目的（问题）的若干个手段（原因）之间的关系。

2. T 型矩阵图

T 型矩阵图是由两个 L 型矩阵图组合而成的，通常其中一个是现象与原因的 L 型矩阵图，另一个是原因与要素的 L 型矩阵图，因而常用于分析现象、原因与原因影响要素间的关系，如图 4.8-2 所示。

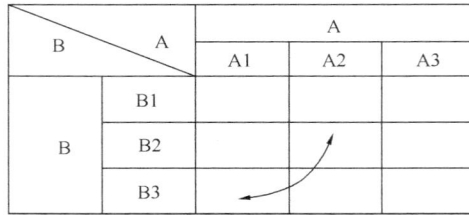

图 4.8-1 L 型矩阵图的基本形式

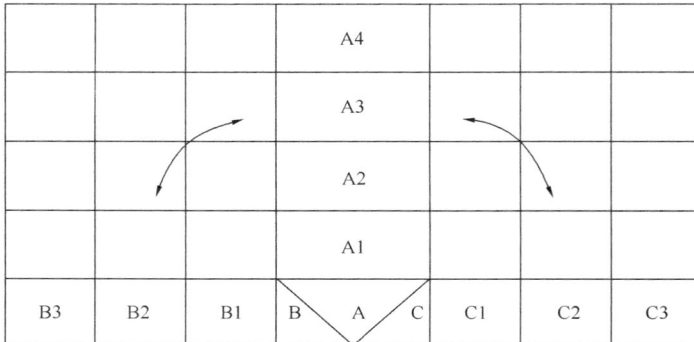

图 4.8-2 T 型矩阵图的基本形式

四、矩阵图应用步骤

（1）确定事项，如性能—原因或特性—影响因素等。

（2）选择矩阵图类型。

（3）选择各事项的相关因素，按照重要程度或发生频率大小等顺序填写到相应的各栏中。

（4）分析因素关系，分别确定各行、列间对应两因素内容的关联关系，并根据关联的强弱程度，用符号标记在相应的交叉点上。

（5）确认关联关系，分别以每栏因素为基础，将该因素与其他事项各因素的关联关系用符号加以确认。

（6）根据关系程度确定必须控制的重点因素。

五、矩阵图应用注意事项

在评价有无关联及关联程度时，要获得全体参与讨论者的同意，一般不可以按少数服从多数的表决通过来决定。

六、矩阵图应用举例

某成型加工厂的制品特性是应顾客要求的，需经常改变，因而常为要选择适合的原料而倍感困扰，有时甚至因选到不适用的原材料而使制品成为废品，造成重大的损失。该公司于是将有关人员组成小组，收集各种相关标准，并利用公司过去的有关原材料特性与制品特性的相关性数据，借着矩阵图法将之加以整理（图 4.8-3），作为日后原材料选择的依据。

成型材料 特性项目		特性比较表								
		A	B	C	D	E	F	G	H	I
成型性		○	○	⊙	◎	○	△	○	×	⊙
机械的性质	刚性	◎	◎	◎	◎	○	◎	◎	◎	◎
	强度	◎	◎	○	△	○	◎	△	○	○
	耐冲击性	○	×	×	○	◎	◎	×	○	×
电的性质	绝缘性	○	○	△	○	○	◎	○	△	×
	导电特性	△	△	×	×	△	△	○	○	×
耐热性		○	○	△	○	○	◎	◎	△	○
耐湿性		○	○	△	△	○	○	○	△	×
尺寸安定性		◎	◎	△	○	○	○	○	○	×
耐药品性		⊙	○	△	△	△	△	△	△	×
耐溶剂性		◎	◎	○	○	△	◎	○	△	○
耐候性		⊙	△	○	○	○	○	○	△	△
腐蚀性		○	△	△	×	○	○	○	◎	○
耐污染性	未	×	×	△	○	×	◎	○	×	△
	有	△	△	○	—	○	—	—	—	○
机械加工性		△	△	△	○	○	△	△	◎	△
透明性		×	×	×	×	×	○	×	△	△
相对价格		3	5	2	1	8	2	8	5	0.5

注：⊙：最佳；◎：良好；○：好；△：稍差；×：差；—：很差。

图 4.8-3　某产品原材料性能分析矩阵图

第九节　其他常用统计方法

一、简易图表法

1. 折线图

折线图（Line Chart）也叫波动图，常用来表示质量特性数值随时间推移而波动的情况。折线图可以显示随时间（根据常用比例设置）而变化的连续数据，因此非常适用于显示在相等时间间隔下数据的趋势。

应用注意事项：

（1）为了看清数值随时间的变化情况，当遇到特性值变化不大的情况，绘图时可以适当放大垂直轴刻度，使它能明显地反映出变化的情况。

（2）在同一个折线图上，可以同时记入几条折线。图形复杂、交叉较多的折线数量就要少一些；图形简单、交叉较少的折线数量就可多一些，但最好不要超过5条。

（3）各条折线最好用不同的颜色描绘出来，如果是同种颜色则必须用不同粗细的折线来表示，或者采用不同的记号，便于区别和比较。

例：某地某日的气温变化情况折线图如图 4.9-1 所示。

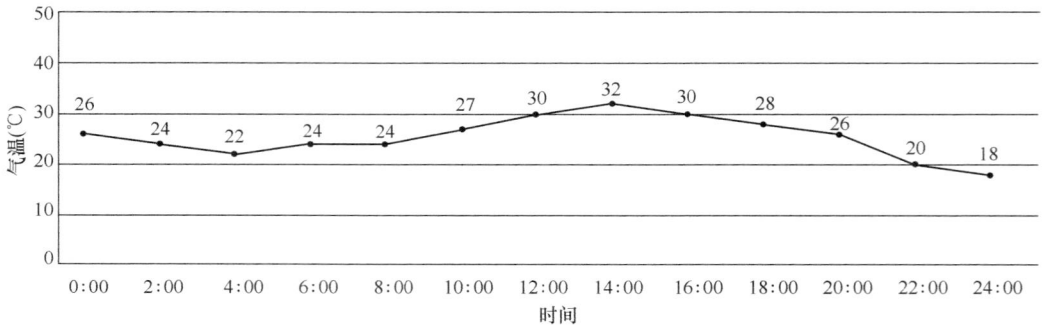

图 4.9-1　某地某日的气温情况折线图

2. 柱状图

柱状图（Bar Chart）又称长条图、柱形图，是用长方形的高低来表示数据大小，并对数据进行比较分析的图形。

应用注意事项：

（1）同一数据系列使用相同的颜色。

（2）文字标注不要倾斜；当横坐标的文字过长时，可以使用条形图代替柱状图。

（3）纵坐标的坐标轴的刻度一般从 0 开始。

（4）柱形图上应添加数据标签。

案例：某建筑施工企业全年业务承接情况柱状图如图 4.9-2 所示。

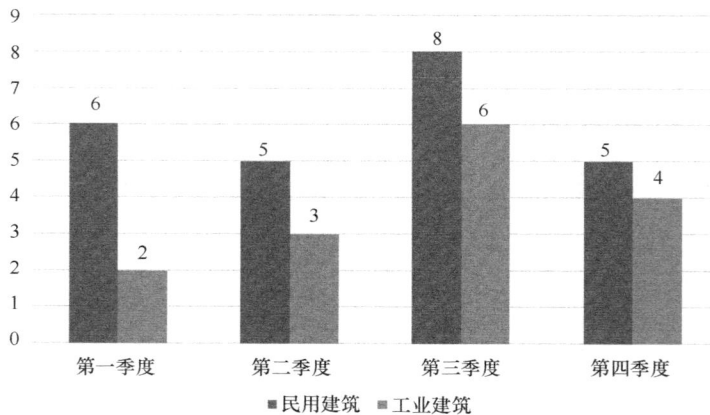

图 4.9-2　某建筑施工企业全年业务承接情况柱状图

3. 饼分图

饼分图也叫圆形图，常用于统计学模块。图中的数据点显示为整个饼分图的百分比。

应用注意事项：

（1）绘制饼分图时注意从图形正上方 12 点位置起，将数据从大到小按顺时针布置于各扇形。

（2）理论上讲，饼分图的数据可以有无限多，但从实际应用来说，饼分图最适合展现的数据为 3～5 个系列。

154

案例：某工程基坑支护质量缺陷饼分图如图 4.9-3 所示，从图中可以看出，基坑支护中土钉孔注浆不满问题占比 40.0%，喷浆厚度不足问题占比 28.0%，钢筋间距过大问题占比 14.0%，土钉间距过大问题占比 10.0%，其他问题占比 8.0%。

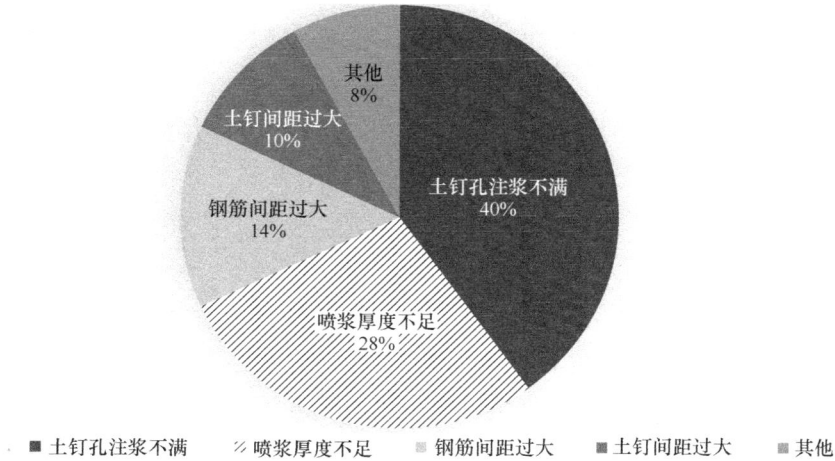

图 4.9-3　某工程基坑支护缺陷饼分图

4. 甘特图

甘特图（Gantt Chart）又称横道图，是基于作业排序的目的，将活动与实践联系起来的图形。其通过条状图来显示项目、进度和其他与时间相关的系统进展的内在关系随着时间进展的情况。

甘特图一般可用表格进行图示，横轴表示时间，纵轴表示活动（项目）。线条表示在整个期间上计划和实际的活动完成情况。

案例：某会所施工进度计划甘特图，如图 4.9-4 所示。

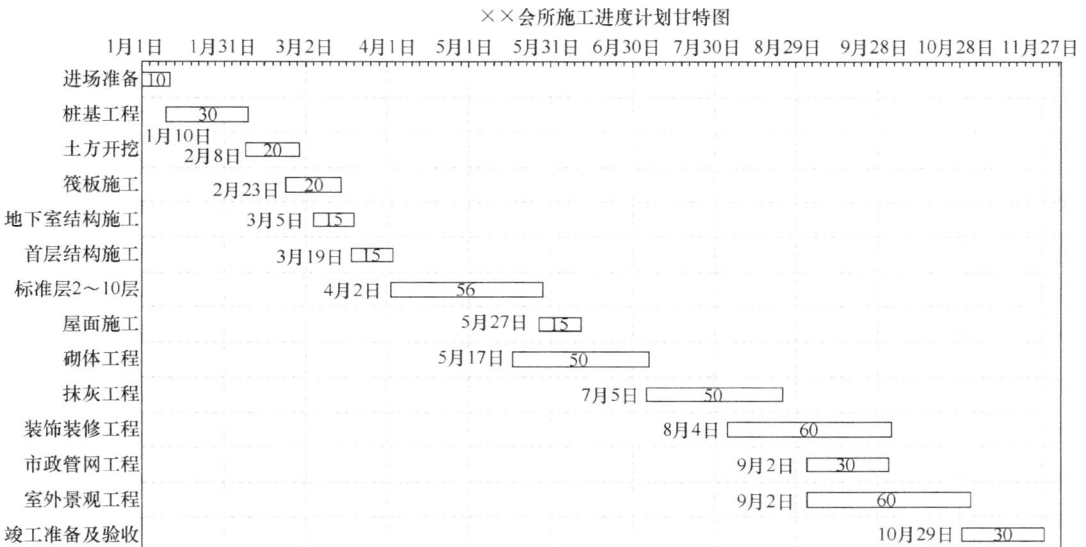

图 4.9-4　某会所施工进度计划甘特图

二、水平对比法

1. 水平对比法概念

水平对比法（Bench Marking）又称为标杆法，就是组织将自己的产品和服务的过程或性能与公认的领先对手进行比较，以识别质量改进机会的方法。

2. 水平对比法类别

（1）根据比较内容分类

1）性能水平对比：比较性能，以此来确定与其他公司相比的经营情况。

2）过程水平对比：比较经营过程的不同，因为经营过程才是产生性能差别的原因所在。

3）战略水平对比：比较战略决策与安排，收集信息，改进自身的战略计划和定位。

（2）根据所选的目标实体分类

1）内部对比：所比较的对象是同一公司或组织内部的部门或分支机构，有助于了解各部分及整个企业的现状及各部门之间的比较和学习。

2）竞争对手对比：直接与最优的竞争对手比较性能、过程等，这是竞争分析的扩展，有助于提高整个竞争的层次和追求。

3）行业对比：与同行的非竞争对手比较过程和职能等，因彼此间无竞争关系，可深入比较。该法不会对企业革新带来立竿见影的效果，但有长远效果。

4）通用水平对比：不考虑行业的限制而与最优的过程进行比较，带来突破的新技术、新方法，给企业带来质的飞跃。

3. 水平对比法用途

水平对比法有助于组织认清目标和确定计划编制的优先顺序，激发应用者的主观能动性，使自己在市场竞争中获得有利地位。

在 QC 小组活动中，水平对比法可用于课题选择、现状调查、设定目标、目标可行性论证、效果检查、总结和下一步打算等程序步骤中。

4. 水平对比法应用步骤

（1）确定对比的项目

找出自己的工艺、产品、服务等方面与标杆企业存在的差距，并将其作为水平比较的项目。

（2）确定对比的对象

确定对比项目后，选择你对比的标杆企业，该标杆企业可以是竞争对手，也可以是非竞争对手，但在对比项目上是公认的领先水平。

（3）收集资料

通过直接接触、考察、调研或查阅公开刊物、广告等途径，收集有关与标杆企业拟进行对比项目的信息。

（4）归纳整理、数据分析

对收集的有关信息进行归纳、分析，找出与标杆企业存在的差距以及自身应改进的项目，并制订自身改进目标。

（5）实施改进

根据顾客的需求和标杆企业的绩效，以及改进目标，制订改进计划并实施。

5. 水平对比法应用举例

某施工企业安装班组施工预埋止水节，在施工完成后发现一次成型合格率只有79.2%。为了明确班组的改进目标和方向，该班组利用水平对比，对同行业其他企业包括标杆企业进行了调查对比，收集了同行业平均水平及标杆企业的一次成型合格率指标，如表 4.9-1 所示。通过对比，进一步明确了改进方向，并制订了改进措施。

预埋止水节一次成型合格率水平对比表

表 4.9-1

序号	施工班组名称	检查点（个）	合格点（个）	不合格点（个）	合格率（%）
1	本班组施工的预埋止水节	120	95	25	79.2
2	A 班组施工的预埋止水节	130	124	6	95.4
3	B 班组施工的预埋止水节	120	117	3	97.5
4	C 班组施工的预埋止水节	130	125	5	96.2
5	合计	500	441	39	88.2

制表人：×××　　　　　　　　　　制表时间：××年××月××日

三、雷达图

雷达图又称戴布拉图、蜘蛛网图。传统的雷达图被认为是一种表现多维（4 维以上）数据的图表。它将多个维度的数据量映射到坐标轴上，这些坐标轴起始于同一个圆心点，通常结束于圆周边缘，将同一组的点使用线连接起来就成为了雷达图。可以在同一坐标系内展示多指标的分析比较情况。雷达图分析法是综合评价中常用的一种方法，尤其适用于对多属性体系结构描述的对象作出全局性、整体性评价。

四、正交试验设计法

1. 正交试验设计法概念

正交试验设计法简称正交试验法，是指研究多因素、多水平的一种试验设计方法。根据正交性从全面试验中挑选出部分有代表性的点进行试验，这些有代表性的点具备均匀分散、整齐可比的特点。正交试验设计的主要工具是正交表，试验者可根据试验的因素数、因素的水平数以及是否具有交互作用等需求查找相应的正交表，再依托正交表的正交性从全面试验中挑选出部分有代表性的点进行试验，可以实现以最少的试验次数达到与大量全面试验等效的结果，因此应用正交表设计试验是一种高效、快速而经济的多因素试验设计方法。

指标：就是试验要考核的效果。在正交试验中，主要设计可测量的定量指标，常用 X、Y、Z 来表示。

因素：是指对试验指标可能产生影响的原因。因素是在试验中应当加以考察的重点内容，一般用 A、B、C……来表示。在正交试验中，只选取可控因素参加试验。

水平：是指因素在试验中所处的状态或条件，也称为位级。对于定量因素，每一个选定值即为一个水平。水平一般用 1、2、3……来表示。在试验中需要考察某因素的几种状态时，则称该因素为几水平（位级）的因素。

2. 正交表

（1）正交表

设计安排正交试验时需要用到一类已经制作好的标准化表格，此类表格称为正交表。

最简单的正交表为 L_4（2^3），如表 4.9-2 所示。

L_4（2^3）正交表 表 4.9-2

行（试验）号	列号		
	1	2	3
1	1	1	1
2	1	2	2
3	2	2	1
4	2	1	2

正交表记号 L_4（2^3）含义如下："L"代表正交表；L 下角的数字"4"表示有 4 横行，简称行，即要做四次试验；括号内的指数"3"表示有 3 纵列，简称列，即最多允许安排的因素是 3 个；括号内的数字"2"表示表的主要部分只有 2 种数字，即因素有两种水平 1 与 2，如图 4.9-5 所示。

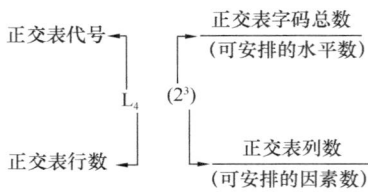

图 4.9-5　正交试验表记号图

（2）正交表的性质

每一列中，不同的数字出现的次数相等。例如，在两水平正交表中，任何一列都有数字"1"与"2"，且任何一列中它们出现的次数是相等的；如在三水平正交表中，任何一列都有"1""2""3"，且在任一列的出现次数均相等。

任意两列中数字的排列方式齐全而且均衡。例如，在两水平正交表中，任何两列（同一横行内）有序对子共有 4 种：（1，1）、（1，2）、（2，1）、（2，2）。每种对数出现次数相等。在三水平情况下，任何两列（同一横行内）有序对共有 9 种：（1，1）、（1，2）、（1，3）、（2，1）、（2，2）、（2，3）、（3，1）、（3，2）、（3，3），且每对出现次数也均相等。

以上两点充分地体现了正交表的两大优越性，即"均衡分散性，整齐可比"。通俗地说，每个因素的每个水平与另一个因素的各水平各碰一次，这就是正交性。

3. 常用步骤

常用正交试验设计与分析的基本步骤如下：

（1）明确试验目的。

（2）确定考察指标。

（3）挑因素选水平。

（4）设计试验方案。

（5）实施试验方案。

（6）试验结论分析。

（7）验证试验。

（8）结论与建议。

五、优选法

1. 优选法概念

优选法（Optimization Method），是以数学原理为指导，用最可能少的试验次数，尽快找到最优方案的一种科学试验的方法，即最优化方法。

优选法分为单因素方法和多因素方法两类。单因素方法有平分法、0.618法（黄金分割法）、分数法、分批试验法等；多因素方法很多，但在理论上都不完备，主要有降维法、爬山法、单纯形调优法、随机试验法、试验设计法等。

2. 优选法的用途

（1）现场质量改进活动中单因素的分析、试验和选择。

（2）QC小组活动的对策制订、实施。

3. 应用步骤

（1）选定优化判据（试验指标），确定影响因素。

（2）明确试验方法及指标。

（3）计算试验点。

（4）比较及验证。

4. 常用优选

（1）平分法

平分法又称对分法、对折法，即每次试验因素的取值用前两次试验取值的中点。

计算公式：$X = \dfrac{a+b}{2}$

式中　X——本次试验因素的取值；

a、b——前两次试验对该因素的取值。

案例：某QC课题为《研究煤气横管清扫的新方法》

在方案实施过程中，为选定准确的出焦前关闭煤气横管的时间即开始清扫煤气横管时间，该小组成员利用了平分法的原理。

由于焦饼在结焦末期属于放热反应，焦炉的换向时间为30min，同时工艺技术规程规定焦炉温差最大不能超过50℃。同时，按照正常工况条件燃烧室关闭时间不大于2h，所以该小组将试验范围定在出焦前0～2h进行，并进行了相应的试验，见表4.9-3。

试验设计方案　　　　　　　　　　　　　　　　　　　表4.9-3

试验项目	燃烧室关闭时间取值
试验范围	按照工艺规程规定正常工况条件下燃烧室关闭时间不大于2h
试验方法	用对分法计算试验燃烧室最小关闭时间，每次试验5次，并测温查看，温度下降值达到工艺要求时则认为燃烧室关闭时间取值正确
指标	温度下降值M控制在40～50℃
试验目的	找出M值达到工艺要求的燃烧室关闭时间
验证分析	根据试验结果选出燃烧室关闭时间，验证温度下降值控制在40～50℃

按照工艺规程的要求，燃烧室正常工况条件下关闭时间不大于2h，运用对分法，在上下限中间取值X_1。小组成员对燃烧室关闭时间X_1进行了5次试验，结果如表4.9-4所示。

根据对分法，X_2为a和X_1的中点，小组成员对燃烧室关闭时间X_2进行了5次试验，结果如表4.9-5所示。

X_1 的试验结果　　　　　　　　　　　　　　表 4.9-4

第一次试验	工艺参数标准	$X_1=(a+b)/2=(0+2)/2=1$					
		试验号	1	2	3	4	5
		温度下降值(℃)	55	60	60	58	60
		平均值(℃)	58.6				
燃烧室关闭时间为 1h，温度下降值平均值为 58.6℃，超出工艺参数要求，说明燃烧室关闭时间过长，去掉(X_1,b)即 1~2h，留下(a, X_1)即 0~1h，重新选择新的试验点							

X_2 的试验结果　　　　　　　　　　　　　　表 4.9-5

第一次试验	工艺参数标准	$X_2=a+X_1/2=0+1/2=0.5$					
		试验号	1	2	3	4	5
		温度下降值（℃）	48	45	43	40	45
		平均值（℃）	44.2				
燃烧室关闭时间为 0.5h，温度下降值平均值为 44.2℃，符合工艺参数要求							

　　对试验得出的燃烧室关闭时间为 0.5h 进行跟踪验证，结果见表 4.9-6。

验证试验结果　　　　　　　　　　　　　　表 4.9-6

项目＼时间	3 月 5 日	3 月 8 日	3 月 10 日
燃烧室关闭时间	0.5h	0.5h	0.5h
试验次数	10	10	10
温度下降值（℃）	42~48	44~46	42~46
温度下降均值（℃）	45	45	44
结论	跟踪结果证明，燃烧室关闭时间为 0.5h 的试验结果符合工艺要求		

　　由上表的试验数据可知，该小组最终将清扫时间定为炉温变化最小的出焦前 0.5h 的燃烧室。

　　该方法实施后，避免了小组成员在 QC 活动过程中随意地设定数据，不能准确地了解到该数据是否合理，通过运用准确的试验数据进行比较，选定合理的试验数据，这样既降低了生产成本，又提高了活动成果的准确性，对工作严谨性有很大的提高。

　　（2）黄金分割法

　　把一条线段分割为两部分，使其中比较长的部分与全长之比等于短部分与长部分之比。两个比值都是同一个无理数，取其前三位数字的近似值 0.618，称为黄金分割法。不断用黄金分割比例确定试验范围内试验点的方法，能够最快地逼近最佳状态，该方法在优选法中被称作 0.618 法。

　　黄金分割法类似于对分法，但计算上会比对分法略微复杂些，它是以试验范围的0.618 处及其对称点取值选择试验点，因此，比对分法更加精确一些，QC 小组可根据项目的质量特性，灵活选用。

　　运用黄金分割法时，第一个试验点应该安排在试验范围（a，b）的 0.618 处，第二个试验点安排在其对称点上。

这两点的数学表达式为：

$$X_1 = a + 0.618(b-a)$$
$$X_2 = a + b - X_1$$

当完成第一次试验之后，将 X_1、X_2 点的试验结果进行对比。

若 X_1 点结果比 X_2 点好，则将 $(a，X_2)$ 的试验范围去除，仅保留 $(X_2，b)$，在此范围内再找出新的对称点 X_3 的位置（图 4.9-6）。以此类推，直至找到试验范围内的最优点。

$$X_3 = X_2 + b - X_1$$

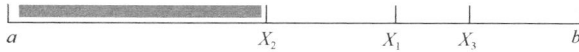

图 4.9-6 试验范围示意图一

若 X_1 点结果比 X_2 点差，则将 $(X_1，b)$ 的试验范围去除，仅保留 $(a，X_1)$，在此范围内再找出新的对称点 X_3 的位置（图 4.9-7）。以此类推，直至找到试验范围内的最优点。

图 4.9-7 试验范围示意图二

$$X_3 = a + X_1 - X_2$$

[黄金分割法的简单应用案例]

自行车链轮与轴柄要装配成一个组合件，通过链轮内孔与曲柄小台阶外径处的冷压铆合来达到抗扭强度要求：经过 2000kN 的扭力作用 1min 后，两者的铆合处不得发生转动。冷压铆合前，于链轮的内孔上须冲压出一定数量的不冲通内齿形。内齿数太多，冷压装配时曲柄小台阶外径处的材料因挤压入其间的量少而铆合不牢；内齿数太少，材料又难以压入填满其间而铆合不牢；故需计算内齿数目的最佳值。

1）确定初始点及可行区间

原有一模具（冲头），冲出链轮内齿 40 牙/周，所有组合件均发生转动，转动率 40%；后来加工了一个 10 牙/周的冲头，结果转动率 25%。经分析，小于 10 牙/周的冲头实际应用不可行，故其试验的区间为 $[10，40]$；精度要求为转动率 0。

2）0.618 法优选齿数

根据 0.618 优选法公式，新加工模具计算齿数如下：

$X_1 = a + 0.618(b-a) = 10 + 0.618 \times (40-10) \approx 28$ 牙/周

$X_2 = a + b - X_1 = 10 + 40 - 28 = 22$ 牙/周

试验结果如表 4.9-7 所示。

不同齿数链轮与轴柄转动率统计表　　　　　　　　　　　　表 4.9-7

测试时间	齿数	转动率（%）
××年××月××日	28	18
××年××月××日	22	8

从上表中可以看出 22 牙/周的齿数比 28 牙/周的齿数好，但仍未达到目标要求，小组继续选择试验点进行第二次试验：$X_3 = a + X_1 - X_2 = 10 + 28 - 22 = 16$ 牙/周，试验结果如

表 4.9-8 所示。

不同齿数链轮与轴柄转动率统计表　　　　　　　　表 4.9-8

测试时间	齿数	转动率（%）
××年××月××日	22	8
××年××月××日	16	0

　　从上表中可以看出，16 牙/周的齿数已满足质量要求，就不再继续迭代了。

第五章　成果整理、交流、评审和推广

第一节　QC 小组活动成果报告的整理

QC 成果报告是小组活动全过程的书面表现形式，是 QC 活动的最终结果。成果的来源是 QC 小组活动全过程的原始记录和统计分析，经过全体小组成员共同讨论总结整理出来的结果。总结、整理成果报告两个基本的立足点，一是立足于小组自身的提高，二是立足于发表交流，互相启发，共同提高。

一、成果整理的目的

1. 巩固知识

通过成果报告的整理，小组成员可以将活动过程中应用的知识、技能、方法进行系统整理，巩固小组在活动过程中遵循 PDCA 活动程序，掌握以事实为依据、用数据说话的逻辑思维，通过正确的统计方法对知识、技能、经验的汇总，提炼小组在活动过程中的闪光点。同时，提高成员通过活动对专业技术的积累，学会用数据说话，为今后改善工程质量和工作质量打下基础。

2. 交流推广应用

QC 小组活动整理完成成果报告，可宣传、可复制、可推广应用；在企业内部交流学习，通过选拔竞赛，参加同行业交流学习，甚至参与跨行业的企业间分享 QC 小组成功经验，展示自身成绩的同时，提升小组成员的活动积极性。

3. 工作业绩储备

总结回顾 QC 活动成果报告，对成员在小组活动中发挥的才干及创造力，会有一种成就感，一种坚定的信念，一种更高级的工作快乐。对团队及个人能力不断提升，持续改进，有着非凡的意义。优秀的 QC 成果报告在演讲舞台上彰显成员荣誉感，弘扬质量管理的工匠精神，达到人人讲质量、人人关注质量，共同提高中国制造的大质量；鼓舞更多员工参与到 QC 小组活动中来，形成良性循环，形成人人讲质量、人人懂管理、人人明白解决质量问题的思路和工作方法，为成员成长过程中的工作业绩做好储备。

二、成果整理的步骤

1. 召开全体 QC 小组成员会议

由组长负责召集 QC 小组全体成员召开总结会，一是认真总结回顾本次活动的经验教训。如选题是否是项目急需解决的问题，程序是否合乎要求，统计方法运用是否正确、适宜，活动过程是否合理。二是成员谈体会。在本次课题活动中，每个小组成员在其中起到了多大的作用，是否保质保量完成小组分工规定的工作职责和义务。三是明确小组成员成果整理职责，谁负责执笔，谁负责配合，谁负责协调，何人负责审核，实行分工负责制。

2. 整理活动记录、资料

QC 小组成员根据分工，分别收集原始记录和资料，包括小组开展活动的会议记录，现状调查记录，现场测试、测量记录，统计分析记录，项目部档案保存的相关记录，国内外同行业先进水平资料，对策实施的工艺流程影像资料，活动前后质量改进的佐证，专利、软著、工艺图纸、制度、作业指导书等总结性文件，以及其他支持证明文件等。

3. 完成成果初稿

成果报告是 QC 小组活动过程及成果客观的书面表达形式，不能本末倒置为了出报告而报告。执笔人在掌握活动过程的记录和相关资料后，按照该 QC 小组真实活动的程序，如实整理出 QC 小组活动成果报告初稿，最终再经全体成员复核确认形成成果报告终稿。报告必须反映出活动的真实情况，活动时的亮点、不足都要一视同仁，只有这样交流发表时才能得到最大限度的提升。

4. 成果审核

成果初稿形成后，按照成果整理计划表安排，分别由小组长和指导者进行一审及二审工作，提出修改意见后由执笔人进行整改。然后提交小组成员全体会议，进行讨论、修改、补充、完善，由执笔人根据会议意见再进行修改，形成终审稿。

三、成果整理的基本要求

1. 按 PDCA 活动程序进行总结

程序是法则，也是规则，小组在总结、整理成果报告时，一定要严格按照其活动类型的活动程序进行总结、整理。

2. 评判以客观为依据

QC 成果的最根本原则之一是一切以客观事实为出发点，对于活动的每个步骤和相应的数据，均是客观评判的过程。小组在成果总结整理时，成果中的每一个步骤、每一项选择都应遵循此原则，均要有支持性的文件或质量记录作为依据，不得主观臆断，以体现QC 活动的客观性、真实性。

3. 文本逻辑应严密

每个程序、每个环节间以及每句话之间都存在着一定的因果关系和逻辑性。因此，在总结整理成果时要注重因果关系，做到上下因果衔接，前后呼应，条理清楚。语言要通顺、简练，逻辑性强，标点符号要使用正确。同时，少用或不用专业技术性太强的名词术语，在不可避免时，要用通俗易懂的语言进行必要的解释，以便外行的人也能够看明白、听明白，收到较好的交流效果。

4. 以评审角度总结整理成果

在成果报告总结整理时，不管是成果文本中的每一个阶段、每一个步骤，还是每一句评判，QC 小组都要站在评审的角度去推敲和把握。成果报告要以图、表、数据为主，配以少量的文字说明，能够用图、表说明的就不要采用长篇的文字，尽量做到标题化、图表化、数据化，以使成果更加清晰、醒目，以便于评审和交流。

四、成果总结整理中的常见问题

1. 成果的内容与形式没有达到和谐统一

部分小组所选课题是一个简单的产品工艺改进过程或简单的方案优化问题，用"问题解决型"程序完全可以解决的课题，却选择"创新型"程序解决；有的小组选择了"创新型"，而活动过程又是按"问题解决型"的程序开展；有的小组虽然选择了"创新型"课题，但又不严格按照"创新型"程序走，活动过程不伦不类；有部分小组活动成果通篇是作业规程、操作规程的翻版，尤其是对策实施过程基本上将作业规程、操作规程的工作流程全部照搬，将制订好的对策、措施抛开不用。

2. 客观依据少、主观臆断多

部分小组在活动中不能很好地体现QC的思想和宗旨，违背了QC活动以事实为依据、用数据说话的原则。在小组活动的各个步骤和环节，客观验证、数据分析被主观武断代替，分析凭主观，判断靠开会，缺少有支持性的依据支撑，真正解决问题、判断问题的方法弃之不用，无法让人信服。

3. 活动程序混乱

部分小组未准确掌握课题的活动程序，未按照规定的活动程序去总结整理，无法做到齐全、正确、有效，而是杂乱无章，未紧密衔接。如：在问题解决型课题活动过程中，不管目标是小组自定的，还是指令性的，均作了目标可行性分析，但目标的设定与现状调查的程序颠倒；在创新型课题活动过程中，未经广泛借鉴就凭空提出了各类方案，或者提出的方案脱离借鉴内容。

4. 表层化、浅显化处理问题

有的小组将创新型课题的总体方案只是简单地进行借鉴，而未对借鉴思路或数据等内容进行梳理，就盲目选定方案，对于分级方案未进行现场测量、试验和调查分析就凭主观意愿进行选择。有的小组在问题解决型课题活动中，满足于表层化的分析、判断、处理问题。现状调查分析到第一层的占大多数，没有通过分层直至找出影响课题的主要影响因素。在原因分析中所找的末端因素大部分不是末端因素，而只是中间因素，所分析出的所谓的末端因素根本无法直接采取对策，影响了活动效果。

5. 统计方法运用较少、不规范

部分小组未科学合理地运用统计方法，习惯于使用"两图两表"，比较实用的控制图、直方图、PDPC法等运用较少或者不规范。

6. 文字多、图表少

部分成果报告未能体现客观、真实、用数据说话、图表化的特点，从课题简介、选题理由、现状调查，到对策实施、效果验证、总结等，大多用长篇的文字进行累述，醒目直观的图表反而用得少，没有做到图文并茂、活泼新颖。

第二节　QC小组活动成果的交流

QC小组活动是通过小组成员的"思考与钻研"，用各种好主意，改善自己做事和工作的方法，从而让自己拥有成就感；通过各层级交流，达到共同学习、进步的目的，进而提高人与企业的活力，成为调动员工积极性的切入点。

一、成果交流的作用

1. 交流经验、相互启发、共同提高

通过QC小组活动成果交流发布，得到客观点评和答疑，可使小组成员对PDCA循环、活动程序有更深入的理解。激发初入职场员工对质量管理工作的激情，提升科学管理的能力。每一次QC小组活动成果交流既是一场发布会，也是一次实战培训，更是一次能明确自身不足和改进方向的机会。

2. 鼓舞士气，满足价值实现的需要

在 QC 小组活动成果交流会上，给每一个 QC 小组都提供了展示自己成果的机会。QC 小组可能是来自同行业的，也可能是跨行业的。各小组选题不同，专业领域不同，工作经历不同，看待问题的角度也会有所不同。相同的是各 QC 小组成员同聚一堂，交流经验，不仅丰富了眼界，提高了自身水平，增强了小组成员荣誉感和自信心，更是为今后的活动注入了新的动力。

3. 现身说法，吸引更多职工参加

许多小组成员都是常年奋战在施工现场一线的员工，他们拥有着非常丰富的实战经验和专业技术知识，但由于圈子、信息较为闭塞，往往缺少展示自己的舞台。通过 QC 小组活动成果交流这一机会，可以从各自企业内走出来展示自己的活动成果，同时也展现自己的风采，让行业同仁、专家、企业领导都有发现自己、认识自己的机会，给自己的职业生涯增光添彩。有许多现任中、高层企业骨干、领导都是通过 QC 小组活动，踏进了质量管理的大门，从而成为企业的中坚力量。这些实现自我价值的机会，必然会大大鼓舞一线员工的士气，增强小组成员的荣誉感和自信心。

小组成员对活动成果亲切真实的演讲拉近了广大基层员工的距离，有效地解除了职工对 QC 小组活动的种种质疑，从而吸引更多的基层员工参与到 QC 小组活动中来，使 QC 小组活动有了更广泛的群众基础，可以从中选拔更优秀的成果，同时也杜绝虚假编造成果的现象发生。

4. 提高 QC 小组成员科学总结成果的能力

QC 小组活动成果报告的交流发表，需要小组成员认真回顾活动全过程，用科学规范的程序总结活动成果，在规定的时间内，在舞台上充分展示小组活动的全貌，明确重点、展现亮点，这是对小组活动程序再学习的过程，提高的过程，经过演讲，发表人员的语言表达能力、思维能力、现场把控能力、应急能力都得到了提高，从而提高了 QC 小组成员科学总结成果的能力。

二、发表的注意事项

1. 发表前的准备

在正式发表前，需要对 QC 小组活动成果报告作进一步校对。由组长组织小组成员集体审阅、修改。成果报告应语句通顺，用词精简，含义表达清晰。文本格式需符合发表会议组织方要求，图表绘制正确，色彩、字号、符号、计量单位、时间写法都要规范统一。

制作多媒体演示文稿 PPT。依据已校对完成的 QC 小组活动成果报告制作 PPT，不应将 QC 小组活动成果报告全文复制，应重点展示图、表、关键数据、现场实施记录及影像资料。PPT 文档既要新颖独特，又不能花里胡哨，背景颜色与文字要有辨识度，根据发布的场合宜加入一些企业、行业、小组自身的文化特色、亮点等。PPT 页数应适宜，根据发表时间、发表人、发表风格不同进行调整。

在正式发表前，发表人应对已制作完成的 PPT 成果演示稿进行预演，小组成员全程参与，对演讲过程中的不足提出改进建议。如语速快慢、表达方式、影像资料、切换界面动画效果等，对非重点内容应精简。

2. 发表的形式

QC 小组活动成果发表可以采取单人或多人演讲形式，也可以是小品或舞台情景剧形式。无论采用哪种形式，内容均应紧扣 PDCA 循环四阶段和准则所要求的步骤，不能盲目地注重表演效果，而忽略了实质性内容。

发表时着装应得体，可穿着符合课题情境的服装，体现小组特色与风貌。

发表人必须是小组成员，参与小组活动全过程，声音洪亮，表述清晰，尽量做到半脱稿或脱稿演讲。可适当加入肢体语言、视频动画、模型演示、实物展示等，让观众身临其境，达到较好的交流效果。

3. 发表后的自我总结

QC 小组成果发表结束，评委老师对成果进行综合点评，对于提出的亮点应及时进行总结，不足之处则及时进一步修改完善，防止类似问题再发生。

同时，对于发表的效果也要进行总结，例如课题重点内容表述是否清楚，语速是否适宜，发表时间是否留有余量等。

第三节　QC 小组活动成果的评审

一、评审目的

评审 QC 小组活动成果的目的是肯定小组成员在活动中取得的成绩，衡量 QC 小组通过努力改善或提高质量的有效性。评审应依据现行 QC 小组活动准则要求来判断小组活动的规范性。通过评审鼓励先进、改进不足，提高小组活动水平。

二、评审要求

评审工作有以下三个基本要求。

1. 有利于调动积极性

企业广大员工自主组织参加 QC 小组活动，进行质量改进和创新，具有深远的意义。评审时应以鼓励为主，充分肯定小组成员通过活动取得的成绩，保护和提高小组成员参与 QC 活动的积极性，帮助他们总结经验。同时也应诚恳地指出活动过程中存在的缺点与不足，提出改进建议，帮助他们提高活动整体水平。

2. 有利于提高活动水平

QC 小组活动评审应依据现行活动准则要求进行，小组成员应听取专家、同行的评价意见，虚心接受指出的不足之处，在下次选择课题活动时改进和提高。评价既要对取得的成果进行评价，更要针对活动过程进行评价，不断地提高小组成员的活动水平。

3. 有利于相互交流启发

QC 小组活动成果发表和评审工作通常在一起进行，即交流发表时专家对活动成果进行综合评价。在这个过程中，成果评价能对参加现场交流小组起到非常好的提示作用。在给一个小组成果进行评价的同时，也给其他小组提供最好的借鉴，专家提出的不足之处可以让其他小组引以为戒。

三、评审原则

1. 抓住主要问题

评审时，评审人员应依据现行 QC 小组活动准则进行综合评价，找出其中存在的主要问题。由于各评审人员专业领域不同，侧重点不同，对同一个活动成果都会有不同的看法，所以评审应采用多人员综合评价为宜，尽可能做到公平公正，抓住主要问题进行分析，在原则性问题上保持一致性。QC 小组活动成果的主要问题归纳起来一般有以下三点。

（1）QC 小组活动的全过程是否符合现行准则要求

QC 小组活动应按照 PDCA 程序进行，环环相扣，循序渐进，逻辑清晰。例如："创新型课题"与"问题解决型课题"活动程序混淆；在问题解决型课题中"指令性目标课题"与"自定目标课题"活动程序混淆。又例如：在问题解决型课题现状调查中未寻找症结；未针对症结进行分析；确定主要原因时未依据对症结影响程度大小来判断。创新型课题中需求分析不明确，目标可行性论证未依据借鉴物相关数据进行，总体方案和分级子方案的提出概念混淆，最佳子方案的确定未依据现场测量、试验和调查分析比选等。这些都是最基本的程序错误。在提出问题的同时也要给出现行活动准则的要求，用通俗易懂的语言结合成果内容作恰当解释，让小组成员充分理解准则要求。

（2）QC 小组活动是否用客观事实数据说话

在评审中，应注意 QC 小组活动各环节是否用客观的事实数据说话。例如，在问题解决型课题中，选择课题时是否用数据去寻找差距；设定目标的依据是否充分用数据说明；对症结的影响程度判断是否有数据支撑。在创新型课题中需求分析是否用数据进行分析；目标可行性论证是否有用数据进行推演；最佳子方案确定是否通过数据进行比选确定等。成果整理用全面性、时效性、可比性的数据，客观反映活动全貌，用数据说话才能得以体现活动的科学性，如成果数据不足，均是一些描述性语言，应被作为小组活动成果问题予以提出。

（3）统计方法运用是否适宜、正确

在活动过程中应用适宜的统计方法对事实和数据进行定性、定量的分析。比如，分层法的分层标志是否合适？原因分析在不同情况下是用的鱼刺图、系统图还是关联图？排列图、散布图、直方图、折线图分别用于怎样的数据分析更合适等。统计方法选择要适宜；使用后成效要明显；方法使用要正确，不事后编套；先学后用，学会再用，学以致用。在评审过程中，若发现统计方法应用不适宜或错误，可被作为主要问题予以提出。

2. 依据事实评价

评审人员在提出评审意见时，客观性是第一原则。对存在的问题一定要站在客观的立场上提出，还原事物原本的面貌，不能带个人偏见去评审。对提出的每一条意见建议都要有依据，例如在程序上的问题要依据现行准则要求，如有不符，是不符合哪一条款，如何开展会更好？评审人员提出意见、建议时，小组成员有异议的，也要给小组成员一个适当加以解释的机会，使得评价尽可能的客观。

3. 不单纯以经济效益为评价依据

QC 小组活动选题倡导"小、实、活、新"，大多数 QC 小组选择的都是较小的课题，活动取得的经济效益并不明显。还有很多施工现场组建的 QC 小组，他们在施工生产过程中急需解决的问题是提升施工质量，所以并不产生直接经济效益，但通过活动开展大大提高了客户满意度，从经营层面提高了企业的核心竞争力。有的 QC 小组选择了绿色施工、职业健康安全等方面的课题，其活动过程虽然增加了经济上的投入，但对社会作出了贡献，产生的是社会效益，因此评审时不能单纯以经济效益作为评价依据。广大的职工通过参加 QC 小组活动，学到质量管理知识，掌握科学的思维方式，增强解决问题的能力，从而提高了员工的综合素质，培养和造就了人才，实现了员工的自我价值，客户满意度得到提升，企业文化得到了更好的传承。

四、现场评审要求

1. 现场评审目的

QC 小组活动是在现场开展的，因此企业主管部门做好现场评审是 QC 小组活动成果评审的重要组成部分，目的是评价小组活动的真实性和有效性，提升小组成员活动的信心。

QC 小组在选择课题后到企业主管部门注册，活动过程应得到企业主管部门的支持和帮助，活动结束后由企业主管部门组织评审组，深入活动现场，了解活动过程的详细情况，通过小组成员介绍，查看现场记录，验证实施效果，用提问或考核的方式，对活动期间的真实性和有效性进行评价，体现了企业主管部门对 QC 小组活动的关心与支持。

2. 现场评审方式

现场评审方式采取看、查、听、问、考的方式进行。

看：查看实物及效果。

查：检查小组活动原始记录、数据、影像资料、具体巩固措施、标准化文件等。

听：听取小组成员的活动过程介绍。

问：询问小组成员活动情况，在小组中承担的主要职责等。

考：对活动过程中的不足之处进行书面或口头考试，并普及相应的质量管理知识。

3. 现场评审内容

现场评审时间一般在小组活动结束时，不宜相隔太长时间，企业主管部门组织的评审组应按照 QC 小组活动现场评审表（表 5.3-1）的内容进行评审。

QC 小组活动现场评审表　　　　　　　　　　　　　　　　表 5.3-1

序号	评审项目	评审方法	评审内容	分值
1	组织情况	查看记录	（1）小组和课题进行注册登记。 （2）小组活动时，小组成员出勤及参与各步骤活动情况。 （3）小组活动计划及完成情况	10 分
2	活动情况与活动记录	听取介绍 查看记录 现场验证	（1）活动过程按质量管理小组活动程序开展。 （2）活动记录（包括各项原始数据、统计方法等）保存完整、真实。 （3）活动记录的内容与发表资料一致	30 分
3	活动真实性与有效性	现场验证 查看记录	（1）小组课题对技术、管理、服务的改进点有改善。 （2）各项改进在专业方面科学有效。 （3）取得的经济效益得到相关部门的认可。 （4）统计方法运用适宜、正确	30 分
4	成果的维持与巩固	查看记录 现场验证	（1）小组活动课题目标达成，有验证记录。 （2）改进的有效措施或创新成果已纳入有关标准或制度。 （3）现场已按新标准或制度执行。 （4）活动成果应用于生产和服务实践	20 分

续表

序号	评审项目	评审方法	评审内容	分值
5	质量管理小组教育	提问或考试	(1) 小组成员掌握质量管理小组活动程序。 (2) 小组成员对方法的掌握程度和水平。 (3) 通过本次活动，小组成员的专业技术、管理方法和综合素质得到提升	10分

五、发表交流评审标准

在 QC 小组活动成果发表时，应对成果进行评审。因问题解决型课题和创新型课题活动程序不同，所以评分标准分为两类，具体详见表 5.3-2、表 5.3-3。评审依据 PDCA 活动程序的具体步骤进行，该评审分是 QC 小组从企业内部通往市级、省级、国家级舞台，展示自己活动水平、小组风貌的重要参考依据，更应深入理解。

问题解决型课题成果评审表　　　　　　　　　表 5.3-2

序号	评审项目	评审内容	分值
1	选题	(1) 所选课题与上级方针目标相结合，或是本小组现场急需解决问题。 (2) 选题理由明确，用数据说明。 (3) 现状调查（自定目标课题）为设定目标和原因分析提供依据；目标可行性论证（指令性目标课题）为原因分析提供依据。 (4) 目标可测量、可检查	15分
2	原因分析	(1) 针对问题或症结分析原因，逻辑关系清晰、紧密。 (2) 每一条原因已逐层分析到末端，能直接采取对策。 (3) 针对每个末端原因逐条确认，以末端原因对问题或症结的影响程度判断主要原因。 (4) 判定方式为现场测量、试验和调查分析	30分
3	对策与实施	(1) 针对主要原因逐条制订对策；有多个对策可供选择时，有事实和数据为依据。 (2) 对策表按 5W1H 要求制定。 (3) 按照对策表逐条实施，并与对策目标进行比较，确认对策效果。 (4) 未达到对策目标时，有修改措施并按照新的措施实施	20分
4	效果	(1) 小组设定的课题目标已完成。 (2) 确认小组活动产生的经济效益和社会效益，实事求是。 (3) 实施的有效措施已纳入相关标准或管理制度等。 (4) 小组成员的专业技术、管理方法和综合素质得到提升，并提出下一步打算	20分
5	成果报告	(1) 成果报告真实，有逻辑性。 (2) 成果报告通俗易懂，以图、表、数据为主	5分
6	特点	(1) 小组课题体现"小、实、新"特色。 (2) 统计方法运用适宜、正确	10分

创新型课题成果评审表　　　　　　　　　　　　　　　表 5.3-3

序号	评审项目	评审内容	分值
1	选题	（1）选题来自内、外部顾客及相关方的需求。 （2）广泛借鉴，启发小组创新灵感、思路和方法。 （3）设定目标与课题需求一致，目标可测量、可检查。 （4）依据借鉴的相关数据论证目标可行性	20分
2	提出方案并确定最佳方案	（1）总体方案具有创新性和相对独立性，分析方案具有可比性。 （2）方案分解已逐层展开到可以实施的具体方案。 （3）用事实和数据对每个方案进行逐一评价和选择。 （4）事实和数据来源于现场测量、试验和调查分析	30分
3	对策与实施	（1）方案分解中选定可实施的具体方案，逐项纳入对策表。 （2）按 5W1H 要求制订对策表，对策即可实施的具体方案，目标可测量、可检查，措施可操作。 （3）按照制订的对策表逐条实施。 （4）每条对策实施后，确认相应目标的完成情况，未达到目标时有修改措施，并按新措施实施	20分
4	效果	（1）检查课题目标的完成情况。 （2）实事求是确认小组创新成果的经济效益和社会效益。 （3）有推广应用价值的创新成果已形成相应的技术标准或管理制度；对专项或一次性的创新成果，已将创新过程相关资料整理存档。 （4）小组成员的专业技术和创新能力得到提升，并提出下一步打算	15分
5	成果报告	（1）成果报告真实，有逻辑性。 （2）成果报告通俗易懂，以图表、数据为主	5分
6	特点	（1）充分体现小组成员的创造性。 （2）创新成果具有推广应用价值。 （3）统计方法运用适宜、正确	10分

第四节　QC 小组活动成果的推广应用

　　QC 小组活动成果的推广应用在生产和管理过程中发挥着巨大的作用，如果优秀的 QC 小组活动成果不能得到推广，就可能会在雷同的问题上，被不同的 QC 活动小组重复选择，不仅浪费大量的人力物力，也会打击小组活动的积极性。

　　不能推广应用就不能使成果的经济、社会效益最大化。严重的，甚至会导致企业未能抢占先机而失去市场竞争力，蒙受巨大的损失。所以，做好 QC 小组活动成果的推广尤其重要。QC 小组活动成果推广的形式多样，包括不限于交流会、成果选编、杂志期刊、企业知识库、网站推广等。

　　工程建设企业应积极组织企业内部 QC 小组活动成果发表交流会，在企业内部进行成果推广交流。省、市、地方行业协会每年也应组织 QC 小组活动成果发表交流会，在地方层面进行成果的交流和推广。全国发表交流会一般由全国性的行业协会组织，其推荐发表交流成果质量更是优中选优，在全国级别舞台上进行推广交流。

各企业及相关协会在组织 QC 小组活动成果发表交流会时，应选择典型的成果进行汇编，印刷成册发放给参加发表交流会的成员，实现更大范围的推广。

企业在信息化平台中建立 QC 小组活动成果库，定期通过平台分享优秀的 QC 小组活动成果，供企业员工学习交流，也是一种简单高效的推广方式。

通过企业期刊、行业期刊推广优秀的 QC 小组活动成果，是一种传统有效的推广方式。例如《中国质量》期刊，专门设置了 QC 小组平台栏目，定期刊登 QC 小组活动成果报告、相关论文及知识问答等。

中国质量协会、中国建筑业协会质量管理与监督检测分会、中国施工企业管理协会等都会定期在其网站上或互联网上发布最新的 QC 活动成果资料。一些公众网站上也发布了各种 QC 小组活动成果案例及相关论文，都可以进行下载学习。

通过浙江省建设工程科技创新成果交流推广平台推广优秀的 QC 小组活动成果，是成果推广的全新方式。根据《关于征集工程建设科技创新成果、搭建科技创新成果交流推广平台的通知》（浙工质协〔2022〕15 号）文件，由浙江省工程建设质量管理协会和浙江省建筑业行业协会施工安全与设备管理分会、浙江省建设投资集团股份有限公司工程研究总院共同发起搭建的工程创新成果交流推广平台，可很好地提高浙江省工程建设领域的科技创新产出投入比，提升科技含量和质量安全水平，助推行业科技创新的良性格局。

1. 选择好活动课题，是成果推广应用的前提

引导 QC 小组选择与企业目标方向相一致的课题。这些课题需要解决的问题或满足的需求涉及企业的生存、发展，能更好地获得高层和核心部门的重视，取得的相应的 QC 小组活动成果也更具备广阔的应用前景，借助企业平台推广事半功倍，能直接带来可观的效益。

指导 QC 小组选择与顾客需求相关的课题。致力于让顾客持续满意是全面质量管理的目的，企业和 QC 小组要抛弃传统仅满足"符合性质量"即可的陈旧观念，需要树立以顾客需求为需求，以顾客持续满意而满意的大质量理念。这里的顾客可以是企业外部有经济往来的客户，也可以是内部结构中相互有业务交流的客户。

指导 QC 小组选择一些行业前沿的课题。这样的课题具有一定的技术先进性，科技含量较高，更容易得到企业设计、技术部门的支持。邀请这些部门的成员加入到 QC 小组，可从业务流程的源头上进行改进，通过改进升级产品的设计方案、技术方案，撬动质量杠杆，往往能收获巨大成效，从而能使成果不推自广，大大增强企业的市场竞争力。

2. 制订巩固措施、形成标准化，是成果推广应用的必要条件

问题解决型课题在成功解决了其问题后，制订好巩固措施是防止今后问题再发生的至关重要一步，要把经过实践证明行之有效的措施纳入巩固措施，如编制作业指导书、管理制度等。没有制订巩固措施，就无法对来之不易的成果进行巩固，也不具备推广的可行性。

创新型课题在创新了新的产物后，需要对其成果进行标准化，例如工艺图纸、成套的施工方法等，只有标准化的产品才具备可复制性，也是创新型成果推广的先决条件。

如果制订巩固措施、形成标准化之前是 0～1 的阶段，那标准化之后则是 1～100 的阶段，是最能产出效益的阶段。所以，制订行之有效的巩固措施和形成简单高效的标准化产物尤其重要。

3. 重视成果交流，是做好成果推广应用的重要手段

外部成果交流发表的过程是不同 QC 小组活动成果展示的大好机会，自选性课题大多来自 QC 小组成员本职工作中所碰到的问题，这样的成果通过交流，很容易被有相同或相近生产任务、工作现状的单位借鉴。发表既是交流学习，也是活动成果的推广路径。

成果发表会上邀请企业领导和各专业人士参加，可使领导和各相关人员更全面、深入地了解 QC 小组活动情况和成果，从而加强对成果推广应用的支持。

企业内部主管部门可以建立企业内部的信息交流平台，使优秀的活动成果能在企业的平台内得到较好的宣传、推广。

4. 跟踪统计推广应用效果，是成果推广应用的原动力

把成果转化为实实在在的案例，可以让小组成员获得巨大的成就感，能够更好地带动 QC 小组继续深入开展后续活动。活动成果能得到推广应用，必定是在某一阶段内持续有效的，做好这个阶段产生效益的跟踪统计至关重要，也是支撑活动成果持续推广应用的原动力。

5. 专业部门的认定，是成果推广应用的有力保障

部分由技术人员组成的 QC 小组，取得的成果往往具有较强的专业性，实现的技术难度也较大。此类 QC 成果宜经过企业专业部门的认定。例如，涉及能源、电力行业宜经过企业安全技术部门的认定，制造业、工程建设行业宜经过企业技术中心的认定，经过认定后更加巩固了其成果的科学性，更具有推广应用价值。

第六章　QC小组活动成果案例及点评

案例一：问题解决型（自定目标）课题成果

提高防排烟风管外包防火板一次安装成型率

××××集团有限公司　××××学院项目QC小组

一、工程概况

××××学院仓前校区改扩建EPC项目安装工程位于浙江省杭州市余杭区。总建筑面积约43101m²，包含地下2层，1#楼食堂4层，2#楼宿舍12层，3#楼宿舍大堂1层，4#楼宿舍12层，5#楼教学楼4层。

该工程交付运行后为人员密集的公共建筑，应保证防排烟系统具有优质的耐火性能，以保证火灾等意外事件发生时有效控制烟气和阻止火势蔓延。当前确定的施工方案为在风管保温层外包覆一层硅酸盐防火板，以保证风道的完整性和密闭性。

二、小组简介（表6-1）

QC小组成员概况表　　　　　　　　　　　表6-1

小组名称			××××学院项目QC小组		
课题名称			提高防排烟风管防火板一次安装成型率		
课题类型		问题解决型	小组活动时间	××年××月××日—××年××月××日	
课题注册时间		××年××月××日	课题注册号	××××-QC-PY-2021-11	
小组注册时间		××年××月××日	小组注册号	××××-QC-2021-11	
小组人数		9人	出勤率	98%	
序号	姓名	性别	学历	职称	职务	组内分工
1		男	本科	高级工程师	组长	全面负责
2		女	本科	助理工程师	副组长	过程记录、文案编写
3		男	本科	工程师	组员	组织策划
4		女	本科	助理工程师	组员	制订对策
5		男	大专	技术员	组员	资料收集
6		男	大专	技术员	组员	实施
7		男	大专	技术员	组员	施工协调
8		男	大专	技术员	组员	实施
9		男	本科	高级工程师	组员	策划顾问

制表人：×××　　　　　　　　　　　　　　制表时间：××年××月××日

三、课题选择

1. 业主要求

××××学院仓前校区改扩建 EPC 项目属于高校建设项目，业主要求必须保证优秀的工程质量，尤其要保证消防安全功能。因此，业主要求防排烟风管防火板一次安装成型率不得低于 90%。

2. 工程现状

××年××月××日，QC 小组对地下室负一层区域风管防火板安装质量进行了一次自检。共计检查 300 个点，发现存在拼接缝隙大、防火板固定不牢固、风阀处切割洞口不合适等问题，合格点数 241 点，一次安装成型合格率仅为 80.33%（表 6-2）。

地下室负一层风管防火板安装合格率统计表　　　　　表 6-2

序号	区域	检查点数	合格点数	合格率	平均合格率
1	北侧（6-AN 轴×1-C 轴）	100	78	78%	
2	中间（1-C 轴×6-AB 轴）	100	82	82%	80.33%
3	南侧（6-AB 轴×6-B 轴）	100	81	81%	
	合计	300	241	80.33%	

制表人：×××　　　　　　　　　　　　　　　　制表时间：××年××月××日

从调查结果看，无论是不同区域还是平均合格率，都远低于业主要求的一次安装成型率 90%。

基于以上两个理由，QC 小组选定课题为：《提高防排烟风管外包防火板一次安装成型率》。

四、现状调查

选定课题后，小组成员为进一步分析质量问题，对地下负一层、负二层进行了综合调查，现场共检查 460 个点，合格 363 个点，存在质量问题 97 个，平均合格率 78.91%（表 6-3）。

地下室负一层、负二层风管防火板安装合格率统计表　　　　　表 6-3

序号	区域	检查点数	合格点数	合格率	平均合格率
1	地下负一层北侧（6-AN 轴×1-C 轴）	100	76	76%	
2	地下负一层中间（1-C 轴×6-AB 轴）	100	81	81%	
3	地下负一层南侧（6-AB 轴×6-B 轴）	100	76	76%	78.91%
4	地下负二层北侧（6-AN 轴×6-T 轴）	80	72	90%	
5	地下负二层南侧（6-T 轴×6-A 轴）	80	58	72.5%	
	合计	460	363	78.91%	

制表人：×××　　　　　　　　　　　　　　　　制表时间：××年××月××日

小组成员对所有质量问题进行重新整理分析，得到如下调查表（表 6-4）和排列图（图 6-1），可以看出"拼接缝隙大"和"顶面防火板固定不牢固"占 68.04%，是影响防排烟风管防火板一次安装成型率的症结所在。

地下室负一层、负二层风管防火板安装质量问题统计表　　　表 6-4

序号	质量问题	频数	累计频数	频率	累计频率
1	拼接缝隙大	37	37	38.14%	38.14%
2	顶面防火板固定不牢固	29	66	29.90%	68.04%
3	轻钢龙骨锈蚀	14	80	14.43%	82.47%
4	风阀处切割洞口不合适	9	89	9.28%	91.75%
5	其他	8	97	8.25%	100%
6	合计	97	97	100%	100%

制表人：×××　　　　　　　　　　　　　　　制表时间：××年××月××日

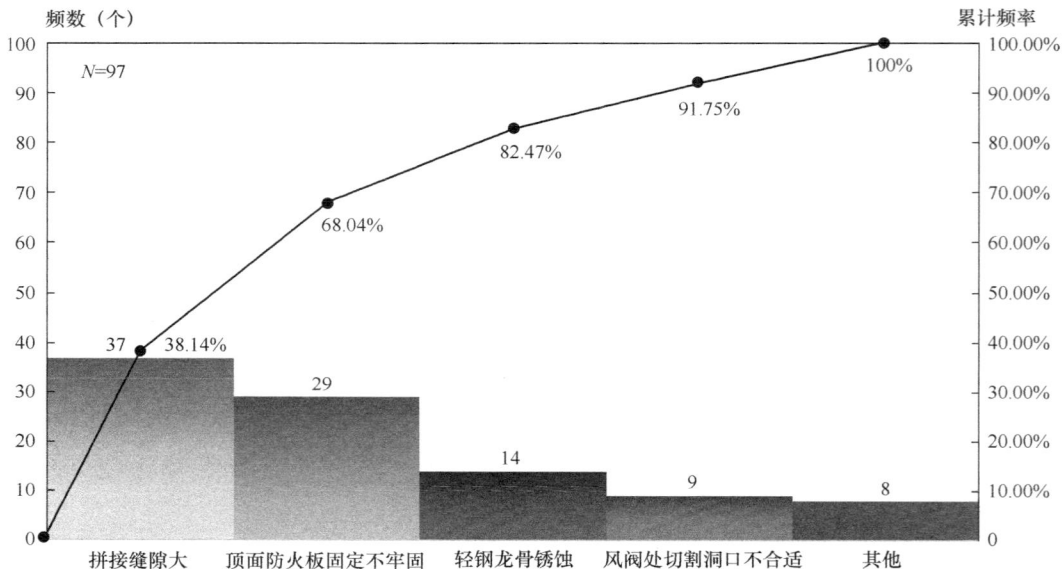

图 6-1　地下室负一层、负二层风管防火板安装质量问题排列图
制图人：×××　　　　制图时间：××年××月××日

五、设定目标

1. 曾经达到的最好水平

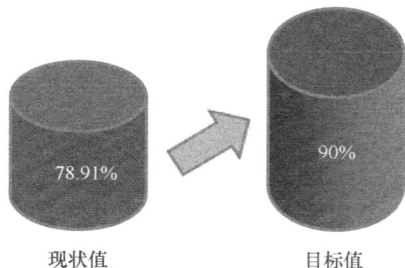

图 6-2　目标设定柱状图
制图人：×××
制图时间：××年××月××日

现状调查中，地下负二层北侧（6-AN 轴×6-T 轴）防排烟风管防火板一次安装成型率达到 90%。

2. 目标测算分析

根据前期调查结果，"拼接缝隙大"和"顶面防火板固定不牢固"占 68.04%，如果可以将这两个症结解决 90%，则防排烟风管外包防火板一次安装成型率就能达到：$[460-(97-37×0.9-29×0.9)]/460$ $=91.82\%$。

综合考虑小组成员技术水平、管理水平、综合能力和施工中存在的很多不可预见因素，我们决定把目标值设定为 90%（图 6-2）。

六、原因分析

为了找到原因，小组成员多次召开会议，运用"头脑风暴法"，从"人、机、料、法、环、测"六个方面展开讨论，并绘制了图6-3。

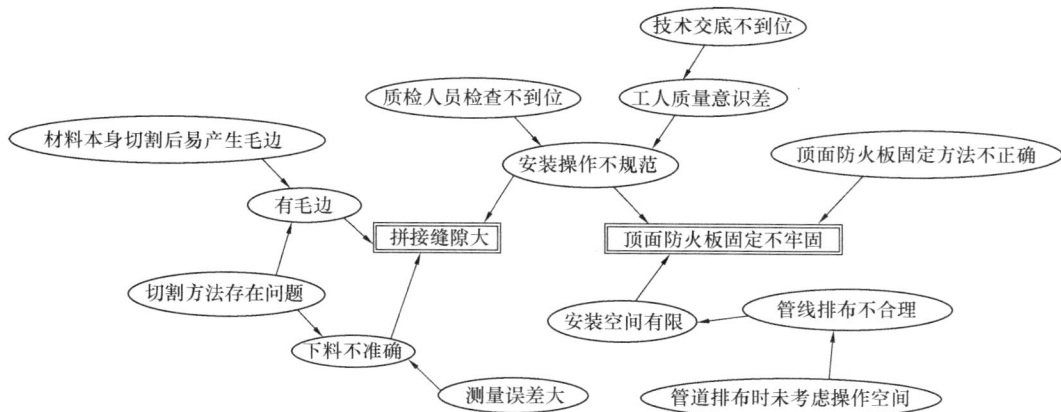

图 6-3　要因分析关联图

制图人：×××　　　　制图时间：××年××月××日

七、确定主要原因

根据前期的分析，QC 小组找到了 7 条末端因素，并制定了要因确认计划表（表 6-5）。

要因确认计划表　　　　　　　　　　　　　　　　表 6-5

序号	末端因素	确认内容	确认方法	负责人	时间
1	质检人员检查不到位	质检人员检查不到位对症结影响程度	调查分析	×××	××年××月××日
2	技术交底不到位	技术交底不到位对症结影响程度	调查分析	×××	××年××月××日
3	顶面防火板固定方法不正确	顶面防火板固定方法不正确对症结影响程度	现场试验	×××	××年××月××日
4	管线排布时未考虑操作空间	管线排布时未考虑操作空间对症结影响程度	调查分析	×××	××年××月××日
5	测量误差大	测量误差大对症结影响程度	现场试验	×××	××年××月××日
6	切割方法存在问题	切割方法存在问题对症结影响程度	现场试验	×××	××年××月××日
7	材料本身切割后易产生毛边	材料本身切割后易产生毛边对症结影响程度	现场试验	×××	××年××月××日

制表人：×××　　　　　　　　　　　　制表时间：××年××月××日

QC 小组对 7 个末端因素进行了具体调查、分析、验证、测试，逐一进行要因确认（表6-6～表6-12）。

要因确认1　　　　　　　　　　　　　　　表 6-6

要因确认1	确认方法	确认内容	负责人	完成日期	结　论
质检人员检查不到位	调查分析	质检人员检查不到位对症结影响程度	×××	××年××月××日	非要因

操作过程

1. 小组成员对以往项目质量员、施工员对防排烟风管外包防火板一次安装质量的频率进行调查，发现都是同一层施工完毕后才进行一次性检查，且只检查两次。

2. ××月××日-××日间，QC小组要求施工员对施工部位进行随时检查，质量员则每天中午、下午检查两次，对不合格部位进行登记并要求班组进行整改。

防排烟风管外包防火板一次安装成型情况调查表（1）

类别		检查点数	拼接缝隙大		顶面防火板固定不牢固		成型率
			数量	占比	数量	占比	
一次性检查		100	9	9%	7	7%	84%
每天检查	××月××日	40	3	7.5%	3	7.5%	85%
	××月××日	40	4	10%	2	5%	85%
	××月××日	40	4	10%	3	7.5%	82.5%
	合计	120	11	9.17%	8	6.67%	84.17%

制表人：×××　　　　　　　　　　　　　　　制表时间：××年××月××日

影响程度判断：通过两种不同质量检查方案的对比发现，一次性检查和每天检查的一次安装成型率基本相等，差别很小，因此质检人员检查不到位对症结影响程度小。

结论："质检人员检查不到位"是非要因

要因确认2　　　　　　　　　　　　　　　表 6-7

要因确认2	确认方法	确认内容	负责人	完成日期	结　论
技术交底不到位	调查分析	技术交底不到位对症结影响程度	×××	××年××月××日	非要因

操作过程

1. 小组成员对技术交底记录进行查阅，发现技术交底记录齐全，且均交底至个人，符合规范要求。

2. 对班组内15名工人进行书面技术考核，考核结果为：3人为优秀（成绩大于90分），11人为良好（成绩70~90分），1人为及格（成绩小于70分）。

3. 对以上工人进行技术操作考核，并统计成型率情况。

防排烟风管外包防火板一次安装成型情况调查表（2）

类别	检查点数	拼接缝隙大		顶面防火板固定不牢固		成型率
		数量	占比	数量	占比	
优秀	60	5	8.33%	4	6.67%	85%
良好	220	19	8.64%	16	7.27%	84.09%
及格	20	2	10%	2	10%	80%

制表人：×××　　　　　　　　　　　　　　　制表时间：××年××月××日

影响程度判断：通过书面技术考核可以看出，大部分工人对交底内容都掌握了较好的理论知识。通过技术操作考核可以判断，书面考核成绩高的工人确实一次安装成型率稍高，但总体差别小，因此技术交底不到位对症结影响程度小。

结论："技术交底不到位"是非要因

要因确认 3　　　　　　　　　　　　　　　　　　　　　　　　　　表 6-8

要因确认 3	确认方法	确认内容	负责人	完成日期	结论
顶面防火板固定方法不正确	现场试验	顶面防火板固定方法不正确 对症结影响程度	×××	××年××月××日	非要因
操作过程	1. 小组成员调查当前工人的实际操作情况，确认当前风管顶面、底面、侧面的包覆方式相同。 2. 为避免空中作业等其他因素的影响，小组成员将长为 11m，尺寸为 400mm×800mm 的风管置于据地高度为 1.3m 的落地架子上，在之前考核良好的工人中抽取 5 名分别对这批风管进行防火板安装作业，并统计是否牢固。 **顶面防火板固定不牢固质量问题情况调查表** 表格见下 制表人：×××　　　　　　　　　　　　制表时间：××年××月××日 **影响程度判断**：通过质量问题情况可以看出，在地面操作时顶面的质量合格率较现状调查时明显上升，与底面、侧面成型率总体差别小，因此顶面防火板固定方法不正确对症结影响程度小。 **结论**："顶面防火板固定方法不正确"是非要因					

顶面防火板固定不牢固质量问题情况调查表

类别	检查点数	问题数量	成型率
顶面	30	1	96.67%
底面	30	2	93.33%
侧面	50	2	96%

要因确认 4　　　　　　　　　　　　　　　　　　　　　　　　　　表 6-9

要因确认 4	确认方法	确认内容	负责人	完成日期	结论
管线排布时未考虑操作空间	调查分析	管线排布时未考虑操作空间 对症结影响程度	×××	××年××月××日	要因
操作过程	1. 对工人进行咨询调查，工人普遍反映部分区域风管上部空间不足。固定时难以打入成排的自攻螺钉，仅可在风管边缘进行固定或顶面螺钉分布受空间限制难以均匀分布。 2. 对已安装完成，且出现"管线排布时未考虑操作空间"问题的区域进行管线排布调查，部分走廊区域，管线密集，排布紧凑，风管与上部管线间距不足 0.2m。但管线最低标高至吊顶要求高度仍有 0.2～0.3m 空间可降低（图 6-4）。					

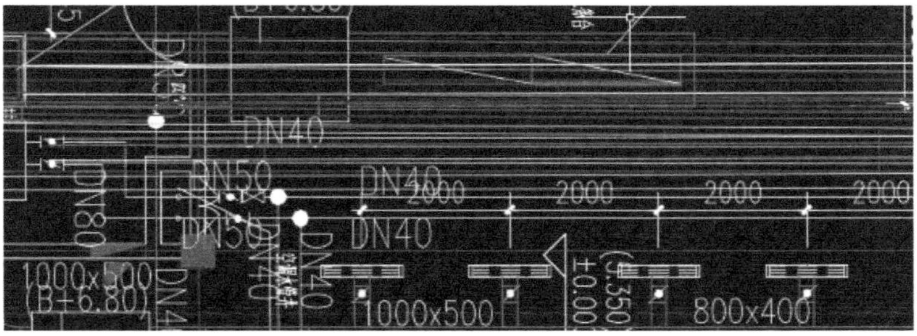

图 6-4　2#宿舍楼 1 层管综排布平面图

影响程度判断：根据调查结果可以得到，管线排布缺少提前谋划，施工现场风管与上层水管的间距过小，导致操作不便，因此管线排布时未预留操作空间对症结影响程度大。

结论："管线排布时未预留操作空间"是要因

要因确认5　　　　　　　　　　　　　　　　　　　　　　　　　　　　　　　表 6-10

要因确认5	确认方法	确认内容	负责人	完成日期	结论
测量误差大	现场试验	测量误差对症结影响程度	×××	××年××月××日	非要因

<table>
<tr><td rowspan="2">操作过程</td><td colspan="5">
1. 小组成员收集班组成员所用的卷尺，检查是否有刻度不清、损坏等质量问题。经检查，班组成员所使用的卷尺均无质量问题，符合使用要求。
2. 小组成员使用仓库全新的卷尺，检查合格证后，让考核优秀的工人对 2 段 11m 的风管防火板下料长度进行测量，抽取其中的 30 个数据，以此作为标准数据。
3. 随机召集 10 名班组工人对这 30 个数据的来源部位也进行测量，并记录，统计与标准数据的偏差值。

测量数据偏差程度调查表

误差值	频数	频率	累计频率
0mm	236	78.67%	78.67%
>0mm 且≤1mm	61	20.33%	99%
>1mm 且≤2mm	3	1%	100%
合计	300	100%	100%

制表人：×××　　　　　　　　　　　　　　　　制表时间：××年××月××日

影响程度判断：根据调查结果可以得到，有 78.67% 的部位测量误差为 0，最大误差不超过 2mm，且频数极低，因此可以判断测量误差大对症结影响程度小。

结论："测量误差大"是非要因
</td></tr>
</table>

要因确认6　　　　　　　　　　　　　　　　　　　　　　　　　　　　　　　表 6-11

要因确认6	确认方法	确认内容	负责人	完成日期	结论
切割方法存在问题	现场试验	切割方法存在问题对症结影响程度	×××	××年××月××日	要因

<table>
<tr><td rowspan="2">操作过程</td><td colspan="5">
1. 对工人当前的切割方法进行调查，15 名工人中有 5 人使用木条作为靠尺，10 人使用钢尺作为靠尺，对使用以上两种辅助工具的板面切割合格情况进行调查，并得到下表所示数据表格。

不同辅助工具板面切割合格情况调查表

类别	检查点数	问题个数		合格率
		有倒边或形成外斜面	不顺直	
木条	100	9	8	83%
钢尺	100	7	4	89%
合计	200	16	12	86%

制表人：×××　　　　　　　　　　　　　　　　制表时间：××年××月××日

根据以上调查结果，用木条作为靠尺的工人，板面切割合格率确实比用钢尺的低，但无论使用哪种辅助工具，合格率均不高，对症结影响程度高。
2. 小组成员再对工人的切割手法进行调查。通过对工人操作的观察及对工人的口头调查发现，工人下料时用力方向为垂直用力或稍稍偏向靠尺侧，具体调查数据见下表。

不同用力方法切割合格情况调查表

类别	检查点数	问题个数		合格率
		有倒边或形成外斜面	不顺直	
垂直用力	100	3	9	88%
偏向靠尺侧	100	12	4	84%
合计	200	15	13	86%

制表人：×××　　　　　　　　　　　　　　　　制表时间：××年××月××日

根据以上调查结果，垂直用力和偏向靠尺侧两种方法各有利弊，但合格率不高，对症结影响程度高。
3. 对切割后的防火板进行安装试验，发现确实在有倒边和不顺直的地方，缝隙均偏大。
结论："切割方法存在问题"是要因
</td></tr>
</table>

要因确认7　　　　　　　　　　　　　　　　表 6-12

要因确认7	确认方法	确认内容	负责人	完成日期	结论
材料本身切割后易产生毛边	现场试验	材料本身切割后易产生毛边对症结影响程度	×××	××年××月××日	非要因

操作过程

1. 观察要因确认七中切割的防火板板面，确实存在部分区域有毛边，但出现概率较低，具体情况见下表。

防火板板面产生毛边情况调查表

类别	检查点数	问题个数	合格率
垂直用力	100	5	95％
偏向靠尺侧	100	3	93％
合计	200	8	96％

制表人：×××　　　　　　　　　　　制表时间：××年××月××日

2. 对仅有毛边这一质量问题的点位进行安装后的调查，发现其对应部位并未出现拼接缝隙大的质量问题。

影响程度判断：材料本身切割后易产生毛边的问题，出现概率低，实际拼装后并未导致拼接缝隙大，因此材料本身切割后易产生毛边对症结影响程度小。

结论："材料本身切割后易产生毛边"是非要因

经过小组成员对以上 7 条末端原因逐条论证分析，我们得到"管线排布时未考虑操作空间""切割方法存在问题"两条要因。

八、制订对策

针对以上两条要因，小组积极展开讨论，并根据"5W1H"原则，制订对策实施计划表（表 6-13）。

对策实施计划表　　　　　　　　　　　　表 6-13

序号	要因	对策	目标	措施	地点	负责人	完成时间
1	切割方法存在问题	改变切割方法	切割后问题个数显著下降，合格率大于98％	1. 找到新的切割方法。2. 交底工人，对防火板进行切割下料并检查合格率	现场	×××	××年××月××日
2	管线排布时未考虑操作空间	对管线提前进行综合排布及施工规划后安装	保证风管排布时上部有大于 300mm 的防火板安装空间	1. 对部分关键区域建立 BIM 模型，确定综合管线排布。2. 规划各管线的安装先后顺序，并形成施工方案。3. 将施工方案交底工人，并指导工人进行安装	项目办公室、现场	×××	××年××月××日

制表人：×××　　　　　　　　　　　制表时间：××年××月××日

九、对策实施

实施一：切割方法存在问题

措施1：找到新的切割方法

小组成员通过不同试验，得到安装的方法为：

（1）先根据风管外包岩棉后的尺寸数据，对防火板进行基础放线。

（2）将靠尺置于所需防火板待切割线的另一侧距线1mm的地方。

（3）切割时，刀片紧靠靠尺，向所需防火板一侧倾斜，刀片与防火板板面接触的位置即为放线位置，切割后可使接口面形成内斜面（图6-5）。

（4）第一次切割时不要将防火板彻底切断，保持最后1mm厚度的连接。而后将靠尺换至另一侧，按照相同方法即可处理另一块所需防火板的边缘，此次可直接切断（图6-6）。

（5）最后，按照第一次切割的缝隙，将防火板与内接口面的废料彻底切断。

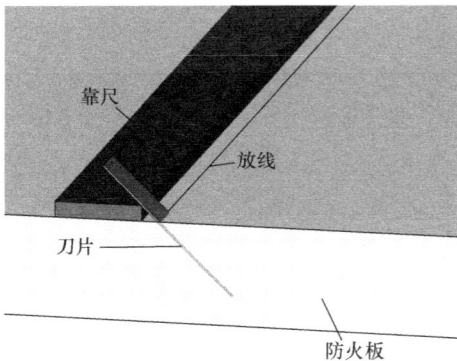

图6-5 步骤（3）示意图

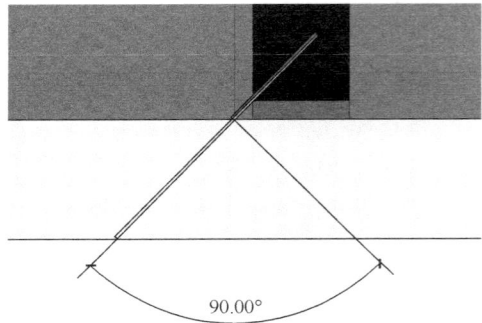

图6-6 步骤（4）示意图

措施2：交底工人，对防火板进行切割下料并检查合格率

（1）将以上操作流程交底至工人。

（2）让工人将安装于2#教学楼3、4、5层的风管防火板进行下料，并检查合格率。

效果验证：对策实施后，小组成员对防火板下料后的质量进行了检查，检查情况如表6-14、图6-7所示。

防火板切割合格情况调查表 表6-14

类别	检查点数	问题个数		合格率
		有倒边或形成外斜面	不顺直	
2#教学楼3层	100	2	0	98%
2#教学楼4层	100	0	0	100%
2#教学楼5层	100	1	1	98%
合计	300	3	2	98.33%

制表人：×××　　　　　　　　　　　　　　　　制表时间：××年××月××日

从实施结果看，切割后问题个数显著下降，无论是单层的防火板切割合格率还是整体合格率均大于98%，因此可以判断目标完成，实施有效。

实施二：管线排布时未考虑操作空间

措施1：对部分关键区域建立BIM模型，确定综合管线排布

小组成员根据图纸，分析各区域施工难度、管线密集程度，最终得到需要重点进行

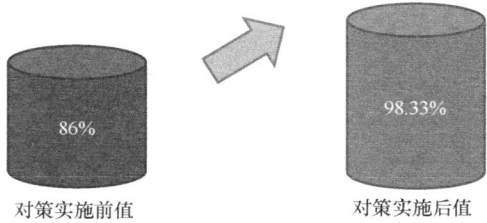

图6-7 对策实施效果情况对比图

制图人：×××   制图时间：××年××月××日

管综排布的区域，并建立BIM模型，以尽可能提高风管顶面安装时的操作空间（图6-8）。

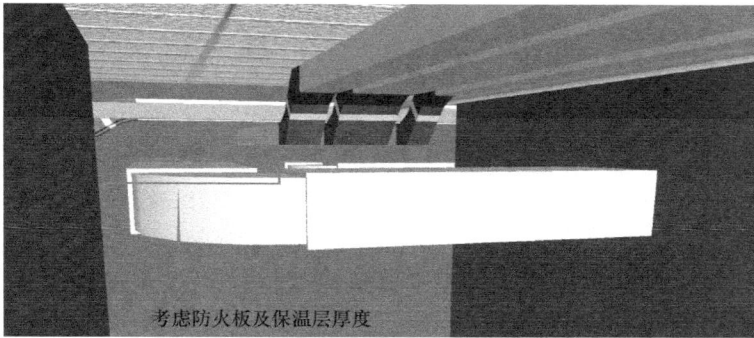

考虑防火板及保温层厚度

图6-8～图6-9彩图

图6-8 局部管道排布BIM模型图

措施2：规划各管线的安装先后顺序，并形成施工方案

小组成员进一步对BIM模型进行分析，找到空间上无法保证的区域，从施工顺序上着手，合理安排施工顺序，并形成方案，总体原则为：

（1）同一区域管线不同标高，保证风管在综合管线的最下层，空间不足时，风管上层管线延后安装。

（2）同一区域有多层风管时，自上往下安装。

（3）保证风管安装时上部空间大于300mm（图6-9）。

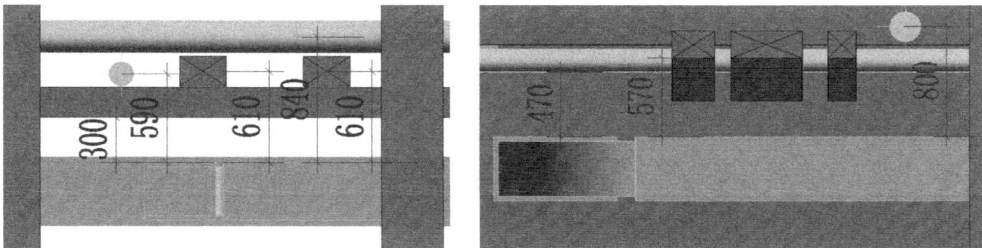

图6-9 BIM模型剖面图

措施3：将施工方案交底工人，并指导工人进行安装

QC小组成员召集班组，对新施工方案进行交底，并签字确认（图6-10）。

效果验证：对策实施后，小组成员对于 2#教学楼 3、4、5 层的风管防火板安装过程进行调查。经确认，整个施工过程，顶面防火板上部安装空间的高度均大于 300mm，目标完成，实施有效（图 6-11）。

图 6-10 对工人进行技术交底

图 6-11 对策实施效果现场图

十、效果检查

1. 目标对比

××年××月××日，小组成员对 1#楼食堂防排烟风管外包防火板一次安装成型率进行了检查，共检查 460 点，合格点数 425 点，合格率 92.39%，检查情况见表 6-15。

1#楼食堂防排烟风管外包防火板一次安装成型率统计表　　　表 6-15

序号	部位	检查点数	合格点数	合格率
1	1#楼食堂 1 层	110	102	92.72%
2	1#楼食堂 2 层	110	104	94.54%
3	1#楼食堂 3 层	110	101	91.82%
4	1#楼食堂 4 层	130	118	90.77%
5	合计	460	425	92.39%

制表人：×××　　　　　　　　　　　　　　　　制表时间：××年××月××日

从表 6-15 可以得到，对策实施后，防排烟风管外包防火板一次安装成型率由原先的 78.91% 提高至 92.39%，达到目标值 90%，且各检查区域的合格率也均超过 90%。

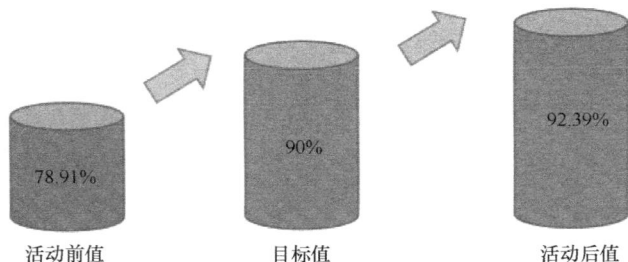

活动前值　78.91%　　　目标值　90%　　　活动后值　92.39%

图 6-12 目标完成情况对比图

制图人：×××　　　制图时间：××年××月××日

2. 现状对比

小组成员对 1#楼食堂防排烟风管外包防火板一次安装质量问题进行了重新分析，得表 6-16。

1#楼食堂防排烟风管外包防火板一次安装质量问题统计表　　　表 6-16

序号	不合格项目	频数	
		活动前	频率
1	轻钢龙骨锈蚀	14	15
2	其他	8	8
3	风阀处切割洞口不合适	9	7
4	拼接缝隙大	37	3
5	顶面防火板固定不牢固	29	2
	合计	97	35

制表人：×××　　　　　　　　　　　　　　　　　　制表时间：××年××月××日

结论：从表 6-16、表 6-17 可以明显的看出，"拼接缝隙大""顶面防火板固定不牢固"两个问题数量在活动后明显减少，已经得到了较好的解决，不再是问题的症结。

十一、制订巩固措施

小组成员于××年××月××日，对 5#楼教学楼防排烟风管外包防火板一次安装成型率进行复查，共计检查 400 点，合格点数 379 点，一次安装合格率达 94.75%。具体情况如表 6-17、表 6-18 所示。

5#楼教学楼防排烟风管外包防火板一次安装成型率统计表　　　表 6-17

序号	部位	检查点数	合格点数	合格率
1	5#楼教学楼 1 层	80	77	96.25%
2	5#楼教学楼 2 层	80	75	93.75%
3	5#楼教学楼 3 层	80	72	90%
4	5#楼教学楼 4 层	80	78	97.5%
5	5#楼教学楼 5 层	80	77	96.25%
	合计	400	379	94.75%

制表人：×××　　　　　　　　　　　　　　　　　　制表时间：××年××月××日

5#楼教学楼防排烟风管外包防火板一次安装质量问题统计表　　　表 6-18

序号	不合格项目	频数	频率
1	轻钢龙骨锈蚀	8	38.10%
2	风阀处切割洞口不合适	5	23.81%
3	其他	4	19.05%
4	拼接缝隙大	3	14.28%
5	顶面防火板固定不牢固	1	4.76%
	合计	21	100%

制表人：×××　　　　　　　　　　　　　　　　　　制表时间：××年××月××日

从表 6-17、表 6-18 可以看出，无论是防排烟风管外包防火板一次安装成型率还是防排烟风管外包防火板一次安装质量问题均高于目标值 90%，实施效果保持良好，问题统计中，"拼接缝隙大""顶面防火板固定不牢固"两个问题的频数、频率也保持在较低水平。

综上所述，本次活动达到良好的活动目的（图 6-13）。

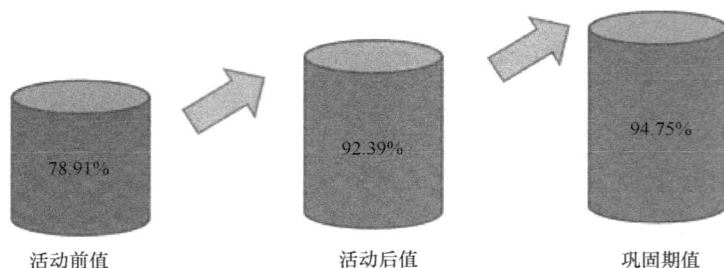

图 6-13　巩固期与活动前后一次安装成型率情况对比图

制图人：×××　　　制图时间：××年××月××日

十二、总结和下一步打算

1. 活动总结

专业技术方面：通过此次活动，小组成员对风管外包防火板施工技术有了一个全面地认识，找到了提高防排烟风管防火板一次安装成型率的控制要点。

管理技术方面：小组成员采用 PDCA 循环程序来展开工作，基于客观事实，灵活运用调查表、排列图、关联图等统计工具分析问题、解决问题，形成严密的思维逻辑，较为全面地掌握了 QC 知识。

综合素质方面：通过本次 QC 活动，小组依靠团队的力量达到了活动的目标，小组成员各方面的能力都有了显著的提高，带动了我们对工程质量的全面管理（表 6-19、图 6-14）。

小组成员活动前后评价汇总表　　　　　　　　　　　　表 6-19

序号	评价内容	活动前	活动后
1	个人能力	73	95
2	质量意识	80	94
3	创新精神	85	95
4	团队精神	89	97
5	QC 知识	81	93

制表人：×××　　　　　　　　　　　　　　制表时间：××年××月××日

2. 下一步打算

今后我们将根据本项目施工过程中的难题和不足，坚定不移地开展 QC 小组活动，把

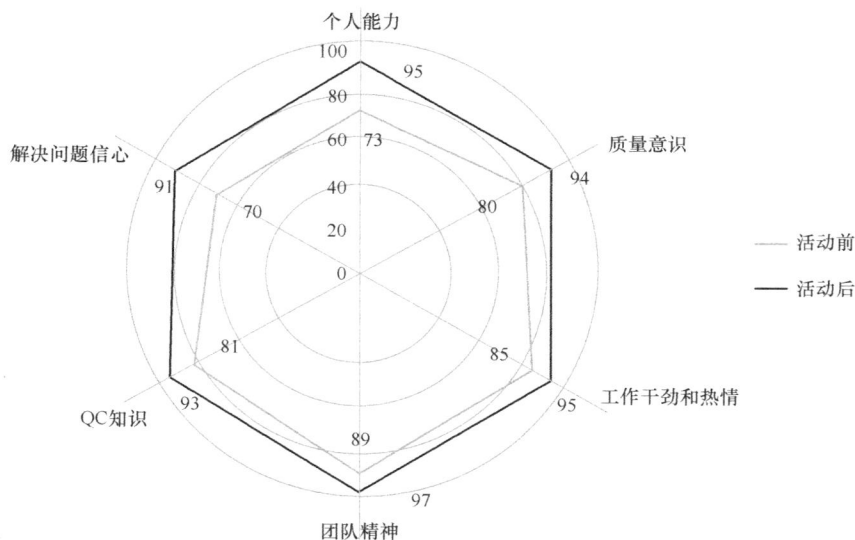

图 6-14　小组成员活动前后评价雷达图
制图人：×××　　　制图时间：××年××月××日

PDCA 循环贯穿到整个施工过程，并形成制度，加强创优意识，质量意识，努力提高施工技术水平。

结合本工程当前施工遇到问题，本小组下一步将以《提高防火封堵安装合格率》为课题，开展活动。

问题解决型（自定目标）课题成果点评意见

一、总体评价

该成果是问题解决型的小组活动课题，课题名称符合要求。小组针对浙江××学院仓前校区改扩建项目地下负一层区域风管外包防火板一次安装成型率达不到业主要求的不得低于 90％的选题，按照问题解决型自定目标的活动程序开展活动，小组实现了课题设定的目标。成果活动程序比较完整，但小组对自定目标课题还是指令性目标课题的把握、统计方法的应用方面有待提高。

二、不足之处

1. 程序方面

（1）小组设定的课题目标与业主要求的防烟风管防火板一次安装成型率不得低于 90％，应按照问题解决型指令性目标的活动程序开展活动。

（2）目标设定的依据不充分，目标中测算症结的解决程度仅凭假设不可取。

（3）原因分析中部分原因未分析到末端，如"切割方法存在问题"。

（4）要因确认计划表的制表时间在要因确认后不合理，没有依据末端原因对症结的影响程度，而是依据末端原因对课题的影响程度判断是否为主要原因，要因确认部分计算有误。

（5）制订对策中"对策实施计划表"建议改为"对策表"，制订对策表的时间在对策完成时间后不合理。

（6）未制订巩固措施，巩固期取得的数据与现状调查、效果检查时的不一致，只统计了一个周期的数据。

2．方法方面

（1）现状调查中排列图绘制不规范。

（2）雷达图不规范。建议设定 ABC 三个区间。

案例二：问题解决型（指令性目标）课题成果

提高 PC 楼梯一次安装合格率

××××集团有限公司勇于尝试 QC 小组

一、工程概况（略）

二、QC 小组简介（略）

三、选择课题

1．建设单位要求

××年××月××日，建设单位、监理单位在施工过程检查中，发现 PC 楼梯连接点不合格部位较多，一次性安装合格率较低，下发了 PC 楼梯安装质量提高工作联系单，要求 PC 楼梯一次性安装合格率不得低于 93％，对一次安装不合格的连接点，要求设计单位出具了技术方案，并按方案整改施工（图 6-15、图 6-16）。

图 6-15　业主现场检查质量情况

制图人：×××

图 6-16　技术整改方案

制图时间：××年××月××日

2. 工程现状

施工单位及监理单位对先行施工的 4#、8#楼（仅有 1 层地下室，其他楼栋均有 2 层地下室）PC 楼梯连接部位进行检查统计，统计结果见表 6-20。

4#、8#楼 PC 楼梯安装连接点合格率调查表   表 6-20

序号	楼梯号	连接点数量（个）	合格数量（个）	合格率
1	4#-1	120	102	85.00%
2	4#-2	120	106	88.3%
3	8#-1	120	104	86.7%
4	8#-2	120	112	93.3%
	合计	480	424	88.3%

制表人：×××   制表时间：××年××月××日

通过表 6-20 的数据分析可知，4#、8#楼 PC 楼梯安装连接点质量合格率仅为 88.33%，低于建设单位要求。

3. 选定课题

小组选定课题为：《提高 PC 楼梯一次安装合格率》。

四、设定目标

以业主要求作为小组的活动目标，提高 PC 楼梯一次安装合格率至 93% 以上（图 6-17）。

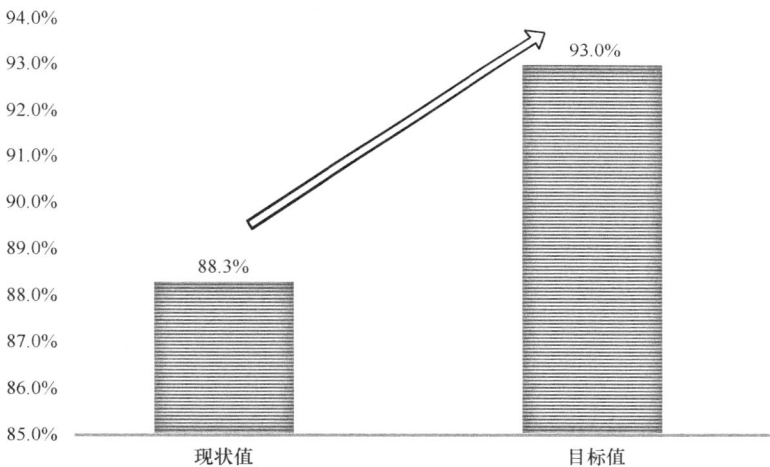

图 6-17　柱状图

制图人：×××   制图时间：××年××月××日

五、目标可行性论证

1. 寻差距

监理及建设单位对 4#、8#楼 PC 楼梯安装连接点质量进行检查，检查总数 480 个，合格数为 424 个，不合格数为 56 个，合格率平均值为 88.3%，统计数据如表 6-20 所示。

2. 找症结

第一层分析：

本项目中，PC 楼梯连接点与混凝土挑耳结构连接位置有两种，一种是与楼层结构面同层标高部位的挑耳连接，另一种是比同层标高位置高半层的楼梯休息平台处挑耳连接。根据监理及建设单位检查发现的 56 个不合格连接点，小组针对不同的连接部位，对 4#、8# 楼 PC 楼梯连接点安装的质量情况进行分析，分析结果如表 6-21、图 6-18 所示。

不同连接位置楼梯连接点安装合格率统计

表 6-21

序号	连接部位	不合格数（个）	占比
1	休息平台	50	89.29%
2	同层标高	6	10.71%

制表人：×××　　　　　　　　　　　　　　　　　　制表时间：××年××月××日

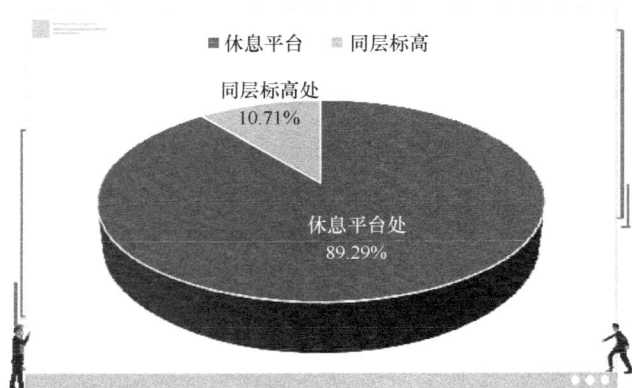

图 6-18　不同连接位置楼梯连接点不合格情况饼分图

制图人：×××　　　制图时间：××年××月××日

通过饼分图 6-18 可看出，楼梯休息平台处连接点不合格数最多，占比 89.29%。

第二层分析：

为进一步了解问题的症结，QC 小组对连接部位不合格的质量问题进行归类统计，如表 6-22 所示。

休息平台处质量问题统计表

表 6-22

序号	问题描述	频数	频率	累计频率
1	螺栓定位偏差	37	74.00%	74.00%
2	挑耳尺寸偏差	5	10.00%	84.00%
3	PC 预留洞不准	3	6.00%	90.00%
4	PC 碰撞破损	3	6.00%	96.00%
5	其他	2	4.00%	100.00%

制表人：×××　　　　　　　　　　　　　　　　　　制表时间：××年××月××日

根据表 6-22 绘制排列图（图 6-19）。

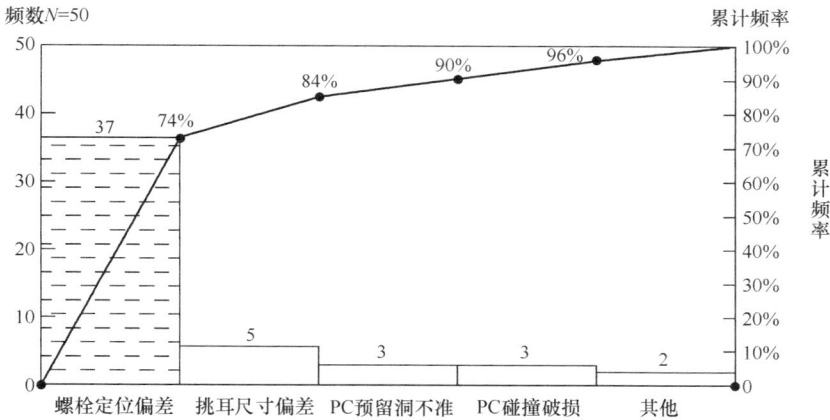

图 6-19　休息平台处质量问题频数排列图

制图人：×××　　　　　　　　　　　　　制图时间：××年××月××日

由排列图 6-19 可看出，"螺栓定位偏差"累计频率达 74％，是影响 PC 楼梯安装质量的症结。

3. 目标可行性论证

（1）企业较高水平分析

××年××月××日～××年××月××日期间，QC 小组成员×××联系到代表公司较高水平的杭州国际商贸城××学校项目和半山田园××地块公共租赁房工程项目相关人员，对两个类似项目 PC 楼梯安装质量进行调查，统计如表 6-23 所示。

公司的××学校项目和半山田园项目 PC 楼梯安装质量合格率调查表　　表 6-23

序号	项目	连接点数量（个）	合格数量（个）	合格率
1	××学校	1152	1080	93.75％
2	半山田园	2560	2408	94.06％

制表人：×××　　　　　　　　　　　　　制表时间：××年××月××日

从表 6-23 中可以看出，××学校和半山田园楼梯连接点的合格率达到了 93.75％和 94.06％。

（2）本项目历史最好水平分析

小组成员×××通过分析 4#、8# 楼 PC 楼梯连接点安装合格率数据发现，8# 楼 2 号楼梯的安装合格率为 93.3％，如图 6-20 所示。

（3）类似项目比较分析

小组成员×××通过对公司项目虹软视觉人工智能产业化基地的××年 QC 活动《提高钢柱预埋锚栓施工合格率》进行对比分析，将螺栓问题中的症结"水平偏移"从 91％降低到 25％，解决了 66％。"螺栓定位偏差"的症结与其"水平偏移"症结类似，故借鉴其经验（图 6-21）。

191

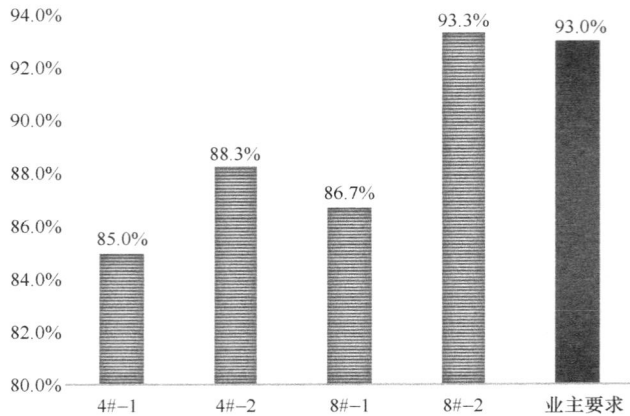

图 6-20　4#、8#楼 PC 楼梯安装合格率柱状图

制图人：×××　　　制图时间：××年××月××日

活动前　　　　　　　　　　　　　　活动后

■水平偏移 ■竖向偏移 ■角度偏移　　　■竖向偏移 ■水平偏移 ■角度偏移

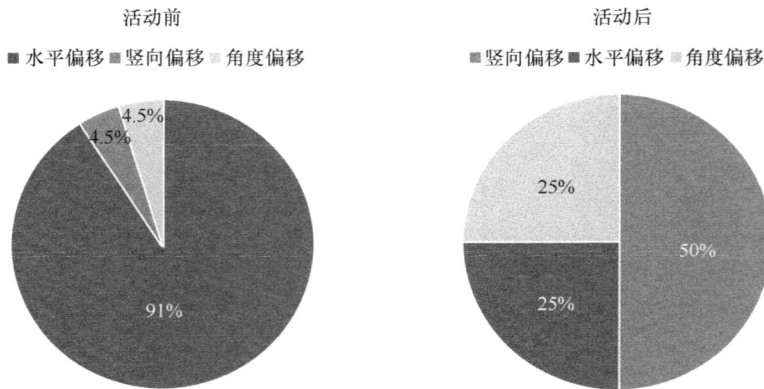

图 6-21　类似项目 QC 小组活动前后症结合格率对比饼分图

制图人：×××　　　制图时间：××年××月××日

通过上述数据分析，根据公司同类项目类似症结的比较分析，QC 小组有信心将"螺栓定位偏差"的症结解决 65%，那么可以将 PC 楼梯一次安装合格率提高至：[480－56×(1－89.29%×74%×65%)]/480＝93.3%。

（4）目标可行性论证总结

通过论证企业较高水平、小组历史最好水平及类似项目比较分析，预计可将 PC 楼梯一次安装合格率提高至 93% 以上，可见，建设单位要求的目标是可以实现的。

六、分析原因

QC 小组召开讨论会，根据实际施工情况，运用"头脑风暴法"针对 PC 楼梯连接点"预埋螺栓定位偏差"这个症结，用"5M1E"进行分析，整理绘制出"鱼刺图"，如图 6-22所示。

根据"鱼刺图"整理出末端原因汇总表（表 6-24）。

人　　　　　机　　　　　料

预埋螺栓节点未交底
对工人交底不详细
工人操作不规范

管理人员未全数检查
管理人员检查不到位

方木未精细化加工
抱箍方木尺寸偏差大
引坐标模板扭曲变形

混凝土振动泵功率大
振动泵频繁碰撞螺栓

螺栓未采取定位筋
螺栓定位不规范

混凝土落差大
混凝土冲击力大
混凝土浇筑不合理
标高无定位措施
标高误差超设计值
支模架标高不准确

夜间灯具少
夜间施工视线差

测量工具未校正
平台安装尺寸不准确

法　　　　　环　　　　　测

螺栓定位偏差

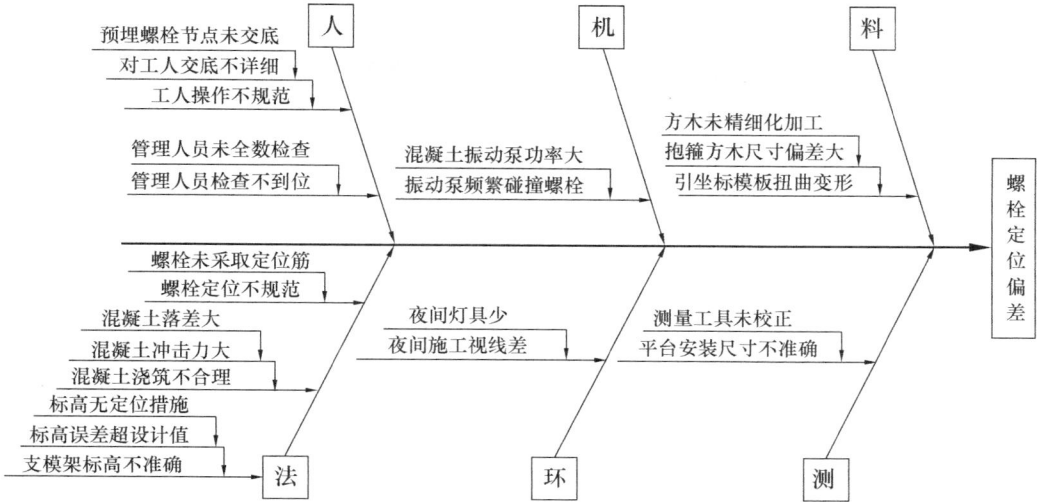

图 6-22　预埋螺栓定位偏差的原因"鱼刺图"

制图人：×××　　　　　　　　　　制图时间：××年××月××日

末端原因汇总表　　　　　　　　　　表 6-24

序号	原因类型	末端原因	序号	原因类型	末端原因
1	人	预埋螺栓节点未交底	6	法	混凝土落差大
2	人	管理人员未全数检查	7	法	标高无定位措施
3	机	混凝土振动泵功率大	8	环	夜间灯具少
4	料	方木未精细化加工	9	测	测量工具未校正
5	法	螺栓未采取定位筋			

制表人：×××　　　　　　　　　　制表时间：××年××月××日

七、确定主要原因

1. 要因确定计划

QC 小组通过采用调查分析、现场试验等方法，对"鱼刺图"中的 10 条末端原因进行要因确认，并制定了要因确定计划表（表 6-25）。

要因确认计划表　　　　　　　　　　表 6-25

序号	末端原因	确认内容	确认方式	责任人	完成时间
1	预埋螺栓节点未交底	螺栓预埋节点未对工人交底对症结的影响情况	调查分析	×××	××年××月××日
2	管理人员未全数检查	管理人员对预埋螺栓是否全数检查对症结的影响情况	调查了解	×××	××年××月××日
3	混凝土振动泵功率大	检查混凝土振动泵在作业时是否存在过振对症结的影响情况	现场试验	×××	××年××月××日

续表

序号	末端原因	确认内容	确认方式	责任人	完成时间
4	方木未精细化加工	方木未精细加工导致面板孔位置偏差过大对症结的影响情况	现场测量	×××	××年××月××日
5	螺栓未采取定位筋	螺栓预埋未设置定位筋，浇筑时螺栓移动是否过大对症结的影响情况	现场检查	×××	××年××月××日
6	混凝土落差大	休息平台与楼层间较高落差，混凝土下料产生冲击力对症结的影响情况	调查分析	×××	××年××月××日
7	夜间灯具少	夜间施工照明不足时，对症结的影响情况	现场了解	×××	××年××月××日
8	标高无定位措施	平台板标高未采取定位措施对症结的影响情况	现场检查	×××	××年××月××日
9	测量工具未校正	仪器测量偏差对症结的影响情况	现场检查	×××	××年××月××日

制表人：×××　　　　　　　　　　　　　　　　　　　制表时间：××年××月××日

2. 确定主要原因（表 6-26～表 6-34）。

要因确认 1 表 6-26

要因确认 1	确认内容	确认方式	责任人	确认时间	结论
预埋螺栓节点未交底	螺栓预埋节点未对工人交底对螺栓定位偏差的影响情况	调查分析	×××	××年××月××日	非要因

确认过程	

　　对 4#、8# 楼支模架搭设、模板安装、钢筋绑扎及混凝土浇筑技术交底记录进行检查，均采取了书面交底和样板可视化交底且交底较为全面、详细，但未对螺栓预埋节点施工工序单独进行详细交底。

　　××年××月××日小组成员×××进行对比试验，在现场选取了 6 名具有类似工作经验的工人，对 3 人针对螺栓预埋安装节点进行了交底培训，另外 3 人不作交底培训。培训完成后，×××对 6 名工人的安装情况（5#、6# 楼的 2～5 层）进行跟踪调查，6 名工人安装完成后对其出现的质量问题进行分类统计。

类别	检查数量	螺栓定位偏差数	占比
5# 楼已详细交底	64	6	9.4%
6# 楼未详细交底	64	7	10.8%
差值		1	1.4%

螺栓定位偏差柱状图

100.0%

33.3%

11.1%　　　9.4%　　　　10.8%

3.7%

　　　　已交底　　　未交底

　　影响程度判断：通过对两组进行安装质量的调查，发现螺栓定位偏差数占比差值为 1.4%，差别较小，因此对工人交底不详细对症结的影响程度较小。

　　结论："预埋螺栓节点未交底"为非要因

制表人：×××　　　　　　　　　　　　　　　　　　　制表时间：××年××月××日

要因确认 2   表 6-27

要因确认 2	确认内容	确认方式	责任人	确认时间	结论
管理人员未全数检查	管理人员对预埋螺栓是否全数检查对症结的影响情况	调查了解	×××	××年××月××日	非要因
确认过程	××年××月××日小组成员×××对各楼楼栋长、施工员及质量员进行现场技术询问，了解到各管理人员对施工工艺掌握情况基本满足施工要求，并要求 5#楼楼栋长对 2～5 层预埋螺栓全数检查，6#楼楼栋长对 2～5 层采取抽查措施，对其出现的质量问题进行分类统计： 详见下表及柱状图				

类别	检查数量	螺栓定位偏差数	占比
全数排查	64	6	9.4%
随机抽查	38	3	7.9%
百分比差值			1.5%

螺栓定位偏差柱状图

影响程度判断：通过对两栋楼螺栓安装情况进行检查，发现螺栓定位偏差百分比差值为 1.5%，差别较小，因此管理人员未全数检查对症结影响程度较小。

结论："管理人员未全数检查"为非要因

制表人：×××   制表时间：××年××月××日

要因确认 3   表 6-28

要因确认 3	确认内容	确认方式	责任人	确认时间	结论
混凝土振动泵功率大	检查混凝土振动泵在作业时是否存在过振对症结的影响情况	现场试验	×××	××年××月××日	非要因
确认过程	××年××月××日小组成员×××调查分析，以混凝土浇筑楼梯连接部位时采用两种不同型号的振动泵进行振捣，对螺栓成型后的偏位影响情况。小组成员安排工人分别使用大功率和小功率振动泵分别进行试验。试验数据如下： 详见下表及柱状图				

类别	检查数量	螺栓定位偏差数	占比
大功率泵	52	2	3.8%
小功率泵	52	3	5.7%
差值		1	1.9%

螺栓定位偏差柱状图

影响程度判断：通过对 52 组浇筑完成的预埋螺栓进行检查，发现使用不同功率振动泵对螺栓定位偏差影响有限。

结论："混凝土振动泵功率大"为非要因

制表人：×××   制表时间：××年××月××日

要因确认 4

表 6-29

要因确认 4	确认内容	确认方式	责任人	确认时间	结论
方木未精细化加工	方木未精细加工导致尺寸偏差过大对症结的影响情况	现场测量	×××	××年××月××日	非要因
确认过程	××年××月××日小组成员×××为进一步确认方木尺寸偏差对预埋螺栓定位是否准确产生的影响，抽取木工堆场中 200 条方木进行精细化加工，并组装 6 套休息平台模板，与未使用精细化配模的另外 6 套普通模板进行对比，检查两套配模体系对螺栓定位偏差的影响，共检查 24 个点。 精细化配模工具　　　　体息平台侧模制作 对比结果如下： 表格及柱状图见下方					

类别	检查数量	螺栓定位偏差数	占比
精细化配模	24	2	8.3％
普通配模	24	2	8.3％
差值	0	0	

螺栓定位偏差柱状图

影响程度判断：通过分别对 6 套配模体系 24 个点的测量检查，发现方木未精细化加工对预埋螺栓定位偏差基本无影响。

结论："方木未精细化加工"为非要因

制表人：×××　　　　　　　　　　　　　　　　制表时间：××年××月××日

要因确认 5 表 6-30

要因确认 5	确认内容	确认方式	责任人	确认时间	结论
螺栓未采取定位筋	螺栓预埋未设置定位筋，浇筑时螺栓移动是否过大对症结的影响情况	现场检查	×××	××年××月××日	要因

确认过程	

××年××月××日小组成员×××对现场进行检查发现，螺栓预埋直接焊接在挑耳钢筋上，未设置有效固定措施，防止混凝土浇筑过程中钢筋移位导致螺栓偏移。

对此 QC 小组对同栋楼的两部楼梯进行分类处理，一部楼梯不固定，按原方案施工，另一部楼梯采取加固措施，设置钢筋支架将其与挑耳钢筋整体固定，混凝土浇筑完成后分别对两部楼梯预埋螺栓位置进行测量。

预埋螺栓安装　　　　　　　未设置定位钢筋　　　　　　　设置钢筋支架

测量结果对比如下：

类别	检查点数	螺栓定位偏差数	占比
未采取固定措施	30	9	30.0%
采取钢筋支架固定措施	30	4	13.3%
差值		5	16.7%

螺栓定位偏差柱状图

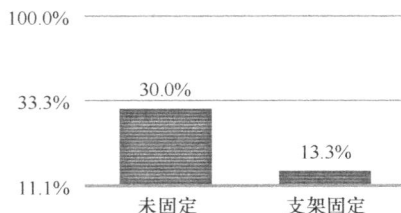

影响程度判断：通过分别对不同楼梯浇筑后的螺栓定位偏差进行检查，发现未采取加固措施的螺栓偏移数量明显大于设置钢筋支架的偏移数量。

结论："螺栓未采取定位"为要因

制表人：×××　　　　　　　　　　　　　　　　制表时间：××年××月××日

要因确认 6　　　　　　　　　　　　　　　　　　　　　　　　　表 6-31

要因确认 6	确认内容	确认方式	责任人	确认时间	结论
混凝土落差大	休息平台与楼层间较高落差，混凝土下料产生冲击力对症结的影响情况	调查分析	×××	××年××月××日	非要因
确认过程	××年××月××日小组成员×××通过对混凝土下落高度的测量，分析高度落差对休息平台螺栓定位偏差的影响情况，分别对下落高度从 0.5m 至 1.5m 不同落差进行测量分析。 　　对比结果如下： 表格： 类别 / 检查点数 / 螺栓定位偏差数 / 差值 1.5m 落差 / 32 / 5 / 15.6% 0.5m 落差 / 32 / 4 / 12.5% 差值 / 1 / 3.1% 螺栓定位偏差柱状图 100.0% 25.0% 15.6% 较高落差　12.5% 较低落差 6.3% **影响程度判断**：通过分别对不同高度落差形成的冲击力对螺栓定位偏差的影响，发现偏位数量差距并不明显。 　　结论："混凝土落差大"为非要因

制表人：×××　　　　　　　　　　　　　　　　　制表时间：××年××月××日

要因确认 7　　　　　　　　　　　　　　　　　　　　　　　　　表 6-32

要因确认 7	确认内容	确认方式	责任人	确认时间	结论
夜间灯具少	夜间施工照明不足时，对症结的影响情况	现场了解	×××	××年××月××日	非要因
确认过程	××年××月××日小组成员×××对现场夜间施工情况进行了调查，每栋楼均配备 1 盏塔式起重机灯，并在楼梯休息平台处增设 LED 移动灯光 1 盏配合局部施工的需要，在此次调查过程中同时打开 2 台塔式起重机的 2 盏塔式起重机灯，并在楼梯休息平台处增配 3 盏移动 LED 灯，照明灯具夜间施工期间增加。 表格： 类别 / 检查点数 / 螺栓定位偏差数 / 差值 常规照明 / 48 / 5 / 10.4% 增加照明 / 48 / 4 / 8.3% 差值 / 1 / 2.1% 螺栓定位偏差柱状图 100.0% 25.0% 10.4% 常规照明　8.3% 增加照明 6.3% **影响程度判断**：通过对不同照明情况的对比分析，并对浇筑完成后的螺栓情况进行验收检查，螺栓偏位并未有明显差距。 　　结论："夜间灯具少"为非要因

制表人：×××　　　　　　　　　　　　　　　　　制表时间：××年××月××日

要因确认 8   表 6-33

要因确认 8	确认内容	确认方式	责任人	确认时间	结论
标高无定位措施	平台板标高未采取定位措施对症结的影响情况	现场检查	×××	××年××月××日	要因

确认过程

××年××月××日小组成员×××经过现场对 7#楼 3～6 层的两部楼梯休息平台标高定位进行标高误差（设计值±10mm 为合格）复核，结果如下：

类别	检查点数	合格点数	合格率
7#-1 楼梯	64	56	87.5%
7#-2 楼梯	64	54	84.4%

进一步对标高误差较大的 18 个点进行分类处理，该 18 个点涉及 10 块 PC 板的安装，对其中 5 块设置定位板，另外 5 块不设置，安装结果统计如下：

类别	检查数量	螺栓定位偏差数	占比
有定位板	5	1	20%
无定位板	5	3	60%
差值		2	40%

螺栓定位偏差柱状图

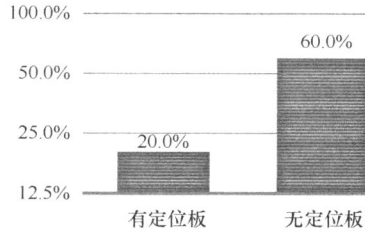

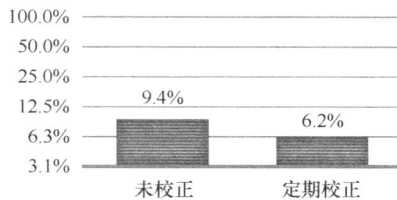

影响程度判断：通过对楼梯标高的复核，标高无定位措施的楼梯休息平台对螺栓定位偏差影响较大。

结论："标高无定位措施"为要因

制表人：××× 制表时间：××年××月××日

要因确认 9   表 6-34

要因确认 9	确认内容	确认方式	责任人	确认时间	结论
测量工具未校正	仪器测量偏差对症结的影响情况	现场检查	×××	××年××月××日	非要因

确认过程

××年××月××日小组成员×××调查发现项目部使用了一台水准仪（北京博飞水准仪 dzs3-1）未定期校准，校准证书上标记校准时间为 2020 年 3 月 19 日，有效期至 2021 年 3 月 18 日。对此项目部将其他定期校准水准仪（苏州一光 DSZ1DSZ2）与该未校正的水准仪作业情况进行对比。

小组成员×××在现场 7#楼 3～6 层抽取了 32 个点，应用两台机器重新进行了测量，并对螺栓定位偏差数量进行了如下统计：

水准仪	检查点数	螺栓定位偏差数	占比
dzs3-1	32	3	9.4%
DSZ1DSZ2	32	2	6.2%
差值		1	3.2%

螺栓定位偏差柱状图

影响程度判断：通过对比检查，发现测量仪器未定期校准，螺栓定位偏差数量占比相差 3.2%，因此我们判断测量仪器未定期校准对症结影响程度较小。

结论："测量工具未校正"为非要因

制表人：××× 制表时间：××年××月××日

　　根据前期的调查分析、现场测量及试验，我们确定了表 6-35 所示的要因结果汇总表。

要因结果汇总表　　　　　　　　　　　　　　　　　表 6-35

序号	末端原因	确认方式	责任人	是否要因
1	预埋螺栓节点未交底	调查分析	×××	非要因
2	管理人员未全数检查	调查了解	×××	非要因
3	混凝土振动泵功率大	现场试验	×××	非要因
4	方木未精细化加工	现场测量	×××	非要因
5	螺栓未采取定位筋	现场检查	×××	要因
6	混凝土落差大	调查分析	×××	非要因
7	夜间灯具少	现场了解	×××	非要因
8	标高无定位措施	现场检查	×××	要因
9	测量工具未校正	现场检查	×××	非要因

制表人：×××　　　　　　　　　　　　　　　　制表时间：××年××月××日

八、制订对策

　　见表 6-36、表 6-37。

对策方案分析评价表　　　　　　　　　　　　　　　　表 6-36

要因	对策方案	评估					选定方案
		有效性	可实施性	经济性	可靠性	时间性	
螺栓未采取定位筋	螺栓先安装后定位校正	与平台尺寸紧密相关联，依靠平台尺寸定位螺栓位置	靠小组成员能力即可解决，可实施	需增加定位钢筋及安装，人工成本约3元/处	经现场试验，螺栓偏移量满足施工要求	在钢筋绑扎后进行安装，每处延长支模时间约10min	不选
	先制作定位筋后安装螺栓	依据图纸和成品PC尺寸先制作钢筋定位筋后安装，定位准确	靠小组成员能力即可解决，可实施	需增加定位钢筋及安装，人工成本约3元/处	经现场试验，螺栓偏移量满足施工要求	在绑扎前集中制作定位钢筋，成品安装需5min	选定
标高无定位措施	利用挑耳钢筋定位螺栓标高	对挑耳标高及尺寸要求精度较高	靠小组成员能力即可解决，可实施	无需增加材料成本，人工复核成本较低	经现场试验，螺栓标高满足设计要求	直接对挑耳钢筋标高测量较为便捷	不选
	制作标高定位面板固定	面板后安装可根据实测情况调整	靠小组成员能力即可解决，可实施	每处需额外增加模板费用约5元	经现场试验，螺栓标高满足设计要求	面板安装在浇筑前完成，不占用关键工作时间	选定

制表人：×××　　　　　　　　　　　　　　　　制表时间：××年××月××日

　　选定方案对策后，小组成员遵循 "5W1H" 原则制订了对策表（表 6-37）。

对策表 表 6-37

序号	要因	对策	目标	措施	地点	完成时间	负责人
1	螺栓未采取定位筋	先制作定位筋后安装螺栓	圆孔内螺栓预埋安装误差半径小于7mm	1. 深化预埋螺栓安装间距； 2. 对施工人员进行培训交底； 3. 批量加工定位筋； 4. 安装定位钢筋	办公室、钢筋加工区、1～2#楼施工现场	××年××月××日	××× ××× ××× ×××
2	标高误差超设计值	制作标高定位面板	面板标高误差控制在±5mm以内	1. 制作模板翻样图； 2. 批量制作定位面板； 3. 定位面板安装与检验	木工加工区、1～2#楼施工现场	××年××月××日	××× ××× ××× ×××

制表人：××× 　　　　　　　　　　　制表时间：××年××月××日

九、对策实施

对策一：先制作定位筋后安装螺栓

1. 深化预埋螺栓安装间距

由×××对楼梯休息平台处预埋螺栓间距进行深化计算，归纳出四组不同间距的预埋尺寸，中心间距分别为 180mm、305mm、180mm、180mm、220mm、180mm、195mm、705mm、280mm，280mm、705mm、280mm，分门别类按楼梯编号层数标注清楚，根据分类尺寸制作加固图（图 6-23）。

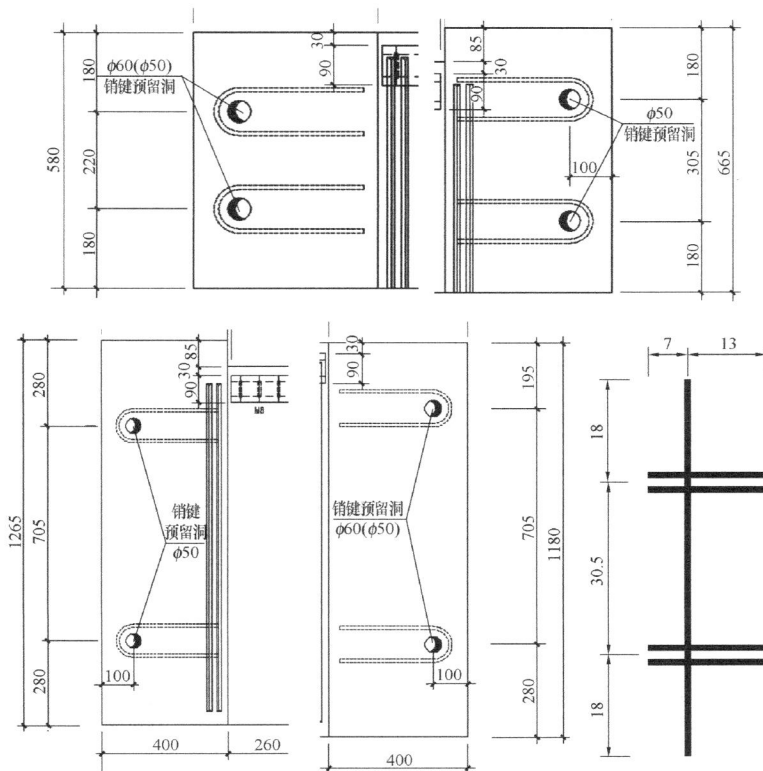

图 6-23 预埋螺栓定位筋深化大样图

2. 对施工人员进行培训交底

由小组成员×××编制《预埋螺栓定位钢筋加工和安装操作要点》，对管理人员和安装人员进行针对性培训，培训结束后进行考核，考核成绩良好（图6-24、表6-38）。

图6-24　对管理人员、安装人员进行培训

培训情况统计表　　　　　　　　　　　　　　　　　　　　　表 6-38

培训对象	培训人数	合格人数
管理人员	11	11
安装人员	20	20

制表人：×××　　　　　　　　　　　　　　　制表时间：××年××月××日

3. 批量加工定位筋

计算出所需四种类型的定位钢筋数量，制作样板后，由加工人员进行批量加工（图6-25）。

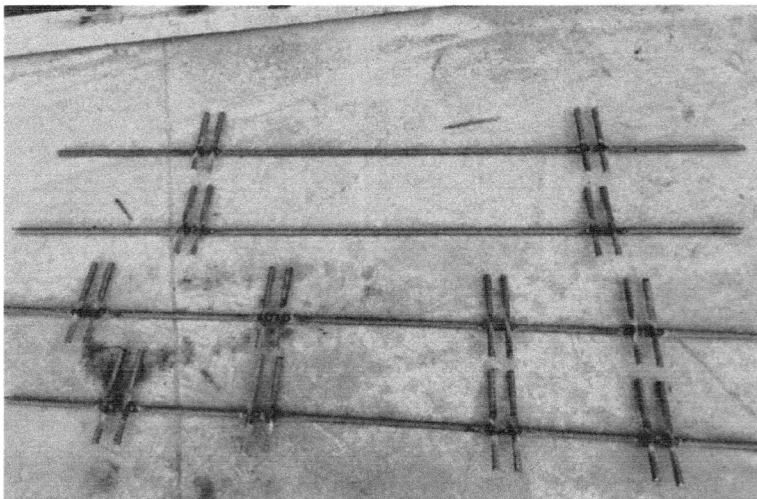

图6-25　批量加工定位筋

4. 安装定位钢筋

休息平台支模架搭设完成后，定位钢筋与挑耳钢筋绑扎牢靠后一体安装，再将预埋螺栓安装在定位钢筋上焊接牢固，同时避免了对挑耳钢筋的损伤（图6-26）。

图 6-26　定位筋安装

5. 效果检验

对策实施后，QC 小组对 1～2＃楼 2 层楼梯休息平台设有钢筋定位的预埋螺栓进行检验，共检查产生 32 组数据，圆孔内预埋螺栓安装误差半径均小于 7mm，对策目标达成（表 6-39）。

预埋螺栓偏移误差量统计　　　　　　　　　　　　　　　　　表 6-39

编号	孔心间距（mm）	误差值（mm）	编号	孔心间距（mm）	误差值（mm）	编号	孔心间距（mm）	误差值（mm）
1	704	0	12	220	0	23	305	0
2	706	1	13	222	2	24	308	3
3	703	2	14	223	3	25	310	5
4	700	5	15	220	5	26	308	3
5	701	4	16	219	6	27	309	4
6	706	1	17	223	2	28	308	3
7	708	3	18	224	1	29	299	6
8	710	5	19	230	5	30	298	7
9	711	6	20	220	0	31	300	5
10	709	2	21	305	0	32	308	3
11	225	5	22	303	2			

制表人：×××　　　　　　　　　　　　　　　　制表时间：××年××月××日

对策二：制作标高定位面板

1. 制作模板翻样图

由小组成员×××根据螺栓定位深化图，绘制模板翻样图（图 6-27）。

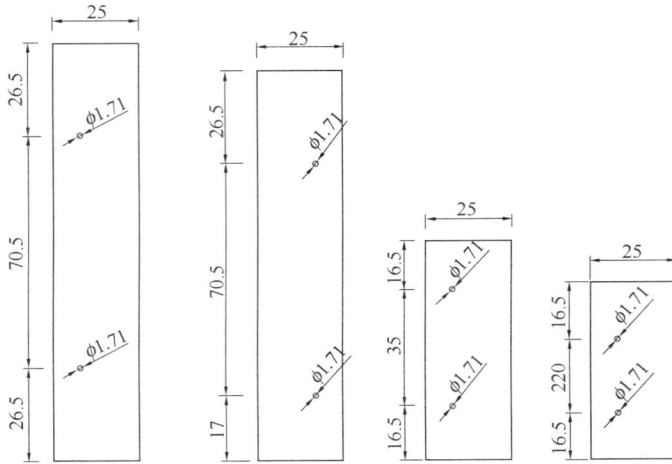

图 6-27　模板翻样大样图

2. 批量制作定位面板

模板大样图完成后，与钢筋定位大样图一起对操作人员及安装人员进行交底，计算出所需四种类型的模板数量，由加工人员进行批量加工（图 6-28）。

图 6-28　面板及侧板批量制作

3. 定位面板安装与检验

休息平台钢筋绑扎完成并隐蔽验收后，封闭面层定位模板，与支模架模板标高测定相同，对四角进行标高测定，对不符合要求的位置，将支模架顶丝旋转调至允许偏差内（图 6-29）。

图 6-29　面板及侧板安装

4. 效果检验

对策实施后，QC 小组对 1～2＃楼 2 层楼梯休息平台标高进行检验，共检查产生 32 组数据，面板安装标高误差在 ±5mm 以内，对策目标达成（表 6-40）。

面板误差量统计 表 6-40

检查位置	检查数量	标高误差±5mm
1＃楼	16 处	全部合格
2＃楼	16 处	全部合格

制表人：×××　　　　　　　　　　　　　　　　　　制表时间：××年××月××日

十、效果检查

1. 课题目标实现情况

我们在对策实施后对 PC 楼梯一次安装合格率进行了检验，同样累计检查 1～3＃楼、6～7＃楼 2～10 层的 120 个休息平台 480 个点，发现存在质量问题 18 处，一次验收合格率提高到 96.3％，较活动目标值 93％高出 3.3 个百分点（表 6-41、图 6-30）。

QC 活动前后验收合格率统计表 表 6-41

	抽查点数	合格点数	一次验收合格率
活动前	480	424	88.3％
活动后	480	462	96.3％

制表人：×××　　　　　　　　　　　　　　　　　　制表时间：××年××月××日

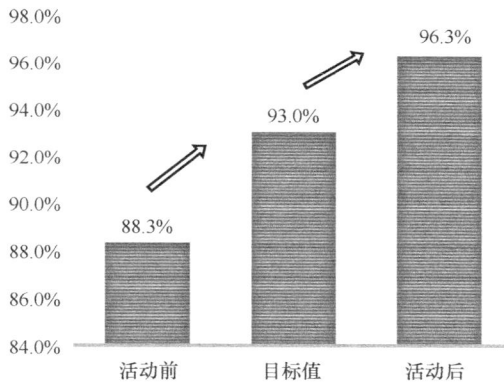

图 6-30　PC 楼梯一次安装合格率 QC 活动前后对比

制图人：×××　　　制图时间：××年××月××日

对 18 个不合格项进行分类统计，如表 6-42、图 6-31 所示。

不同连接位置楼梯安装合格率统计 表 6-42

序号	连接部位	不合格数（个）	占比
1	休息平台	12	66.7％
2	同层标高	6	33.3％

制表人：×××　　　　　　　　　　　　　　　　　　制表时间：××年××月××日

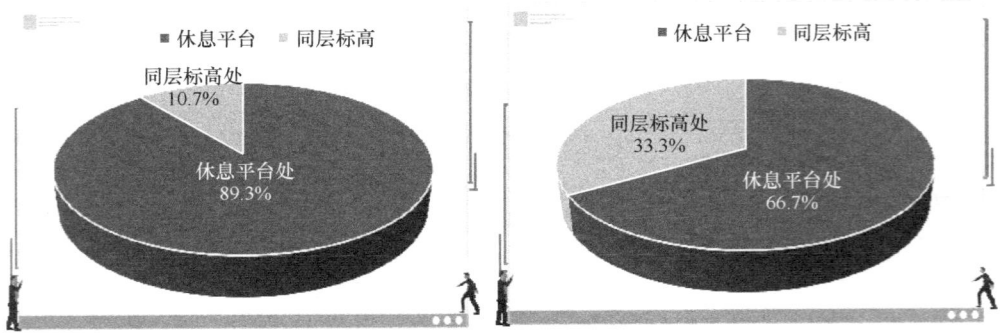

图 6-31　不同连接点质量问题前后对比饼分图

制图人：×××　　　　　　　　　　　　　　　　　制图时间：××年××月××日

对休息平台 12 个不合格项进行分类统计，如表 6-43 所示。

休息平台处质量问题统计表　　　　　　　　　表 6-43

序号	问题描述	频数	频率	累计频率
1	螺栓丝牙破损	3	25.0%	25.0%
2	挑耳尺寸偏差	3	25.0%	50.0%
3	螺栓定位偏差	3	25.0%	75.0%
4	PC 碰撞破损	2	16.7%	91.7%
5	其他	1	8.3%	100.00%

制表人：×××　　　　　　　　　　　　　　　　制表时间：××年××月××日

小组成员把新统计的 PC 楼梯安装质量问题用排列图表示并进行了 QC 活动前后的对比，由缺陷项目排列图可见，原主要质量缺陷项目"螺栓定位偏差"已经大幅减小，不再是 PC 楼梯一次安装合格率的主要缺陷项目（图 6-32）。最终确定课题目标实现。

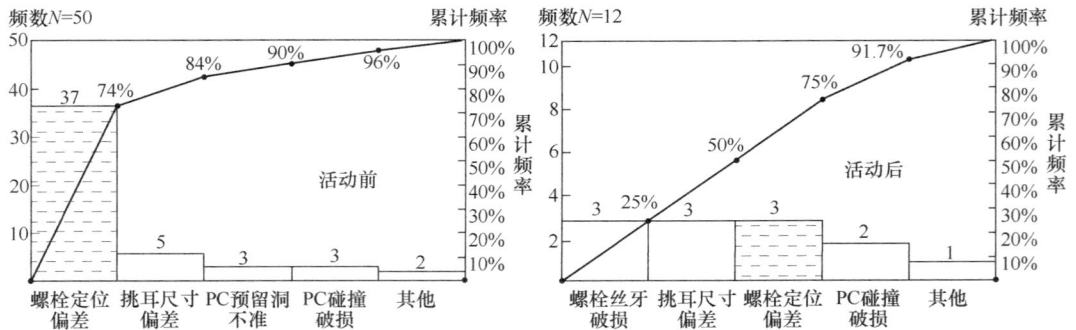

图 6-32　休息平台处质量问题 QC 活动前后对比排列图

制图人：×××　　　　　　　　　　　　　　　　制图时间：××年××月××日

2. 经济效益

通过 QC 小组活动，PC 楼梯一次安装合格率从 88.3% 提高到了 96.3%，提高了工程施工质量，减少了返工数量，加快了施工进度，降低了施工成本。

（1）节省人工返工费：人工费 600 元/工日×42 工日＝25200 元

（2）节省返工材料费：螺栓材料 1920×（96.3%－88.3%）×10＝1130 元

（3）措施费：（3＋5）×（1920－480）/2/2＝2880 元

（4）活动经费：2000 元

（5）实际效益＝节省人工返工费＋节省返工材料费－措施费－活动经费

＝25200 元＋1130 元－2880 元－2000 元＝21450 元

3. 社会效益

提高了楼梯关键节点部位施工质量，降低了使用安全风险，保证了结构安全和整个楼梯系统的抗震性能，得到了市监督总站、建设单位、设计单位以及集团公司领导的好评，维系了与建设单位的良好合作关系，给类似项目提供了借鉴经验（图 6-33）。

图 6-33　PC 样板及现场安装成品

十一、制订巩固措施

1. 编制作业指导

为进一步巩固和推广所取得的成果，QC 小组将本次活动做法过程整理、总结成集团级《PC 楼梯连接点安装施工作业指导书》，××年××月××日由集团技术负责人审批完成，编号为××××-Zyzd-2021-05（表 6-44、图 6-34）。

有效措施纳入标准审核表　　　　　　　　　　　　　　　　　　　表 6-44

序号	技术措施	纳入标准	标准类型	批准时间
1	制作定位筋后安装螺栓	《PC 楼梯连接点安装施工作业指导书》	企业工艺标准	××年××月××日
2	制作标高定位面板			

制表人：×××　　　　　　　　　　　　　　　　　　制表时间：××年××月××日

2. 巩固期跟踪

小组成员于××年××月累计对剩余楼梯的 PC 吊装一次安装合格率进行了三次检

207

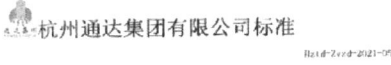

图 6-34　作业指导书

查，共计检查 960 个点，调查情况见表 6-45，从表中可以看出均能达到目标值，合格率均保持在 96.5% 以上，均高于活动目标（图 6-35、图 6-36）。

巩固期一次安装统计表 表 6-45

时间	检查点数	合格点数	合格率
2021 年 9 月 5 日	320	310	96.8%
2021 年 9 月 12 日	320	309	96.6%
2021 年 9 月 20 日	320	311	97.1%
平均值			96.9%

制表人：×××　　　　　　　　　　　　　　　　　　制表时间：××年××月××日

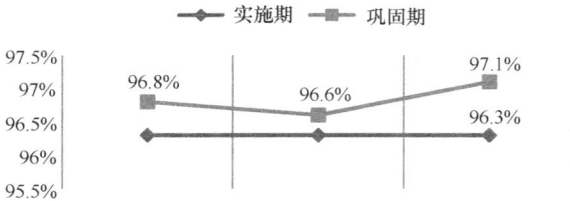

图 6-35　巩固期不同阶段 PC 吊装
合格率折线图
制图人：×××　　制图时间：××年××月××日

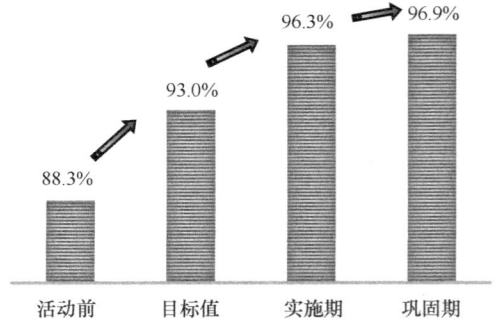

图 6-36　活动前、目标值、实施期、巩固
期合格率对比柱状图
制图人：×××　　制图时间：××年××月××日

十二、总结和下一步打算

1. 活动总结

在专业技术方面，我们找到了 PC 楼梯连接点安装质量控制要点，更加明确了 PC 楼梯安装的规范要求，掌握了吊装点节点设计要求与施工要点难度问题的解决思路，锻炼了现场实物交底与书面交底的有效衔接，加快了 PC 施工技术局部节点的应用推广，活动后总结并形成《PC 楼梯连接点安装施工作业指导书》。

在管理技术方面，我们采用科学的 PDCA 循环程序来开展工作。应用鱼刺图从多角度寻找 PC 楼梯连接点螺栓预埋位置偏差大的影响因素，并用现场试验、测量、调查分析等方法以大量的数据与事实来说明问题，最终找到主要原因。应用 5W1H 来制订对策，按照措施一步步达成对策目标，较为全面地掌握 QC 程序知识，在工具的选择及使用方面，也有了较为明显的提高。

在综合素质方面，从细微之处把控总体质量，学会了分析问题的症结。整个活动过程中我们运用了数据与图表结合的形式，层次清晰。我们对比了活动前后的验收数据，更好地衡量了我们的目标效果。

我们累计运用 57 次统计工具展开活动，表 6-46 所示是我们 QC 小组活动的统计工具汇总表。

活动工具统计汇总表　　　　　　　　　　　　　表 6-46

统计工具	横道图	统计表	饼分图	柱状图	排列图	因果图	折线图	雷达图	合计
工程概况		2							2
小组简介	1								1
选择课题		1							1
设定目标				1	1				2
目标论证		4	1	1					7
原因分析		1				1			2
确定主因		12		12					24
制订对策		2							2
对策实施		3							3
效果检查		2	2	1	2				7
巩固措施		1					1		3
总结与打算		2						1	3
合计	1	30	3	16	4	1	1	1	57

制表人：×××　　　　　　　　　　　　　　制表时间：××年××月××日

经过本次质量活动，合理运用理论分析，积极开展 QC 小组活动，从雷达图可以看出活动前后 QC 小组在质量意识与改进意识上比较薄弱的环节都有了明显的提高。我们小组第一次开展问题解决型的活动，所以在问题解决型的 QC 知识掌握上还有待提升，期待经过本次的学习我们小组在下次活动中在这方面有所突破（表 6-47、图 6-37）。

活动前后打分表　　　　　　　　　　　　　　表 6-47

序号	评价内容	活动前（分）	活动后（分）
1	团队精神	7	9
2	质量意识	6	9
3	进取精神	7	8
4	改进意识	6	8
5	QC 知识掌握	6	8
6	工作的干劲和热情	7	9

制表人：×××　　　　　　　　　　　　制表时间：××年××月××日

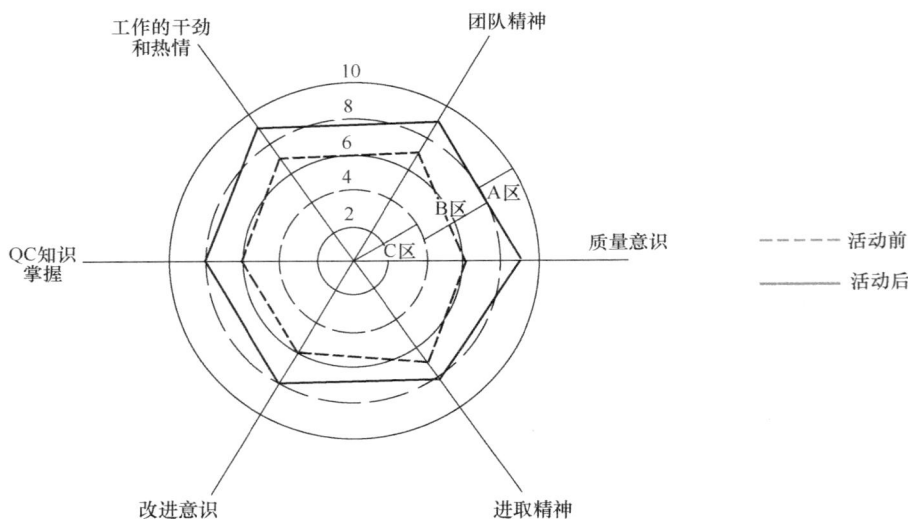

图 6-37　活动前后雷达图

制图人：×××　　　制图时间：××年××月××日

2. 今后打算

依托公司现有项目，对土建与装饰装修相关重要节点、操作流程、施工方法、主要质量控制标准、施工风险控制措施等方面进行综合研究，以更大限度地将 PC 楼梯连接点做法应用到类似其他工程中。

针对 EPC 项目总包的项目模式，开展下一个课题《提高 PC 楼梯梯段拼缝一次验收合格率》的活动。

问题解决型（指令性目标）课题成果点评意见

一、总体评价

该成果是问题解决型指令性目标课题，课题名称符合要求。小组依托项目是位于杭州市江干区紫丁香街的 8 栋 16 层及 13 层高层住宅，其总建筑面积 71978.13m²，装配式框剪结构，每栋楼 16 部楼梯，每层每部 2 块 PC 梯段，每段 4 个连接点，总共 1920 个 PC 梯段连接点，PC 楼梯吊装时一次验收合格率难以控制。建设单位要求楼梯一次性安装合格率不得低于 93%，而先行施工区域 PC 楼梯安装连接点质量合格率仅为 88.33%，低于建设单位要求，所选择了本课题。小组直接将建设单位要求的目标值作为课题目标，目标可行性论证对现场情况作了充分调查，通过饼分图和排列图将问题二次分层后，找出"螺栓定位偏差"是症结所在，参考了同企业其他 QC 小组对雷同症结的解决能力，根据数据对课题目标值进行了推演论证。运用因果图进行原因分析，要因确认根据对问题的影响程度进行，将确定的 2 个要因列入对策表。对策表 5W1H 栏目齐全，对策目标可测量，实施过程翔实，有实施效果的验证。效果检查用数据说话，通过活动的有效实施，达到并超过了课题目标。巩固措施形成了作业指导书。该 QC 小组活动全过程应用了横道图、排列图、因果图、雷达图、饼分图、流程图等统计方法，活动程序符合问题解决型课题要求。

二、不足之处

1. 程序方面

（1）小组活动时间计划表条目应与现行准则活动程序相一致。

（2）对策方案比选应基于现场测量、试验、调查分析的事实和数据进行评价和选择。

（3）小组成员综合素质方面自我评价表和雷达图缺乏打分依据。

2. 方法方面

柱状图绘制方法应标准、规范。

案例三：创新型课题成果

研制可调节高度的移动式爬梯

××××有限公司×××QC 小组

一、工程概况（略）

二、小组简介（略）

三、选择课题

1. 明确需求

整孔预制箱梁安装施工期间，运梁车、架桥机等超大型设备和待安装的箱梁合计重量达到 3065t，最大高度和宽度分别为 12.5、38.0m。其重量和体积创历史纪录，施工安全风险非常高，因此作为必需的重点安全措施，监管单位规定在每次架桥机过孔前，距作业面 200m 范围内，必须及时设置一处能从桥面快速直达地面的爬梯，供救援抢险人员或施工人员使用。为此，项目部对相关情况进行梳理，以明确具体的需求。

（1）设置时间方面

由于整孔预制箱梁是逐孔安装，因此，此爬梯需跟随作业面向安装方向持续跟进，而且必须待整孔箱梁安装完成后，在运梁车退回、架桥机收支腿等过孔准备期间就位，否则视作安全条件不具备，架桥机不能过孔作业，影响施工进度，并造成机械设备和人员等资源浪费。

小组对架桥机过孔准备时间（留给爬梯就位最长时间）进行统计，绘制甘特图（图 6-38）。

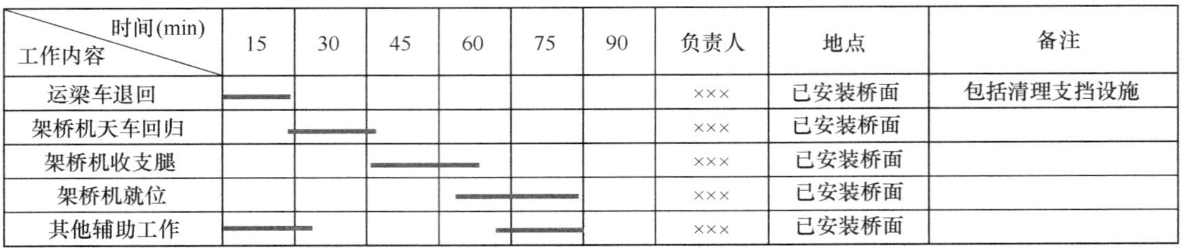

时间(min) 工作内容	15	30	45	60	75	90	负责人	地点	备注
运梁车退回	▬						×××	已安装桥面	包括清理支挡设施
架桥机天车回归		▬					×××	已安装桥面	
架桥机收支腿			▬				×××	已安装桥面	
架桥机就位				▬			×××	已安装桥面	
其他辅助工作	▬	▬		▬			×××	已安装桥面	

图 6-38　爬梯就位允许时间甘特图

制图人：×××　　　　　　　　　　　　　　　　　　制图时间：××年××月××日

经统计，爬梯就位的最长允许时间是75min。

（2）爬梯高度方面

桥梁区域的地面已在下部构造施工后，按要求进行整平。小组于××月××日对桥面（包含护栏预埋钢筋）到地面的距离进行实地测量，统计得出安装整孔箱梁的桥面到地面的距离在8～12m范围之间，平均高度10.17m。

综上分析，制定需求统计表（表6-48）。

需求统计表　　　　　　　　　　　　　　　　　　　　　　表 6-48

需求方	具体需求
监管方	在每次架桥机过孔前，距作业面200m范围内，必须及时设置一处能从桥面快速直达地面的应急爬梯
施工方	爬梯可跟随架桥机作业面移动，高度可在8～12m之间连续调节，合计就位时间不大于75min

制表人：×××　　　　　　　　　　　　　　　　　　制表时间：××年××月××日

2. 传统思路与需求对比

本公司是首次承接此大型箱梁施工业务，尚无相关经验。按照传统思路，需按200m间距在桥梁侧面搭设围笼式回转梯笼，两组梯笼跟随架桥机作业面交替周转，达到移动的目的。梯笼高度调节通过逐节拼装实现，一般为2.5m/节或3.0m/节，底部需浇筑厚度不小于0.2m的C25混凝土基础，高度超过8m的梯笼还需在四角设置缆风绳，以确保梯笼稳定。同时，安装此梯笼将占用部分施工便道，梯笼处需改移便道。

根据传统思路，每处梯笼需提前平整场地、浇筑基础混凝土，安装时每节梯笼节段需采用起重机起吊，每个节段之间由人工登高去四角安装连接螺栓，共需2～4次，顶端四角需设置缆风绳，在地面上合适位置设置锚点并拉紧、固定，顶笼上根据爬梯与桥面的高差设置相应坡度的过道，计算合计总时间为90min。

另外，根据理论推演，梯笼通过拼装获得节段整倍数的高度，呈阶梯状变化，无法连续调节。

根据以上分析，对比传统思路是否能满足施工需求（表6-49）。

人工平整时间为 4min。

2）爬梯移动。从"移动式登高舷梯"的借鉴数据（表 6-53）可知，移动式爬梯在 200m 范围内移动到位时间需 8min。

3）爬梯制动。从"移动式登高舷梯"的借鉴数据（表 6-53）可知，移动式爬梯制动时间为 4min。

4）高度调节。从第二层次的借鉴思路分析，重达 1245t 的整孔预制箱梁安装采用起重机下放到位，其下放速度为 0.5m/min。如果研制的爬梯架设高度以 10m 为中值控制，那么调节的最大距离为 ±2m。借鉴整孔预制箱梁的起重机升降速度 0.5m/min，调节 2m 距离用时 4min，而由于爬梯重量远远小于整孔预制箱梁，起重装置的升降速度势必不大于 0.5m/min，因此，爬梯升降时间不大于 4min。

5）检查验收。借鉴整孔箱梁检查时间，用时 8min。

综合以上分析，绘制爬梯就位时间甘特图（图 6-43）。

工作内容 \ 时间(min)	用时	5	10	15	20	25	30	备注
场地平整	4							
爬梯移动	8							借鉴表6-61数据
爬梯制动	4							借鉴表6-61数据
高度调节	4							
检查验收	8							通行能力和稳定性测试

图 6-43　爬梯安装就位时间甘特图

制图人：×××　　制图时间：××年××月××日

根据以上分析和甘特图，爬梯就位总时间为 28min，＜目标值 75min（表 6-54）。

目标值与查询借鉴结果论证分析表　　　　表 6-54

课题目标值	查询借鉴结果	论证结果
就位总时间不大于 75min	移动式钢结构爬梯就位总时间 28min	可行

制表人：×××　　　　　　　　　　　　　　制表时间：××年××月××日

综合以上目标可行性论证，小组认为此课题目标可以实现。

五、提出方案并确定最佳方案

1. 提出方案

××年××月××日，小组成员围绕课题目标，召开讨论会，根据借鉴内容，通过"头脑风暴法"集思广益，提出"上承式可移动爬梯"的总体方案（图 6-44）。

小组以"上承式、移动、爬梯"为关键词进行查新：（附图略）

根据查新结果，该总体方案未能在网站或国家知识产权局查到类似信息，说明总体方案具有创新性。

2. 总体方案分解

上承式可移动爬梯由移动平台、斜梯结构、安全防护结构以及高度调节系统四部分组成，从组成方式、功能实现形式等方面对这四部分装置进行进一步分解（图 6-45）。

借鉴思路 　　　　　　　总体方案思路

可调节高度的移动式施工爬梯	移动承重面	箱梁顶面
	上下人装置	钢结构爬梯
	安全防护结构	型钢护栏
	高度调节系统	起重设施

上承式可移动爬梯

上承式可移动爬梯
- 移动平台
  - 承重骨架
  - 移位装置
- 斜梯结构
  - 支承主梁
  - 连接装置
  - 踏步板
- 安全防护结构
  - 型钢护栏
- 高度调节系统
  - 悬挂装置
  - 升降设施

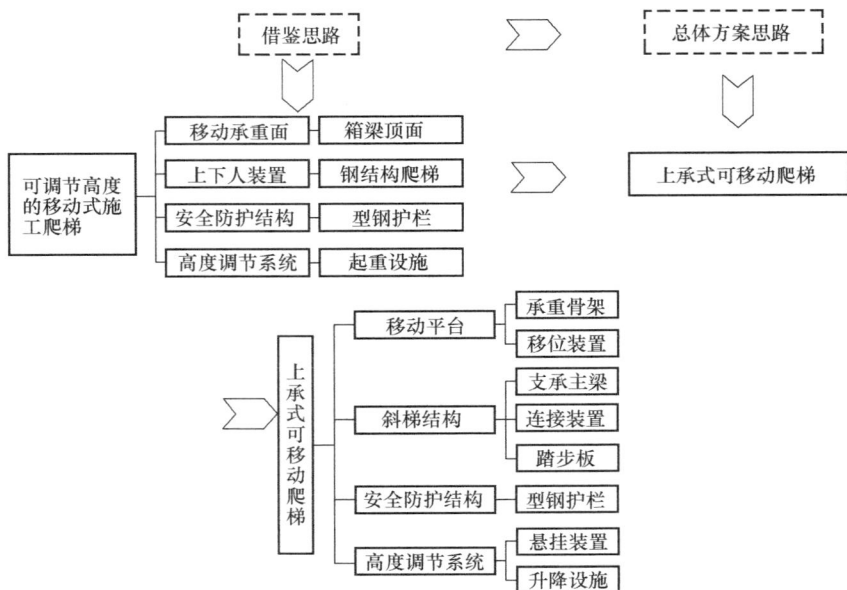

图 6-44　总体方案系统图

制图人：×××　　　　制图时间：××年××月××日

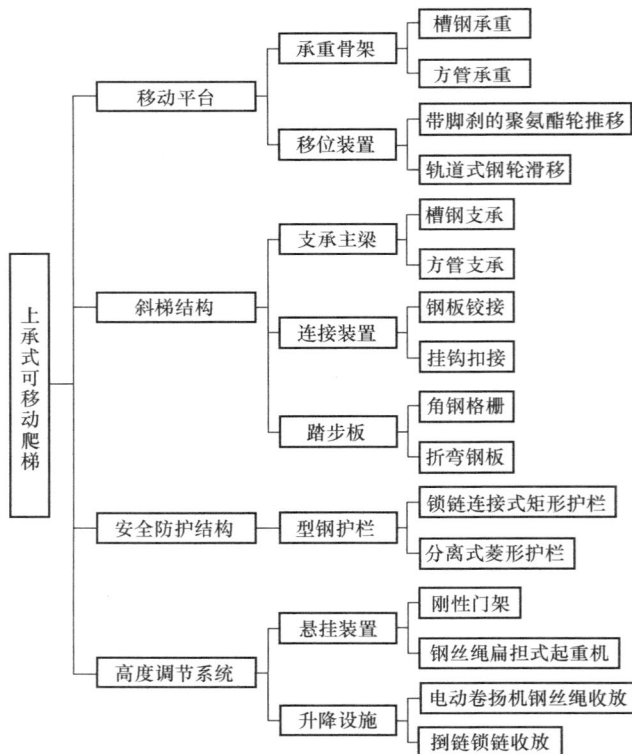

上承式可移动爬梯
- 移动平台
  - 承重骨架
    - 槽钢承重
    - 方管承重
  - 移位装置
    - 带脚刹的聚氨酯轮推移
    - 轨道式钢轮滑移
- 斜梯结构
  - 支承主梁
    - 槽钢支承
    - 方管支承
  - 连接装置
    - 钢板铰接
    - 挂钩扣接
  - 踏步板
    - 角钢格栅
    - 折弯钢板
- 安全防护结构
  - 型钢护栏
    - 锁链连接式矩形护栏
    - 分离式菱形护栏
- 高度调节系统
  - 悬挂装置
    - 刚性门架
    - 钢丝绳扁担式起重机
  - 升降设施
    - 电动卷扬机钢丝绳收放
    - 捯链锁链收放

图 6-45　总体方案分解示意图

制图人：×××　　　　制图时间：××年××月××日

3. 分级方案比选

（1）移动平台

移动平台由承重骨架与移位装置两部分组成。

1）承重骨架

承重骨架长度的确定对结构的安全性和稳定性都至关重要，通过计算确定承重骨架的长度为 6.0m（表 6-55）。

分级子方案 1（承重骨架）

表 6-55

子方案	槽钢承重	方管承重
对比图	（略）	（略）
参数要求	以 14♯槽钢为例，长度 6.0m	方钢截面尺寸 60mm×60mm×3mm，长度 6.0m
经济性	折合 5180 元/t	折合 5760 元/t
可行性	 材料力学属性：截面惯性矩 $I_x = 609.4cm^4$，截面抗弯系数 $W_x = 217.6cm^3$。 经过数值模拟进行三维验算，14♯槽钢承重 270MPa，最大挠度 0.040m，受力、变形均满足要求	 材料力学属性：截面惯性矩 $I_x = 579.8cm^4$，截面抗弯系数 $W_x = 212.5cm^3$。 经过数值模拟进行三维计算，方钢承重 258MPa，最大挠度 0.038m，受力、变形基本满足要求
便利性	材质较轻，使用方便	材料较重，使用不便
结论	采用	不采用

制表人：×××   制表时间：××年××月××日

2）移位装置

此部分装置为移动系统的总体设计方案，对于实现装置的自由移动至关重要（表 6-56）。

分级子方案 2（移位装置）

表 6-56

子方案	轨道式钢轮滑移	带脚刹的聚氨酯轮推移
对比图	（略）	（略）
便利性	定制轨道，摩阻力小，移动轻松；方向性强，刹车用时 2min	推行容易，方向性差，使用较方便，刹车用时 0.5min
经济性	轨道 215 元/m，滚轮 122 元/个	聚氨酯轮 60 元/个
可行性	承载力 12MPa，抗拉强度 60MPa，硬度 100A，阿克隆磨耗 0.032cm³/1.47km。结构安全性高，但磨损较大	承载力 10.5MPa，抗拉强度 53MPa，硬度 90A，阿克隆磨耗 0.014cm³/1.61km。结构安全性一般，磨损较小
可操作性	需沿线布置周转轨道，耗费大量人力、物力、财力；需要外加装置以固定爬梯	制作安装方便，使用较便利；可采用自带的脚刹固定
结论	不采用	采用

制表人：×××   制表时间：××年××月××日

（2）斜梯结构

斜梯结构主要由支承主梁、连接装置以及踏步板三部分组成（图 6-46）。

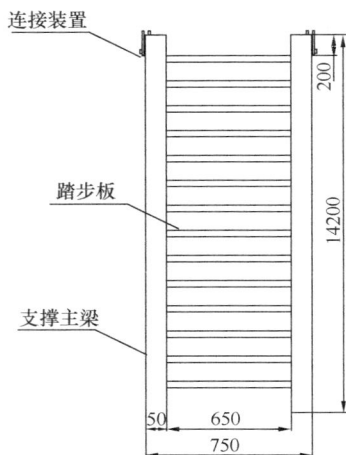

图 6-46　斜梯平面示意图

制图人：×××　　　制图时间：××年××月××日

1）支承主梁

① 长度计算：移动爬梯按照桥面标高 10m 进行设计，设计角度 45°，通过计算，支撑主梁的长度为 14.2m；

② 宽度计算：鉴于桥面左右幅之间的间距仅为 1m，为了爬梯的移动以及保护桥梁结构不被破坏，还需留出一定的安全距离，因此设计斜梯骨架的宽度为 0.75m（表 6-57）。

分级子方案 3（支承主梁）　　　　　　　　　　　　　　表 6-57

子方案	方管支承	槽钢支承
对比图	（略）	（略）
参数要求	截面尺寸 160mm×60mm×20mm×2.75mm，长度 14.2m	采用 20＃槽钢，长度 14.2m
经济性	折合 5130 元/t	折合 5460 元/t
可行性	材料力学属性：截面惯性矩 I_x＝609.4cm^4，截面抗弯系数 W_x＝217.6cm^3。 经过数值模拟进行三维验算，C80×50×20 型钢承重 490MPa，最大挠度 0.045m，受力、变形均满足要求	材料力学属性：截面惯性矩 I_x＝609.4cm^4，截面抗弯系数 W_x＝217.6cm^3。 经过数值模拟进行三维验算，20＃槽钢承重 520MPa，最大挠度 0.052m，受力、变形均满足要求
便利性	材料密度较小，同等规格体积较大；加工运输不便	结构体积较小，加工运输方便
结论	不采用	采用

制表人：×××　　　　　　　　　　　　　制表时间：××年××月××日

2）连接装置

过人平台与承重架之间，为了保证结构强度与使用的安全性，使用高强螺栓进行连接（表6-58）。

分级子方案4（连接装置） 表6-58

子项目	钢板铰接	挂钩扣接
对比图	（略）	（略）
经济性	单个铰接成本约为150元	单个刚接成本约为140元
可行性	结构极限承载力200MPa，结构位移0.04mm，受力、变形均符合要求；适应180°旋转，完全满足使用要求	结构极限承载力125MPa，结构位移1mm，受力、变形均符合要求；适应90°旋转，基本满足使用要求
安全性	360°受约束，安全性高	仅竖直方向180°约束，安全性差
便利性	结构设置简单，连接操作方便	结构设置简单，连接操作方便
结论	采用	不采用

制表人：×××　　　　　　　　　　　　　　　　制表时间：××年××月××日

3）踏步板

踏步板的尺寸在0.65m×0.2m（长×宽），踏步板之间的间距为0.2m（表6-59）。

分级子方案5（踏步板） 表6-59

子方案	折弯钢板	角钢格栅
对比图	（略）	（略）
参数要求	厚度3mm，尺寸0.65m×0.2m	厚度3mm，尺寸0.65m×0.2m
经济性	折合4630元/t	折合4970元/t
安全性	防滑系数1.5，结构稳定性更强，安全性更高	防滑系数0.5，安全性一般
便利性	材料产量大，容易采购；同等规格下，材料重量3.1kg/块	产量较低，采购不便；材料重量5.3kg/块
结论	采用	不采用

制表人：×××　　　　　　　　　　　　　　　　制表时间：××年××月××日

（3）护栏（略）

（4）调节系统（略）

4. 最佳方案

通过对总体方案的分级方案进行对比选择，制定系统图（图6-47）。

六、制订对策

根据最佳方案及其逐层分解结果，制订对策表（表6-60），并针对工具的研制，按照

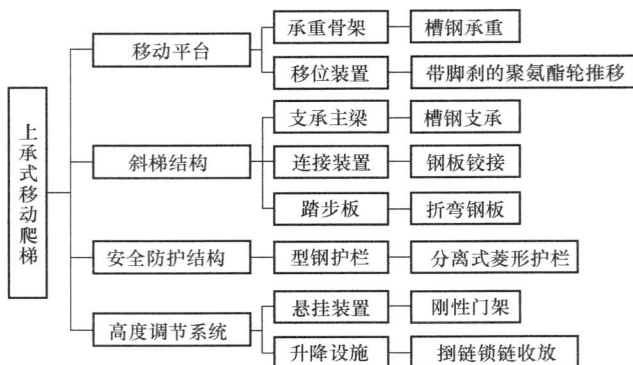

图 6-47　最佳方案系统图

制图人：×××　　　制图时间：××年××月××日

"N＋1"的要求，增加组装调试对策。

对策表　　　　　　　　　　　　　　　　　　　　　表 6-60

对策	目标	措施	地点	时间	负责人
槽钢承重	承重骨架挠度 f_{max} ≯0.006m	1. 选择相应规格的槽钢； 2. 切割成长度分别为 6.0m 和 2.2m 的各 2 条槽钢，对称焊接成矩形骨架	项目部梯笼加工车间	××年××月××日	×××
聚氨酯轮推移	轮子直径 0.133m；脚刹固定后，位移量为 0m	1. 加工支腿； 2. 聚氨酯轮焊接在支腿上； 3. 将聚氨酯轮支架焊接到主体骨架底端	项目部梯笼加工车间	××年××月××日	×××
槽钢支承	支撑主梁 $F_{max}/[v]$ <1/250，长度 14.2m	1. 选择对应规格的槽钢； 2. 加工支撑主梁	项目部梯笼加工车间	××年××月××日	×××
钢板铰接	扇形连接钢板直径 0.15m；三角形加强钢板长度 0.1m	1. 选择相应规格的钢板； 2. 切割连接钢板与加强钢板； 3. 钢板钻孔； 4. 焊接连接钢板与加强钢板	项目部梯笼加工车间	××年××月××日	×××
折弯钢板	踏板与骨架间角度为 45°，长度 0.65m，宽度 0.2m，竖向间距 0.2m	1. 选择对应规格的花纹螺纹钢折弯钢板； 2. 在固定骨架上等间距划线； 3. 按照参照线焊接踏步板	项目部梯笼加工车间	××年××月××日	×××
分离式菱形护栏	竖向护栏高度 1m，间距 0.8m；上部横向护栏长度 10m；中部护栏长度 0.8m	1. 选择相应规格的型钢； 2. 按照图纸尺寸进行切割； 3. 在槽钢骨架焊接竖向护栏； 4. 焊接水平横向护栏； 5. 焊接中部横向护栏	项目部梯笼加工车间	××年××月××日	×××

对策	目标	措施	地点	时间	负责人
刚性门架	起吊架高度 4m，宽度 0.6m	1. 选择相应规格的槽钢； 2. 焊接起吊架； 3. 焊接吊钩	项目部梯笼加工车间	××年××月××日	×××
捯链锁链收放	捯链起吊重量为 2t、起吊高度 4m	1. 选择额定重量 2t、升降长度 4m 的捯链； 2. 捯链上端锁链钩悬挂于承重架； 3. 捯链下端锁链钩勾住门架吊钩	项目部梯笼加工车间	××年××月××日	×××
组装调试	爬梯可调节高度为 ±2.0m 范围；2 人可推行	1. 将各部分装置运送至现场； 2. 将各部件现场组装； 3. 现场调试	慈东高架 2 号桥 299#孔	××年××月××日	×××

制表人：×××　　　　　　　　　　　　　　　制表时间：××年××月××日

七、对策实施

小组根据对策表，逐一组织实施。

实施一：主体骨架制作

1. 选择相应规格的槽钢

××月××日，×××建立 1:1 的主体结构骨架 ANSYS 有限元数值模型（图 6-48）。

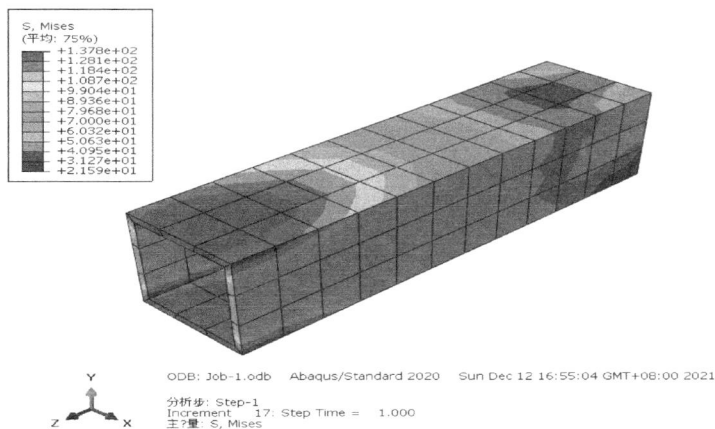

图 6-48　移动平台主体骨架有限元模型

建模人：×××：　　　　　　　　建模时间：××年××月××日

截面惯性矩 $I_x = 609.4\text{cm}^4$，截面抗弯系数 $W_x = 217.6\text{cm}^3$。经过数值模拟进行三维验算，14#槽钢承重 520MPa，最大挠度 $f_{max} = 0.002\text{m} < 0.006\text{m}$，受力、变形均满足要求。

经过结构力学进行材料选取反算以及三维建模验算，最终确定移动平台骨架选用 14#槽钢，可满足要求。

2. 切割成长度分别为 6.0m 和 2.2m 的各 2 条槽钢，焊接成矩形骨架

××月××日，在项目部梯笼加工车间内，×××指导梯笼加工人员将 2 条定尺长度 9m 的 14# 槽钢，分别切割成 6m 和 3m 长度各 2 条，再将 3m 槽钢切割成 2.2m 长度的短槽钢；将 2 条 2.2m 的槽钢分别焊接于其中一条 6m 长度的槽钢两端，再将另外一条 6m 长度的槽钢焊接于 2.2m 槽钢的另一端，组成矩形骨架。

主体骨架图（略）。

实施效果：经检验，槽钢受力后 $f_{max}=0.002m<0.006m$。

实施结论：骨架尺寸符合对策目标。

实施二：聚氨酯轮推移

××月××日，×××采购直径 0.133cm（4 寸）带刹车的聚氨酯轮。在项目部梯笼加工车间内，×××指导梯笼加工人员现场依次进行加工：

① 切割 8 段长度 0.15m 的 5# 方钢（边长 50mm），其中一个底面分别焊接长度 80mm、厚度 10mm 的钢板。

② 将聚氨酯轮的支承面分别居中焊接到支腿底面。

③ 将支腿焊接到主体骨架支点下面对应位置。

实施效果验证：采用钢尺测量，轮子直径为 0.133m；安装轮子后，骨架可轻松推移，踩下脚刹后，承重架移动位移量为 0m。

实施结论：轮子直径和刹车量均符合对策目标要求。

聚氨酯轮安装图（略）。

实施三：槽钢支承

1. 选择对应规格的槽钢

根据国家现行标准《建筑结构荷载规范》GB 50009 与《钢结构设计标准》GB 50017 的规定，梯梁挠度容许值分别为：$L/250$（永久荷载＋可变荷载标准值），$L/300$（可变荷载标准值）。结合结构力学计算，××月××日，×××对结构的强度与材料选取进行设计。

斜梯水平长度 10m，垂直高度 10m，梯段宽度取 0.7m。通过计算确定单位面积永久荷载标准值在 0.5～0.6kN/m^2 之间，单位面积荷载约为 0.5kN/m^2。结构计算过程如下：

（1）荷载计算

作用于斜梁的恒荷载标准值：$G_k=0.6×0.4+0.24=0.49kN/m$

作用于斜梁的活荷载标准值：$Q_k=0.5×0.4=0.2kN/m$

作用于斜梁的荷载设计值：$P=1.2G_k+1.4Q_k=0.87kN/m$

（2）内力计算

斜梁跨中最大弯矩 $M_{max}=1/8PL^2=10.85kN·m$

斜梁剪力 $V_{max}=1/2PL\cos\alpha=3.07kN$

（3）截面验算

（计算资料略）

因此，选择 20# 槽钢作为支撑主梁。

2. 加工支撑主梁

××月××日，在项目部梯笼加工车间内，×××指导梯笼加工人员切割加工两段长度为 14.2m 的 20# 槽钢，并将切割处打磨光滑。

支撑主梁图（略）；切割支撑主梁图（略）。

实施效果：经现场试验检测，20#槽钢 $F_{max}/[v]$ 为 1/274＜1/250；经量测，支撑主梁长度为 14.2m。

实施结论：各项指标符合对策目标。

实施四：钢板铰接

××月××日，在项目部梯笼加工车间，×××负责指导加工人员依次实施：

① 选择厚度为 10mm 的平面钢板。

② 采用氧气焊在钢板上切割出 4 块直径为 0.15m 的扇形钢板与 4 块直角边长度为 0.1m 的三角形钢板，作为平台与斜梯之间的连接板。

③ 采用氧气焊在扇形钢板上切割出稍大于 M16 高强螺栓直径的圆孔，作为平台与斜梯之间的连接固定孔。

④ 将扇形钢板分别焊接在斜梯端头两侧与平台两侧预留连接位置，在平台两侧预留连接位置的外侧，分别焊接两块三角板作为加强钢板。

连接装置（平台侧）图（略）；连接装置（斜梯侧）图（略）。

实施效果：经量测，扇形连接钢板直径为 0.15m，三角形加强钢板长度为 0.1m。

实施结论：各项指标符合对策目标。

实施五：折弯钢板（略）

实施六：分离式菱形护栏（略）

实施七：刚性门架（略）

实施八：捯链锁链收放（略）

实施九：组装调试

××月××日，移动爬梯各部件制作完成后，×××组织人员将部件运至慈东高架 2 号桥 299#孔拼装、测试：

① 将加工好的移动平台与楼梯骨架运送至指定位置；

② 利用汽车式起重机将移动平台投放于桥梁左右幅之间；

③ 吊起楼梯骨架，安装楼梯骨架与移动平台之间的铰接；

④ 安装捯链连接移动平台与刚性门架；

⑤ 测试爬梯移动性能及高度调节性能。

从 9：20 开始，到 10：35 结束，各部件拼装完成。

×××组织 2 名施工人员推动移动爬梯向前移动，测试爬梯移动过程中的通行性能；再由 1 名施工人员拉动捯链，调节爬梯高度，测试爬梯可调节高度范围。

爬梯运输图（略）；斜梯起吊图（略）；斜梯投放图（略）；斜梯图（略）；爬梯现场通行测试图（略）。

实施效果：经试验，2 名施工人员可轻松推动爬梯移动；爬梯上下可调节高度范围为 10±2.0m。

实施结论：各项指标符合对策目标。

八、效果检查

1. 活动效果

××月××日到××月××日期间，整孔箱梁安装班组从慈东高架 2 号桥 297#孔安装到 248＃孔（共 50 孔），均采用移动式爬梯作为应急爬梯。小组对爬梯安装就位时间以及高差进行了近六个月之久的跟踪观测，并采用 origin 数据处理分析软件对数据进行统计分析（图 6-49）。

爬梯现场照片（略）。

移动式爬梯安装总时间统计表（略）。

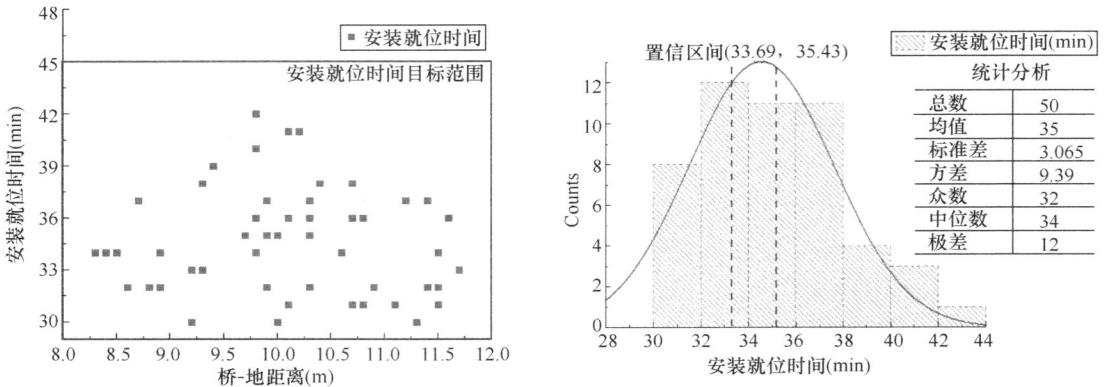

图 6-49　就位总时间统计分析图

制图人：×××　　　　制图时间：××年××月××日

根据统计分析结果可知，移动式爬梯就位平均总时间 35min＜75min（目标值），众数为 32min，极差为 12min，95％置信区间为（33.69，35.43）。

根据以上统计分析，充分说明本次活动的目标已经达到（图 6-50）。

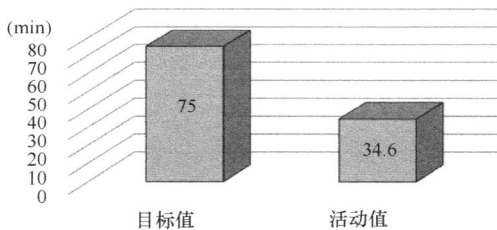

图 6-50　效果检查结果对比柱状图

制图人：×××　　制图时间：××年××月××日

2. 经济效益

活动期间共安装整孔预制箱梁 50 孔，每孔跨度 40m，因此总长度 2000m，按监管单位关于应急爬梯每 200m 设置一处的要求，活动前，共需安装梯笼 2000/200＋1＝11 处。在此期间梯笼可以分 2 套周转 5 次安装，但梯笼的基础需每处浇筑混凝土，共需浇筑 11 处。每个梯笼加工制作和每处基础混凝土施工费用计算（略）；活动后，采用 1 套移动式爬梯即满足现场需求，在架桥机过孔准备期间就完成移动和就位工作。

小组根据现场实际，计算并经公司财务部核实，活动期间累计节约费用 91678 元。

经济效益证明（略）。

活动期间费用对比计算表（略）。

3. 社会效益

本活动成功解决了运梁车、架桥机等超大型设备使用期间的应急爬梯设置滞后的问题，满足了安全管理需要，为项目整孔预制箱梁施工保驾护航。×××省委常委、交通运输厅副厅长、×××市交通运输局局长等多批次领导对本小组活动成果大加赞扬，指示应予以推广。×××指挥部发文《关于加强桥面施工安全管理的通知》（××指〔2021〕67

号），明确推荐采用本 QC 活动成果——可调节高度的移动式爬梯。

本次活动期间，提高了爬梯的周转数量和效益，既节约了大量成本，又减少了基础混凝土浪费，符合国家节能环保的发展理念，对类似工程具有借鉴意义，受到地方政府和施工相关方的一致好评，社会效益显著。

九、标准化

（1）通过多次实践验证，证明本成果可实现桥梁施工爬梯在设计高度范围内的自由调节，提高施工效率；公司总工程师于××月××日在××组织专家对此创新成果推广应用价值进行评价，结论为："该成果组成合理、结构稳固、使用方便、效益显著、综合评价具有较好的推广价值"。

创新成果推广应用价值评价（略）。

（2）小组由×××负责，将移动式桥梁施工爬梯制作标准图纸及其应用方法编制为《可调节高度的移动式施工爬梯作业指导书》，经公司总工核准，于××年××月××日起正式执行、推广。

标准化情况统计表（略）。

高度可调式爬梯制作标准图纸（略）。

作业指导书（略）。

××年××月××日～××月××日，在××××合同多个桥面施工项目中，按《快速就位的高度可调式爬梯作业指导书》和标准图纸，推广应用于相应项目，安装就位时间控制在 32min 之内，取得了较好效果，提高了施工效率，证明本活动标准化措施持续有效。

十、总结和下一步打算

1. 活动总结

（1）专业技术

通过本次活动，小组成员对移动施工爬梯的设计原理有了更深切的理解，同时通过查询借鉴，进一步拓宽了思路，了解了多种可调节高度的施工爬梯类型，并对钢结构设计原理、结构计算等专业知识有了更全面的了解，小组成员的专业技术水平得到较大提升；同时，专业技术理论总结能力有了显著提高，小组成员将移动式施工爬梯申报了实用新型专利。

专业技术总结情况统计表（略）。

（2）管理方法

1）程序步骤方面。在本次 QC 活动中，小组活动的各个程序和步骤正确，特别在课题提出阶段查阅了大量资料进行广泛借鉴，并对"爬梯无法调节高度"的问题进行二次借鉴分析，为提出总体方案提供了思路，同时在分级方案选择阶段，逐级进行了 4 次对比、分析，为活动的最终成功奠定了坚实的基础，也体现了本次活动的创新特色。

2）数据说话方面。小组在方案比较和移动式施工爬梯制作、效果检查过程中，较少采用定性的方法，而是通过大量数据比选和计算、设计等定量方法，整个活动期间，采用了多达 82 张图片、25 张表格，充分体现了以事实为依据、用数据说话的原则。

3）统计方法运用方面。本次活动既有亮点，也有不足，小组在活动中采用散点图、甘特图、系统图和流程图、直方图等统计方法，以及采用数据分析软件对观测数据进行统计分析等，但对其他新型方法有待于进一步学习、应用。

管理方法总结情况统计表（略）。

（3）小组成员综合素质

本次活动期间，小组成员运用了一些科学方法，开拓、思维模式，进一步增强了小组成员的创新能力与信心，也提高了团队凝聚力及个人解决问题能力（表 6-61、图 6-51）。

活动前后小组成员综合素质评价表　　　　　　表 6-61

序号	项目	自我评价			
		活动前		活动后	
		具体情况	得分	具体情况	得分
1	创新意识	大多靠个人的主观能动性进行创新	7	遵照创新程序和要求，提出三种相对独立和创新的方案并进行比选	8
2	团队精神	各岗位人员工作比较积极，但联系不够紧密	8	增强了成员之间的协作性，为课题目标的完成而共同努力	9
3	质量意识	对质量控制比较重视，不允许质量问题的反复出现	8	重视质量控制，对出现的质量问题能认真查找原因，制订控制及实施措施，防止再次出现	9
4	个人解决问题能力	凭借个人经验和知识	7	能运用 QC 知识发现和解决问题	8
5	工作干劲	能服从组长的工作安排，认真完成任务	7	能按照总体目标要求，主动开展工作	9
6	进取精神	存在畏难情绪，容易满足于既有成绩	7	具有了迎难而上、挑战的勇气和胆识	8

制表人：×××　　　　　　　　　　　　　　　　制表时间：××年××月××日

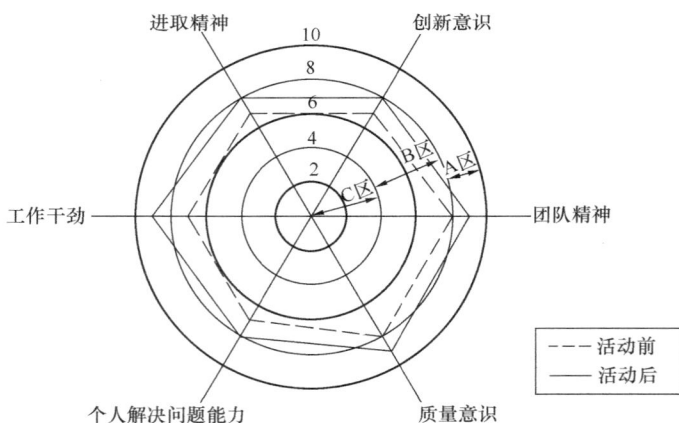

图 6-51　小组成员综合素质评价雷达图

制图人：×××　　　　　　制图时间：××年××月××日

2. 下一步打算

创新驱动发展，创新永无止境，下一步本小组将一如既往地运用全新的思维和创新的方法研制、开发新的产品、方法或设备，以提高公司的市场核心竞争力，为企业和社会作出新的贡献。本小组将在桥梁后续的下部构造施工中，针对设计单位提出的新需求，以《研制钢筋骨架整体吊装定位装置》为课题，开展新一轮的 QC 活动。

创新型课题成果点评意见

一、总体评价

该成果是创新型 QC 小组活动课题，课题名称符合要求。由于整孔预制箱梁安装施工安全风险非常高，因此各方要求在距作业面每 200m 范围内，必须及时设置一处能从桥面快速直达地面的爬梯，供救援抢险人员或施工人员使用。为此，项目部明确需求，对比分析发现传统思路不能满足实际需求。通过内外部两个层次的借鉴，提出创新思路，确定了该课题。设定"就位总时间不大于 75min"的课题目标，可测量、可检查。小组通过试验，将目标与借鉴的思路进行论证，证明目标可行，并借鉴汇总思路，提出了"上承式移动爬梯"的总体方案，经查新判定此方案具有创新性。"上承式移动爬梯"由移动平台、斜梯结构、安全防护结构以及高度调节系统等四部分组成，从组成方式、功能实现形式等方面对这四部分装置进行进一步分解，经调查分析和试验评价选择各分级方案，最终确定最佳方案。将各分级方案纳入对策表，对策表 5W1H 栏目齐全，实施过程有描述，有实施效果的验证。效果检查用数据说话，通过活动的有效实施，上承式移动爬梯的就位时间为 35min，＜75min（目标值），说明活动达到了课题目标。对创新成果进行推广应用价值评价后，小组形成了技术图纸和专项指导性文件。

小组遵守 PDCA 活动程序，在目标设定及可行性论证时，采用计算数据与借鉴数值进行详细的推演论证，过程和结论可信；在方案评选步骤中，通过专用软件对方案的可行性进行对比分析，依据充分；在对策制订时，小组针对工具的研制，制订了组装调试对策，符合"N＋1"的要求。

二、不足之处

1. 程序方面

（1）仅从现场和网络借鉴，借鉴面不够广泛，借鉴结果比较单薄。

（2）分级方案评价选择时，现场试验和测量方法运用较少。

（3）部分对策目标针对性不强。

2. 方法方面

（1）整孔预制箱梁安装过程与爬梯移动方法对应思路示意图不够规范。

（2）"图 6-47 就位总时间统计分析图"中散点图运用不规范。

参 考 文 献

［1］　中国质量协会 . 质量管理小组活动准则 T/CAQ 10201［S］. 北京：中国标准出版社，2020.

［2］　中国质量协会 . 质量管理小组基础知识［M］. 北京：中国标准出版社，2011.

［3］　中国质量协会 . 质量管理小组理论与方法［M］. 北京：中国质检出版社，中国标准出版社，2013.

［4］　中国质量协会 .《质量管理小组活动准则》要点解读［M］. 北京：中国质检出版社，中国标准出版
　　　社，2018.

［5］　中国建筑业协会 . 工程建设质量管理小组活动导则 T/CCIAT 0005［S］. 北京：中国建筑工业出版
　　　社，2019.

［6］　中国建筑业协会质量管理与监督检测分会 . 工程建设 QC 小组基础教材［M］. 北京：中国建筑工业
　　　出版社，2020.

［7］　中国施工企业管理协会 . 工程建设质量管理小组活动理论与实务［M］. 2 版 . 北京：中国计划出版
　　　社，2020.